建筑识图从新手老手到高手丛书

建筑设备工程施工图识读要领与实例

朱凤梧　主编

中国建材工业出版社

图书在版编目(CIP)数据

建筑设备工程施工图识读要领与实例/朱凤梧　主编.
—北京:中国建材工业出版社,2013.10
(建筑识图从新手老手到高手丛书)
ISBN 978-7-5160-0598-9

Ⅰ.①建…　Ⅱ.①朱…　Ⅲ.①房屋建筑设备—建筑安装
—工程施工—建筑制图—识别　Ⅳ.①TU85

中国版本图书馆 CIP 数据核字(2013)第 236665 号

内 容 提 要

本书共分为四章:建筑设备工程制图基本规定、管道工程施工图识读、给水排水及通风空调工程施工图识读、电气工程施工图识读。

本书内容系统、实用、丰富,突出重点,层次清晰,叙述准确,具有较强的指导性和专业性。本书着重于帮助读者提高识图水平,可供从事建筑工程施工的技术人员、管理人员使用,也可作为大专院校相关专业的辅导用书。

建筑识图从新手老手到高手丛书
建筑设备工程施工图识读要领与实例
朱凤梧　主编

出版发行:中国建材工业出版社
地　　址:北京市西城区车公庄大街 6 号
邮　　编:100044
经　　销:全国各地新华书店
印　　刷:北京雁林吉兆印刷有限公司
开　　本:710mm×1000mm　1/16
印　　张:19.75
字　　数:380 千字
版　　次:2013 年 10 月第 1 版
印　　次:2013 年 10 月第 1 次
定　　价:53.00 元

本社网址:www.jccbs.com.cn
本书如出现印装质量问题,由我社营销部负责调换。联系电话:(010)88386906

编　委　会

前　言

　　建筑施工图识读是建筑工程施工的基础,建筑构造和设备是建筑设计的重要组成部分,也是建筑装饰施工中必须给予重视的关键环节。

　　参加工程建筑施工的新员工,对建筑的基本构造不熟悉,不能熟练掌握建筑施工图,随着国家经济建设的发展,建筑工程的规模也日益扩大,对于施工人员的识图技能要求也越来越高,帮助他们正确掌握建筑施工图,提高识图技能,为实施工程施工创造良好的条件,是本丛书编写的出发点。

　　本丛书按照最新颁布的《房屋建筑制图统一标准》(GB/T 50001—2010)、《总图制图标准》(GB/T 50103—2010)、《建筑制图标准》(GB/T 50104—2010)、《建筑结构制图标准》(GB/T 50105—2010)、《建筑给水排水制图标准》(GB/T 50106—2010)、《暖通空调制图标准》(GB/T 50114—2010)等相关国家标准编写。

　　本丛书主要作为有关建筑工程技术人员参照新的制图标准学习怎样正确识读和绘制建筑施工现场工程图的培训用书和学习参考书,同时用于专业人员提升专业和技术水平的参考书,还可作为高等院校土建类各专业的参考教材。

　　本丛书共分为三册:

　　(1)《建筑结构工程施工图识读要领与实例》;

　　(2)《建筑设备工程施工图识读要领与实例》;

　　(3)《建筑给排水工程施工图识读要领与实例》。

　　本丛书在编写过程中,融入了编者多年的工作经验。注重工程实践,侧重实际工程施工图的识读,是本书的特色之一。

　　由于编写水平有限,丛书中的缺点在所难免,希望同行和读者给予指正。

编　者

2013 年 9 月

目 录

第一章 建筑设备工程制图基本规定 ……………………………………… (1)

第一节 国家制图标准的一般规定 ……………………………………… (1)

第二节 给水排水及通风空调工程施工图的一般规定 ……………… (7)

第三节 电气工程施工图的一般规定 ………………………………… (47)

第二章 管道工程施工图识读 …………………………………………… (70)

第一节 管道工程概述 ………………………………………………… (70)

第二节 管道附件安装施工图识读 …………………………………… (81)

第三节 管道补偿器施工图识读 ……………………………………… (87)

第四节 管道敷设施工图识读 ………………………………………… (90)

第五节 室内管道安装图识读 ………………………………………… (91)

第三章 给水排水及通风空调工程施工图识读 ……………………… (107)

第一节 给水排水施工图识读 ………………………………………… (107)

第二节 采暖施工图识读 ……………………………………………… (127)

第三节 燃气系统施工图识读 ………………………………………… (145)

第四节 通风空调系统施工图识读 …………………………………… (148)

第四章 电气工程施工图识读 ………………………………………… (158)

第一节 变配电施工图识读 …………………………………………… (158)

第二节 动力及照明施工图识读 ……………………………………… (182)

第三节 送电线路施工图识读 ………………………………………… (205)

第四节 防雷接地施工图识读 ………………………………………… (231)

第五节 电气设备控制电路图识读 …………………………………… (240)

第六节 弱电施工图识读 ……………………………………………… (277)

参考文献 ………………………………………………………………… (308)

中国建材工业出版社
China Building Materials Press

我们提供

图书出版、图书广告宣传、企业/个人定向出版、设计业务、企业内刊等外包、代选代购图书、团体用书、会议、培训，其他深度合作等优质高效服务。

编辑部	图书广告	出版咨询	图书销售	设计业务
010-88386904	010-68361706	010-68343948	010-68001605	010-88376510转1008

邮箱：jccbs-zbs@163.com　　网址：www.jccbs.com.cn

发展出版传媒　服务经济建设

传播科技进步　满足社会需求

第一章　建筑设备工程制图基本规定

第一节　国家制图标准的一般规定

一、基础规定

1. 图面

幅面及图框尺寸共分五类:A0~A4,见表1-1。

表 1-1　幅面及图框尺寸　　　　　　　　　　　(mm)

幅面 尺寸	A0	A1	A2	A3	A4
$b \times l$	841×1 189	594×841	420×594	297×420	210×297
c		10		5	
a			25		

注:表中 b 为幅面短边尺寸, l 为幅面长边尺寸, c 为图框线与幅面线间宽度, a 为图框线与
　装订边间宽度。

2. 图线

(1)图线的宽度 b,宜从 1.4、1.0、0.7、0.5、0.35、0.25、0.18、0.13mm 线宽系列中选取。图线宽度不应小于 0.1mm。每个图样,应根据复杂程度与比例大小,先选定基本线宽 b,再选用表1-2中相应的线宽组。

表 1-2　线宽组　　　　　　　　　　　(mm)

线宽比	线宽组			
b	1.4	1.0	0.7	0.5
$0.7b$	1.0	0.7	0.5	0.35
$0.5b$	0.7	0.5	0.35	0.25
$0.25b$	0.35	0.25	0.18	0.13

注:1. 需要缩微的图纸,不宜采用 0.18mm 及更细的线宽。

　　2. 同一张图纸内,各不同线宽中的细线,可统一采用较细的线宽组的细线。

(2)图线的线型及用途,见表1-3。

表 1-3　图　线

名　称		线　　型	线　宽	用　　途
实线	粗	———————	b	(1)平、剖面图中被剖切的主要建筑构造(包括构配件)的轮廓线。 (2)建筑立面图或室内立面图的外轮廓线。 (3)建筑构造详图中被剖切的主要部分的轮廓线。 (4)建筑构配件详图中的外轮廓线。 (5)平、立、剖面的剖切符号
	中粗	———————	$0.7b$	(1)平、剖面图中被剖切的次要建筑构造(包括构配件)的轮廓线。 (2)建筑平、立、剖面图中建筑构配件的轮廓线。 (3)建筑构造详图及建筑构配件详图中的一般轮廓线
	中	———————	$0.5b$	小于 $0.7b$ 的图形线、尺寸线、尺寸界限、索引符号、标高符号、详图材料做法引出线、粉刷线、保温层线、地面、墙面的高差分界线等
	细	———————	$0.25b$	图例填充线、家具线、纹样线等
虚线	中粗	— — — — —	$0.7b$	(1)建筑构造详图及建筑构配件不可见的轮廓线。 (2)平面图中的起重机(吊车)轮廓线。 (3)拟建、扩建建筑物轮廓线
	中	— — — — —	$0.5b$	投影线、小于 $0.5b$ 的不可见轮廓线
	细	— — — — —	$0.25b$	图例填充线、家具线等
单点长画线	粗	—— · —— · ——	b	起重机(吊车)轨道线
	细	—— · —— · ——	$0.25b$	中心线、对称线、定位轴线
折断线	细	—————〜—————	$0.25b$	部分省略表示时的断开界线
波浪线	细	〰〰〰	$0.25b$	(1)部分省略表示时的断开界线，曲线形构件断开界限。 (2)构造层次的断开界限

注：地平线宽可用 $1.4b$。

3. 比例

(1)图样的比例,应为图形与实物相对应的线性尺寸之比。

(2)比例的符号应为"：",比例应以阿拉伯数字表示。

(3)比例宜注写在图名的右侧,字的基准线应取平;比例的字高宜比图名的字高小一号或二号,如图1-1所示。

<u>平面图</u>　1：100　　⑥ 1：20

图1-1　比例的注写

(4)绘图所用的比例应根据图样的用途与被绘对象的复杂程度,从表1-4中选用,并应优先采用表中常用比例。

表1-4　绘图所用的比例

常用比例	1：1、1：2、1：5、1：10、1：20、1：30、1：50、1：100、1：150、1：200、1：500、1：1 000、1：2 000
可用比例	1：3、1：4、1：6、1：15、1：25、1：40、1：60、1：80、1：250、1：300、1：400、1：600、1：5 000、1：10 000、1：20 000、1：50 000、1：100 000、1：200 000

(5)一般情况下,一个图样应选用一种比例。根据专业制图需要,同一图样可选用两种比例。

(6)特殊情况下也可自选比例,这时除应注出绘图比例外,还应在适当位置绘制出相应的比例尺。

4. 图样画法

(1)平面图。

1)平面图的方向宜与总图方向一致。平面图的长边宜与横式幅面图纸的长边一致。

2)在同一张图纸上绘制多于一层的平面图时,各层平面图宜按层数由低向高的顺序从左至右或从下至上布置。

3)除顶棚平面图外,各种平面图应按正投影法绘制。

4)建筑物平面图应在建筑物的门窗洞口处水平剖切俯视,屋顶平面图应在屋面以上俯视,图内应包括剖切面及投影方向可见的建筑构造以及必要的尺寸、标高等,表示高窗、洞口、通气孔、槽、地沟及起重机等不可见部分时,应采用虚线绘制。

5)建筑物平面图应注写房间的名称或编号。编号应注写在直径为6mm细实线绘制的圆圈内,并应在同一张图纸上列出房间名称表。

6)平面较大的建筑物,可分区绘制平面图,但每张平面图均应绘制组合示意图。各区应分别用大写拉丁字母编号。在组合示意图中需提示的分区,应采用阴影线或填充的方式表示。

7)顶棚平面图宜采用镜像投影法绘制。

8)室内立面图的内视符号如图1-2所示,应注明在平面图上的视点位置、方向及立面编号,如图 1-3、图 1-4 所示。符号中的圆圈应用细实线绘制,可根据图面比例圆圈直径选择 8～12mm。立面编号宜用拉丁字母或阿拉伯数字。

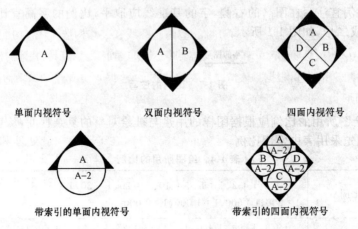

单面内视符号　　　　　　双面内视符号　　　　　　四面内视符号

带索引的单面内视符号　　　　　　带索引的四面内视符号

图 1-2　内视符号

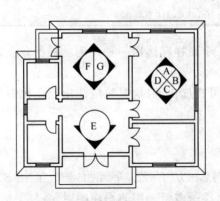

图 1-3　平面图上的内视符号应用示例

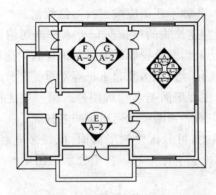

图 1-4　平面图上的内视符号(带索引)应用示例

（2）立面图。

1）各种立面图应按正投影法绘制。

2）建筑立面图应包括投影方向可见的建筑外轮廓线和墙面线脚、构配件、墙面做法及必要的尺寸和标高等。

3）室内立面图应包括投影方向可见的室内轮廓线和装修构造、门窗、构配件、墙面做法、固定家具、灯具、必要的尺寸和标高及需要表达的非固定家具、灯具、装饰物件等。室内立面图的顶棚轮廓线，可根据具体情况只表达吊顶或同时表达吊顶及结构顶棚。

4）平面形状曲折的建筑物，可绘制展开立面图、展开室内立面图。圆形或多边形平面的建筑物，可分段展开绘制立面图、室内立面图，但均应在图名后加注"展开"二字。

5）较简单的对称式建筑物或对称的构配件等，在不影响构造处理和施工的情况下，立面图可绘制一半，并应在对称轴线处画对称符号。

6）在建筑物立面图上，相同的门窗、阳台、外檐装修、构造做法等可在局部重点表示，并应绘出其完整图形，其余部分可只画轮廓线。

7）在建筑物立面图上，外墙表面分格线应表示清楚。应用文字说明各部位所用面材及色彩。

8）有定位轴线的建筑物，宜根据两端定位轴线号编注立面图名称。无定位轴线的建筑物可按平面图各面的朝向确定名称。

9）建筑物室内立面图的名称，应根据平面图中内视符号的编号或字母确定。

（3）剖面图。

1）剖面图的剖切部位，应根据图纸的用途或设计深度，在平面图上选择能反映全貌、构造特征以及有代表性的部位剖切。

2）各种剖面图应按正投影法绘制。

3）建筑剖面图内应包括剖切面和投影方向可见的建筑构造、构配件以及必要的尺寸、标高等。

4）剖切符号可用阿拉伯数字、罗马数字或拉丁字母编号，如图1-5所示。

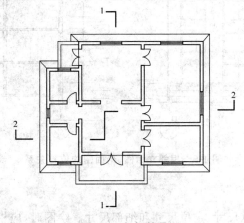

图1-5　剖切符号

5)画室内立面时,相应部位的墙体、楼地面的剖切面宜绘出。必要时,占空间较大的设备管线、灯具等的剖切面,亦应在图纸上绘出。

(4)其他规定。

1)指北针应绘制在建筑物±0.000标高的平面图上,并应放在明显位置,所指的方向应与总图一致。

2)零配件详图与构造详图,宜按直接正投影法绘制。

3)零配件外形或局部构造的立体图,按现行国家标准《房屋建筑制图统一标准》(GB/T 50001—2010)的有关规定绘制。

4)不同比例的平面图、剖面图,其抹灰层、楼地面、材料图例的省略画法,应符合下列规定:

①比例大于1∶50的平面图、剖面图,应画出抹灰层、保温隔热层等与楼地面、屋面的面层线,并宜画出材料图例;

②比例等于1∶50的平面图、剖面图,剖面图宜画出楼地面、屋面的面层线,宜绘出保温隔热层,抹灰层的面层线应根据需要确定;

③比例小于1∶50的平面图、剖面图,可不画抹灰层,但剖面图宜画出楼地面、屋面的面层线;

④比例为1∶100~1∶200的平面图、剖面图,可画简化的材料图例,但剖面图宜画出楼地面、屋面的面层线;

⑤比例小于1∶200的平面图、剖面图,可不画材料图例,剖面图的楼地面、屋面的面层线可不画出。

5)相邻的立面图或剖面图,宜绘制在同一水平线上,图内相互有关的尺寸及标高,宜标注在同一竖线上,如图1-6所示。

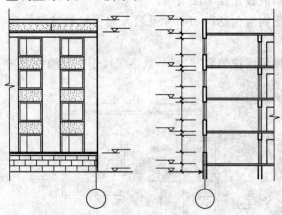

图1-6　相邻立面图、剖面图的位置关系

(5)尺寸标注。

1)尺寸可分为总尺寸、定位尺寸和细部尺寸。绘图时,应根据设计深度和图纸用途确定所需注写的尺寸。

2）建筑物平面、立面、剖面图，宜标注室内外地坪、楼地面、地下层地面、阳台、平台、檐口、层脊、女儿墙、雨棚、门、窗、台阶等处的标高。平屋面等不易标明建筑标高的部位可标注结构标高，并予以说明。结构找坡的平屋面，屋面标高可标注在结构板面最低点，并注明找坡坡度。有屋架的屋面，应标注屋架下弦搁置点或柱顶标高。有起重机的厂房剖面图应标注轨顶标高、屋架下弦杆件下边沿或屋面梁底、板底标高。梁式悬挂起重机宜标出轨距尺寸，并应以米（m）计。

3）楼地面、地下层地面、阳台、平台、檐口、屋脊、女儿墙、台阶等处的高度尺寸及标高，宜按下列规定注写：

①平面图及其详图应注写完成面标高；

②立面图、剖面图及其详图应注写完成面标高及高度方向的尺寸；

③其余部分应注写毛面尺寸及标高；

④标注建筑平面图各部位的定位尺寸时，应注写与其最邻近的轴线间的尺寸；标注建筑剖面各部位的定位尺寸时，应注写其所在层次内的尺寸；

⑤设计图中连续重复的构配件等，当不易标明定位尺寸时，可在总尺寸的控制下，定位尺寸不用数值而用"均分"或"EQ"字样表示，如图1-7所示。

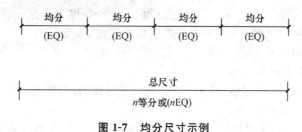

图1-7　均分尺寸示例

第二节　给水排水及通风空调工程施工图的一般规定

一、给水排水施工图的一般规定

1.比例

给水排水施工图选用比例，见表1-5。

表1-5　给水排水施工图常用比例

名　称	比　例	备　注
区域规划图 区域位置图	1：50 000、1：25 000、1：10 000、1：5 000、 1：2 000	宜与总图专业一致
总平面图	1：1 000、1：500、1：300	宜与总图专业一致
管道纵断面图	竖向1：200、1：100、1：50 纵向1：1 000、1：500、1：300	——

续表

名　称	比　例	备　注
水处理厂(站)平面图	1∶500、1∶200、1∶100	—
水处理构筑物、设备间、卫生间,泵房平、剖面图	1∶100、1∶50、1∶40、1∶30	—
建筑给水排水平面图	1∶200、1∶150、1∶100	宜与建筑专业一致
建筑给水排水轴测图	1∶150、1∶100、1∶50	宜与相应图纸一致
详图	1∶50、1∶30、1∶20、1∶10、1∶5、1∶2、1∶1、2∶1	—

在管道纵断面图中,竖向与纵向可采用不同的组合比例;在建筑给水排水轴测系统图中,如局部表达有困难时,该处可不按比例绘制;水处理工艺流程断面图和建筑给水排水管道展开系统图可不按比例绘制。

2. 标高

(1)室内工程应标注相对标高;室外工程宜标注绝对标高,当无绝对标高资料时,可标注相对标高,但应与总图标高一致。

(2)压力流管道应标注管中心标高;重力流管道和沟渠宜标注管(沟)内底标高。标高单位以 m 计时,可注写到小数点后第二位。

(3)在下列部位应标注标高。

1)沟渠和重力流管道:

①建筑物内应标注起点、变径(尺寸)点、变坡点、穿外墙及剪力墙处;

②需控制标高处;

③小区内管道按《建筑给水排水制图标准》(GB/T 50106—2010)第 4.4.3 条或第 4.4.4 条、第 4.4.5 条的规定执行。

2)压力流管道中的标高控制点。

3)管道穿外墙、剪力墙和构筑物的壁及底板等处。

4)不同水位线处。

5)建(构)筑物中土建部分的相关标高。

(4)标高的标注方法应符合下列规定:

1)平面图中,管道标高应按图 1-8 的方式标注;

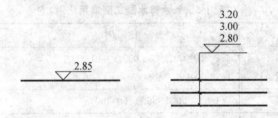

图 1-8　平面图中管道标高标注法

2)平面图中,沟渠标高应按图 1-9 的方式标注;

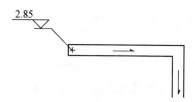

图 1-9　平面图中沟渠标高标注法

3)剖面图中,管道及水位的标高应按图 1-10 的方式标注;

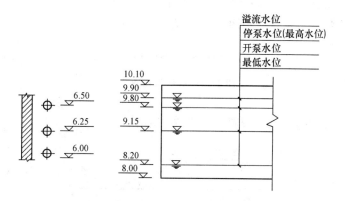

图 1-10　剖面图中管道及水位标高标注法

4)轴测图中,管道标高应按图 1-11 的方式标注;

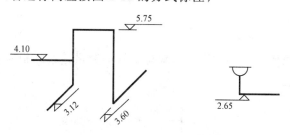

图 1-11　轴测图中管道标高标注法

(5)建筑物内的管道也可按本层建筑地面的标高加管道安装高度的方式标注管道标高,标注方法应为"$H+\times.\times\times$",H 表示本层建筑的地面标高。

3. 管径

(1)管径的单位应为 mm。

(2)管径的表达方法应符合下列规定:

1）水煤气输送钢管（镀锌或非镀锌）、铸铁管等管材，管径宜以公称直径 DN 表示；

2）无缝钢管、焊接钢管（直缝或螺旋缝）等管材，管径宜以外径 $D\times$ 壁厚表示；

3）铜管、薄壁不锈钢管等管材，管径宜以公称外径 Dw 表示；

4）建筑给水排水塑料管材，管径宜以公称外径 dn 表示；

5）钢筋混凝土（或混凝土）管，管径宜以内径 d 表示；

6）复合管、结构壁塑料管等管材，管径应按产品标准的方法表示；

7）当设计中均采用公称直径 DN 表示管径时，应有公称直径 DN 与相应产品规格对照表。

（3）管径的标注方法应符合下列规定：

1）单根管道时，管径应按图 1-12 的方式标注；

$$\underline{DN20}$$

图 1-12　单管管径表示法

2）多根管道时，管径应按图 1-13 的方式标注。

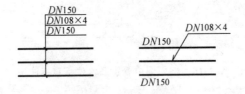

图 1-13　多管管径表示法

4. 编号

（1）当建筑物的给水引入管或排水排出管的数量超过一根时，应进行编号，方法如图 1-14 所示。

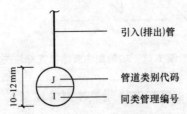

图 1-14　给水引入（排水排出）管编号表示法

（2）建筑物内穿越楼层的立管，其数量超过一根时，应进行编号，方法如图 1-15 所示。

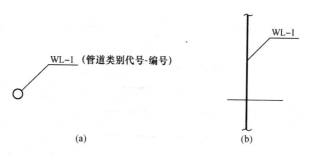

图 1-15　立管编号表示法

（a）平面图；（b）剖面图、系统图、轴测图

（3）在总图中，当同种给水排水附属构筑物的数量超过一个时，应进行编号，并应符合下列规定：

1）编号方法应采用构筑物代号加编号表示；

2）给水构筑物的编号顺序宜为从水源到干管，再从干管到支管，最后到用户；

3）排水构筑物的编号顺序宜为从上游到下游，先干管后支管。

（4）当建筑给水排水工程的机电设备数量超过一台时，宜进行编号，并应有设备编号与设备名称对照表。

5.图例

（1）管道类别应以汉语拼音字母表示，管道图例宜符合表 1-6 的要求。

表 1-6　管　道

名　称	图　例	备　注
生活给水管	——— J ———	—
热水给水管	——— RJ ———	—
热水回水管	——— RH ———	—
中水给水管	——— ZJ ———	—
循环冷却给水管	——— XJ ———	—
循环冷却回水管	——— XH ———	—
热媒给水管	——— RM ———	—
热媒回水管	——— RMH ———	—
蒸汽管	——— Z ———	—
凝结水管	——— N ———	—
废水管	——— F ———	可与中水原水管合用
压力废水管	——— YF ———	—

名　称	图　例	备　注
通气管	——— T ———	—
污水管	——— W ———	—
压力污水管	——— YW ———	—
雨水管	——— Y ———	—
压力雨水管	——— YY ———	—
虹吸雨水管	——— HY ———	—
膨胀管	——— PZ ———	—
保温管	〜〜〜〜〜	也可用文字说明保温范围
伴热管	—–—–—–—	也可用文字说明保温范围
多孔管	⊼———⊼———⊼	—
地沟管	=====	—
防护套管	———▭———	—
管道立管	XL-1　　XL-1 平面　　系统	X 为管道类别, L 为立管,1 为编号
空调凝结水管	——— KN ———	—
排水明沟	坡向 ——→	—
排水暗沟	坡向 --→	—

注:1.分区管道用加注角标方式表示。

　　2.原有管线可用比同类型的新设管线细一级的线型表示,并加斜线,拆除管线则加叉线。

(2)管道附件的图例宜符合表 1-7 的要求。

表 1-7　管道附件

名　称	图　例	备　注
套管伸缩器	———▭———	
方形伸缩器	┼──⊓──┼	

名　称	图　例	备　注
刚性防水套管		—
柔性防水套管		—
波纹管		—
可曲挠橡胶接头	单球　　双球	—
管道固定支架		—
立管检查口		—
清扫口	平面　　系统	—
通气帽	成品　　蘑菇形	—
雨水斗	YD-1　　YD-1 平面　　系统	—
排水漏斗	平面　　系统	—
圆形地漏	平面　　系统	通用。如无水封, 地漏应加存水弯

续表

名　称	图　例	备　注
方形地漏	平面　系统	—
自动冲洗水箱	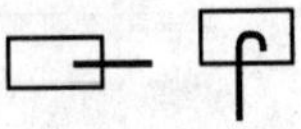	—
挡墩	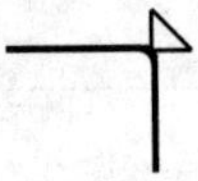	—
减压孔板	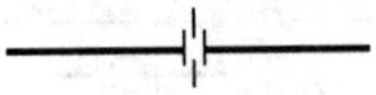	—
Y 形除污器	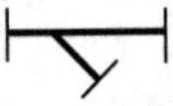	—
毛发聚集器	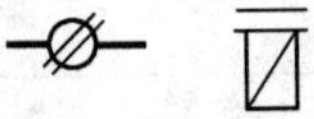 平面　系统	—
倒流防止器		—
吸气阀		—
真空破坏器		—
防虫网罩		—
金属软管		—

(3)管件的图例宜符合表 1-8 的要求。

表 1-8　管　件

名　称	图　例
偏心异径管	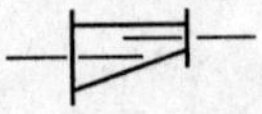

续表

名　称	图　例
同心异径管	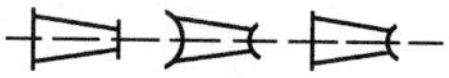
乙字管	
喇叭口	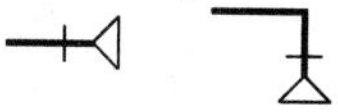
转动接头	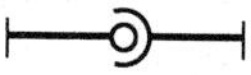
S形存水弯	
P形存水弯	
90°弯头	
正三通	
TY三通	
斜三通	
正四通	
斜四通	
浴盆排水管	

（4）管道连接的图例宜符合表 1-9 的要求。

表 1-9　管道连接

名　称	图　例	备　注
法兰连接	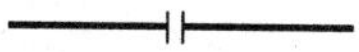	—
承插连接		—
活接头	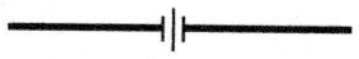	—
管堵		

名　称	图　例	备　注
法兰堵盖	—————⊣⊢	—
盲板	—————⊦	—
弯折管	——○　○—— 高 低　低 高	—
管道丁字上接	高 ——⊘—— 低	—
管道丁字下接	高 ——⊘—— 低	—
管道交叉	低 ——┃—— 高	在下面和后面的管道应断开

(5)给水配件的图例宜符合表 1-10 的要求。

表 1-10　给水配件

名　称	图　例
水嘴	平面　　系统
皮带水嘴	平面　　系统
洒水(栓)水嘴	
化验水嘴	
肘式水嘴	
脚踏开关水嘴	
混合水嘴	

续表

名　称	图　例
旋转水嘴	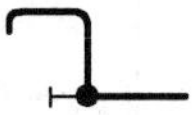
浴盆带喷头混合水嘴	
蹲便器脚踏开关	

（6）阀门的图例宜符合表 1-11 的要求。

表 1-11　阀　门

名　称	图　例	备　注
闸阀		—
角阀		—
三通阀		—
四通阀	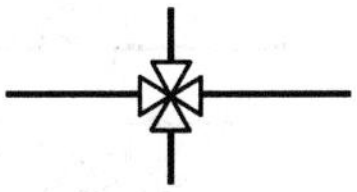	—
截止阀	 	—
蝶阀	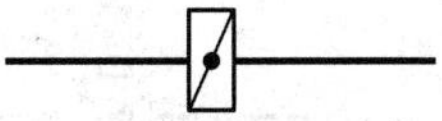	—
电动闸阀	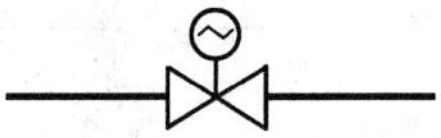	—
液动闸阀	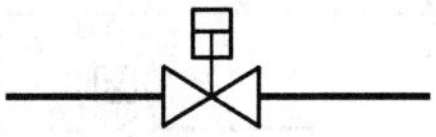	—
气动闸阀		—

名　称	图　例	备　注
电动蝶阀		—
液动蝶阀		—
气动蝶阀		—
减压阀		左侧为高压端
旋塞阀	平面　　系统	—
底阀	平面　　系统	—
球阀		—
隔膜阀		—
气开隔膜阀		—
气闭隔膜阀		—
电动隔膜阀		—
温度调节阀		—
压力调节阀		—
电磁阀		—
止回阀		—

续表

名　称	图　例	备　注
消声止回阀		—
持压阀		—
泄压阀		—
弹簧安全阀		左侧为通用
平衡锤安全阀		—
自动排气阀	平面　　系统	—
浮球阀	平面　　系统	—
水力液位控制阀	平面　　系统	—
延时自闭冲洗阀		—
感应式冲洗阀		—
吸水喇叭口	平面　系统	—
疏水器		—

(7)消防设施的图例宜符合表 1-12 的要求。

表 1-12　消防设施

名　称	图　例	备　注
消火栓给水管	—— XH ——	—
自动喷水灭火给水管	—— ZP ——	—
雨淋灭火给水管	—— YL ——	—
水幕灭火给水管	—— SM ——	—
水炮灭火给水管	—— SP ——	—
室外消火栓		—
室内消火栓（单口）	平面　　系统	白色为开启面
室内消火栓（双口）	平面　　系统	—
水泵接合器		—
自动喷洒头（开式）	平面　　　系统	—
自动喷洒头（闭式）	平面　　　系统	下喷
自动喷洒头（闭式）	平面　　　系统	上喷
自动喷洒头（闭式）	平面　　　系统	上下喷
侧墙式自动喷洒头	平面　　　系统	—

续表

名　称	图　例	备　注
水喷雾喷头	平面　　　系统	—
直立型水幕喷头	平面　　　系统	—
下垂型水幕喷头	平面　　　系统	—
干式报警阀	平面　　　系统	—
湿式报警阀	平面　　　系统	—
预作用报警阀	平面　　　系统	—
雨淋阀	平面　　　系统	—
信号闸阀		—
信号蝶阀		—
消防炮	平面　　　系统	—
水流指示器		—
水力警铃		—

续表

名　称	图　例	备　注
末端试水装置	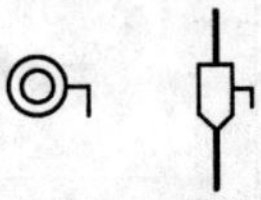 平面　　系统	—
手提式灭火器	 △	—
推车式灭火器	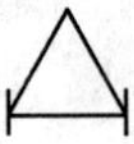 △	—

注：1. 分区管道用加注角标的方式表示。

　2. 建筑灭火器的设计图例可按现行国家标准《建筑灭火器配置设计规范》(GB 50140—
　　2010)的规定确定。

(8)卫生设备及水池的图例宜符合表 1-13 的要求。

表 1-13　卫生设备及水池

名　称	图　例	备　注
立式洗脸盆		—
台式洗脸盆	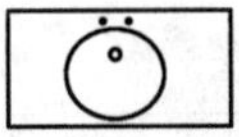	—
挂式洗脸盆		—
浴盆	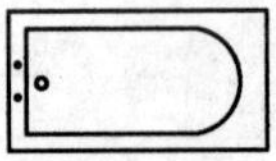	—
化验盆、洗涤盆		—
厨房洗涤盆		不锈钢制品
带沥水板洗涤盆	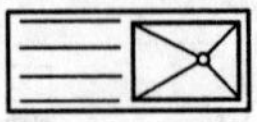	—
盥洗槽	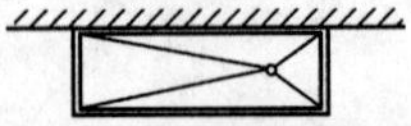	

续表

名　称	图　例	备　注
污水池		—
妇女净身盆		—
立式小便器		—
壁挂式小便器		—
蹲式大便器		—
坐式大便器		—
小便槽		—
淋浴喷头		—

注:卫生设备图例也可以建筑专业资料图为准。

(9)给水排水设备的图例宜符合表 1-14 的要求。

表 1-14　给水排水设备

名　称	图　例	备　注
卧式水泵	平面　　系统	—
立式水泵	平面　　系统	—

名　称	图　例	备　注
潜水泵		—
定量泵		—
管道泵		—
卧式容积热交换器		—
立式容积热交换器		—
快速管式热交换器		—
板式热交换器		—
开水器		—
喷射器		小三角为进水端
除垢器		—
水锤消除器		—
搅拌器		—
紫外线消毒器	ZWX	—

（10）给水排水专业所用仪表的图例宜符合表 1-15 的要求。

表 1-15　仪　表

名　称	图　例
温度计	
压力表	
自动记录压力表	
压力控制器	
水表	
自动记录流量表	
转子流量计	平面　　系统
真空表	
温度传感器	----「T」----
压力传感器	----「P」----
pH 传感器	----「pH」----
酸传感器	----「H」----
碱传感器	----「Na」----
余氯传感器	----「Cl」----

（11）小型给水排水构筑物的图例宜符合表 1-16 的要求。

表 1-16　小型给水排水构筑物

名　称	图　例	备　注
矩形化粪池	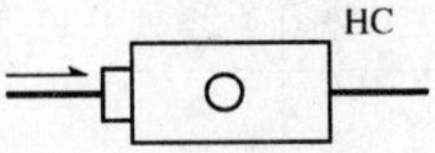 HC	HC 为化粪池代号
隔油池	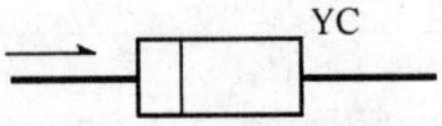 YC	YC 为隔油池代号
沉淀池	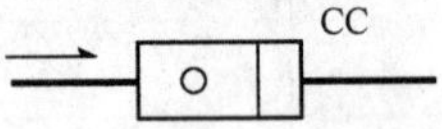 CC	CC 为沉淀池代号
降温池	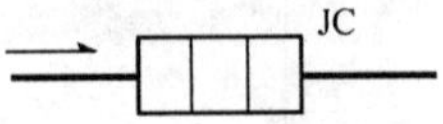 JC	JC 为降温池代号
中和池	 ZC	ZC 为中和池代号
雨水口 （单算）		—
雨水口 （双算）		—
阀门井及检查井	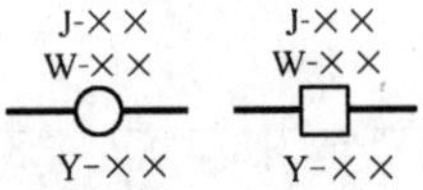 J-×× W-×× Y-××	以代号区别管道
水封井		—
跌水井		—
水表井		—

（12）《建筑给水排水制图标准》（GB/T 50106—2010）中未列出的管道、设备、配件等图例,设计人员可自行编制并作出说明,但不得与《建筑给水排水制图标准》（GB/T 50106—2010）的相关图例重复或混淆。

二、采暖施工图的一般规定

1.比例

室内采暖施工图的比例一般为 1∶200、1∶100、1∶50,锅炉房及室外供热管网施工图常用比例见表 1-17。

表 1-17　锅炉房及室外供热管网施工图常用比例

图　名	比　例
锅炉房、热力站和中继泵站图	1：20、1：25、1：30、1：50、1：100、1：200
热网管线施工图	1：5 000、1：1 000
管线纵剖面图	垂直方向 1：50、1：100；水平方向 1：500、1：1 000
管线横剖面图	1：10、1：20、1：50、1：100
管线节点、检查室图	1：20、1：25、1：30、1：50
详图	1：1、1：2、1：5、1：10、1：20

2. 标高

水、气管道标高如无特别说明均为管中心标高，单位为 m，如为其他标高应予以说明，如管底或管顶标高在标高数字前加"底"或"顶"字样。标高标注在管段的始、末端，翻身及交叉处，要能反映出管道的起伏和坡度变化。

3. 管径

焊接钢管用公称直径表示，并在数字前加 DN，无缝钢管应标注外径×壁厚，并在数字前加 D，如 $D108×4$。其标注方法同给水排水施工图，如图 1-12 与图 1-13 所示。

4. 编号

室内采暖系统有两个或两个以上热力入口时应进行编号。编号由系统代号和顺序号组成，可以用 8～10mm 中线单圈，内注阿拉伯数字，如图 1-16 所示。立管编号标于首层、标准层及系统图所对应的同一立管旁。对采暖立管进行编号时，可只标注序号，但应与建筑轴线编号区分开，以免误解，如图 1-17 所示。系统图中的重叠、密集处，可断开引出绘制，相应的断开处宜用相同的小写拉丁字母注明。

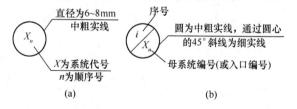

图 1-16　系统代号、编号的画法

（a）系统代号；（b）分支系统编号

图 1-17　立管编号

5. 采暖施工图常用图例

(1)采暖施工图常用图例见表 1-18。

表 1-18　采暖施工图常用图例

序　号	名　　称	图　　例
1	热水给水管	——— RJ ——— 或 ———————
2	热水加水管	——— RH ——— 或 --------
3	蒸汽管	——— Z ———
4	凝结水管	——— N ———
5	管道固定支架	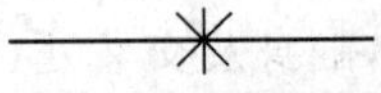 ✳
6	补偿器	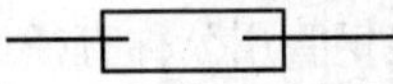 —[□]—
7	套管伸缩器	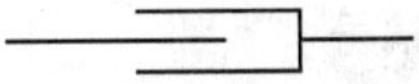 —[⊐]—
8	方形伸缩器	 —⊢⊓⊢—
9	闸阀	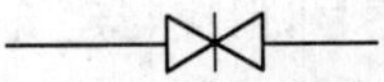 ▷◁
10	球阀	 ▷●◁
11	止回阀	 —⊿—
12	截止阀	 ▷◁　　⊤
13	膨胀管	——— PZ ———
14	保温管	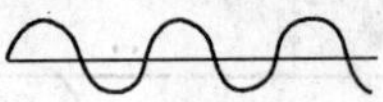 ∿∿∿
15	活接头	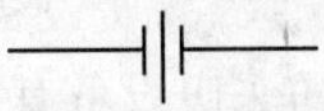 —‖—

续表

序　号	名　称	图　例
16	集气罐	
17	散热器	
18	法兰	
19	法兰盖	
20	丝堵	或
21	水泵	
22	散热器跑风门	
23	泄水阀	
24	自动排气阀	
25	除污器	立式　　卧式
26	疏水阀	
27	温度计	T　　或
28	压力表	

(2)建筑采暖设备图例。

建筑采暖设备有散热器、暖风机、高位膨胀水箱、集气罐等。

1)散热器的图例。

①常用散热器的种类有长翼型和柱型散热器,如图 1-18 所示。

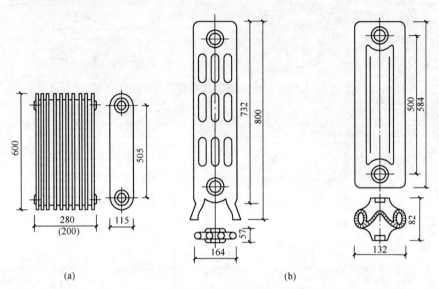

图 1-18　散热器的种类

(a)长翼型;(b)柱型

②散热器的组装。

由单片散热器组成散热器组(1 片散热器也可成为一组),散热器的组装用螺纹连接,组装散热器组所用管件有对丝(两端螺纹方向不同)、丝堵(分左、右螺纹丝堵)、补心(分左、右螺纹补心)。对丝、丝堵、补心如图 1-19 所示。为了加强螺纹连接的密封性,在各组装管件上应先放置胶垫。散热器组装时需要用管钳、专用组装钥匙。

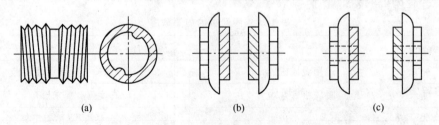

图 1-19　散热器组装管件

(a)对丝;(b)丝堵;(c)补心

③散热器的施工方法及顺序。

散热器常安装在建筑外墙的窗户内,散热器组中心线应和窗户的垂直中心线相合。散热器的施工顺序,见表 1-19。

表 1-19　散热器的施工顺序

步骤	内　容	注意事项
1	选用散热器	散热器上翼片破损超过规定要求的不能使用
2	组装散热器	散热片组长度应符合要求，水压试验应符合要求，初刷防腐漆
3	栽埋散热器挂钩	符合钩数和挂钩位置要求
4	挂装散热器组	水平度、垂直度均符合要求，挂装牢靠，接管位置正确
5	散热器防腐	—

2）暖风机的图例。

①暖风机由散热排管、风机及外壳组成一体，如图 1-20 所示。

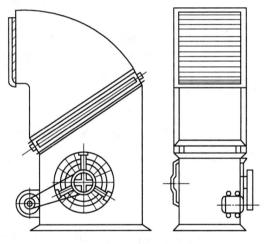

图 1-20　暖风机示意图

②暖风机的施工顺序，见表 1-20。

表 1-20　暖风机的施工顺序

步骤	内　容	注意事项
1	选用暖风机	型号、参数、质量符合设计要求
2	确定暖风机安装位置	高度符合要求
3	制作、栽埋、安装暖风机支吊架	高度符合要求，支吊架牢靠
4	安装和固定暖风机	—

3）高位膨胀水箱的图例。

①高位膨胀水箱的基本图示如图 1-21 所示。

②高位膨胀水箱的施工顺序，见表 1-21。

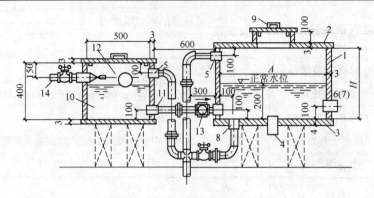

图 1-21　高位膨胀水箱示意图

1—水箱壁;2—水箱盖;3—水箱底;4—膨胀管;5—溢流管;6—检查管;7—循环管;

8—排污管;9—人孔盖;10—补水水箱;11—补水管;12—浮球阀;13—止回阀;14—给水管

表 1-21　高位膨胀水箱的施工顺序

步骤	内　容	注意事项
1	确定高位膨胀水箱的安装位置	应符合设计要求
2	设置高位膨胀水箱的梁基础	—
3	检查和选用高位膨胀水箱	规格、型号和材质均应符合设计要求
4	吊装就位于高位膨胀水箱的位置上	—
5	防腐和管道安装	—

4)集气罐的图例。

采暖管道上安装集气罐用于收集和排除系统内的空气,采用钢管制作,其管径一般为 150～200mm,长度为 250～300mm,安装在系统管道上的最高处。集气罐的安装分立式和卧式两种,如图 1-22 所示。

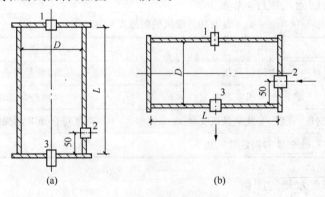

图 1-22　集气罐的安装

(a)立式安装;(b)卧式安装

1—排气管;2—进水管;3—出水管

三、燃气系统施工图的一般规定

1. 比例

(1)比例应采用阿拉伯数字表示。当一张图上只有一种比例时,应在标题栏中标注;当一张图中有两种及以上的比例时,应在图名的右侧或下方标注,如图 1-23 所示。

(2)当一张图中垂直方向和水平方向选用不同比例时,应分别标注两个方向的比例。在燃气管道纵断面图中,纵向和横向可根据需要采用不同的比例,如图 1-24 所示。

(3)同一图样的不同视图、剖面图宜采用同一比例。

平面图　1:100　　　平面图　　　管道纵断面图　纵向 1:50
　　　　　　　　　　1:100　　　　　　　　　横向 1:500

图 1-23　比例标注示意图(一)　　图 1-24　比例标注示意图(二)

(4)流程图和按比例绘制确有困难的局部大样图,可不按比例绘制。

(5)燃气工程制图常用比例宜符合表 1-22 的规定。

表 1-22　常用比例

图　　名	常用比例
规划图、系统布置图	1:100 000、1:50 000、1:25 000、1:20 000、1:10 000、1:5 000、1:2 000
制气厂、液化厂、储存站、加气站、灌装站、气化站、混气站、储配站、门站、小区庭院管网等的平面图	1:1 000、1:500、1:200、1:100
工艺流程图	不按比例
瓶组气化站、瓶装供应站、调压站等的平面图	1:500、1:100、1:50、1:30
厂站的设备和管道安装图	1:200、1:100、1:50、1:30、1:10
室外高压、中低压燃气输配管道平面图	1:1 000、1:500
室外高压、中低压燃气输配管道纵断面图	横向 1:1 000、1:500　　纵向 1:100、1:50
室内燃气管道平面图、系统图、剖面图	1:100、1:50
大样图	1:20、1:10、1:5
设备加工图	1:100、1:50、1:20、1:10、1:2、1:1
零部件详图	1:100、1:20、1:10、1:5、1:3、1:2、1:1、2:1

2.标高

(1)标高符号及一般标注方式应符合表 1-23 及现行国家标准《房屋建筑制图统一标准》(GB/T 50001—2010)的规定。

表 1-23　管道标高符号

项　目	管顶标高	管中标高	管底标高
符号	▼	▽	▼

(2)标高的标注应符合下列规定:

1)平面图中,管道标高应按图 1-25 的方式标注;

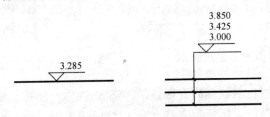

图 1-25　平面图管道标高标注示意图

2)平面图中,沟渠标高应按图 1-26 的方式标注;

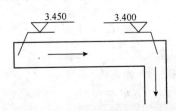

图 1-26　平面图沟渠标高标注示意图

3)立面图、剖面图中,管道标高应按图 1-27 的方式标注;

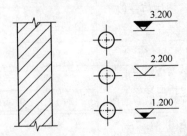

图 1-27　立面图、剖面图管道标高标注示意图

4)轴测图、系统图中,管道标高应按图 1-28 的方式标注。

(3)室内工程应标注相对标高,室外工程宜标注绝对标高。在标注相对标高时,应与总图专业一致。

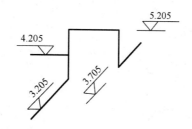

图 1-28　轴测图、系统图管道标高标注示意图

（4）标高应标注在管道的起止点、转角点、连接点、变坡点、变管径处及交叉处。

3. 编号

（1）当图纸中的设备或部件不使用文字标注时，可进行编号。在图样中应只注明编号，其名称和技术参数应在图纸附设的设备表中进行对应说明。编号引出线应用细实线绘制，引出线始端应指在编号件上。宜采用长度为 5~10mm 的粗实线作为编号的书写处，如图 1-29 所示。

（2）在图纸中的管道编号标志引出线末端，宜采用直径为 5~10mm 的细实线圆或细实线作为编号的书写处，如图 1-30 所示。

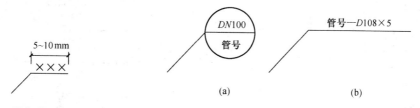

图 1-29　设备编号标注示意图　　　**图 1-30　管道编号标注示意图**

4. 图例

（1）常用不同用途管道图形符号见表 1-24。

表 1-24　常用不同用途管道图形符号

序　号	名　　称	图形符号
1	管线加套管	
2	管线穿地沟	
3	桥面穿越	
4	软管、挠性管	
5	保温管、保冷管	
6	蒸汽伴热管	

续表

序 号	名 称	图形符号
7	电件热管	
8	报废管	 ××××××
9	管线重叠	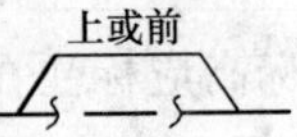 上或前
10	管线交叉	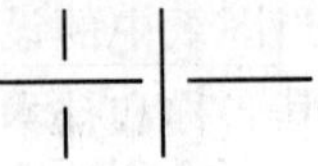

(2)常用管线、道路等图形符号见表 1-25。

表 1-25 常用管线、道路等图形符号

序 号	名 称	图形符号
1	燃气管道	—— G ——
2	给水管道	—— W ——
3	消防管道	—— FW ——
4	污水管道	—— DS ——
5	雨水管道	—— R ——
6	热水供水管线	—— H ——
7	热水回水管线	—— HR ——
8	蒸汽管道	—— S ——
9	电力线缆	—— DL ——
10	电信线缆	—— DX ——
11	仪表控制线缆	—— K ——
12	压缩空气管道	—— A ——
13	氮气管道	—— N ——

续表

序　号	名　称	图形符号
14	供油管道	—— O ——
15	架空电力线	←○→ DL ←○→
16	架空通信线	—•○•— DX —•○•—
17	块石护底	
18	石笼稳管	
19	混凝土压块稳管	
20	桁架跨越	
21	管道固定墩	
22	管道穿墙	
23	管道穿楼板	
24	铁路	
25	桥梁	
26	行道树	
27	地坪	
28	自然土壤	
29	素土夯实	
30	护坡	
31	台阶或梯子	上
32	围墙及大门	

续表

序　号	名　称	图形符号
33	集液槽	
34	门	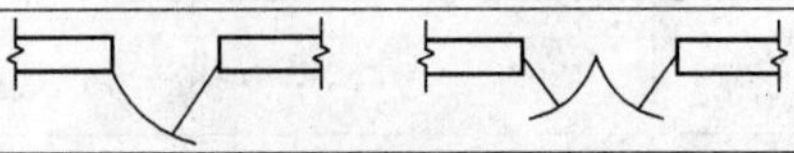
35	窗	
36	拆除的建筑物	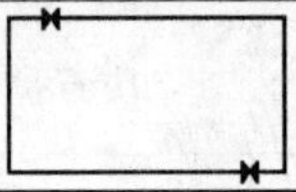

（3）常用阀门的图形符号见表 1-26。

表 1-26　常用阀门的图形符号

序　号	名　称	图形符号
1	阀门（通用）、截止阀	
2	球阀	
3	闸阀	
4	蝶阀	
5	旋塞阀	
6	排污阀	
7	止回阀	
8	紧急切断阀	
9	弹簧安全阀	
10	过流阀	
11	针形阀	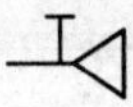
12	角阀	

序　号	名　　称	图形符号
13	三通阀	
14	四通阀	
15	调节阀	
16	电动阀	
17	气动或液动阀	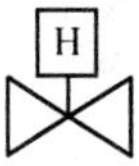
18	电磁阀	
19	节流阀	
20	液相自动切换阀	

（4）流程图和系统图中，常用设备图形符号见表1-27。

表 1-27　常用设备图形符号

序　号	名　　称	图形符号
1	低压干式气体储罐	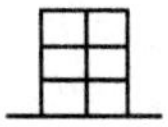
2	低压混式气体储罐	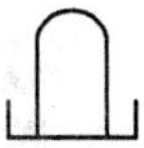
3	球形储罐	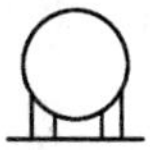
4	卧式储罐	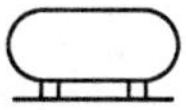
5	压缩机	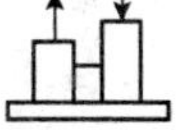

序　号	名　　称	图形符号
6	烃泵	
7	潜液泵	
8	鼓风机	
9	调压器	
10	Y形过滤器	
11	网状过滤器	
12	旋风分离器	
13	分离器	
14	安全水封	
15	防雨罩	
16	阻火器	
17	凝水缸	
18	消火栓	

续表

序　号	名　称	图形符号
19	补偿器	
20	波纹管补偿器	
21	方形补偿器	
22	测试桩	
23	牺牲阳极	
24	放散管	
25	调压箱	
26	消声器	
27	火炬	
28	管式换热器	
29	板式换热器	
30	收发球筒	
31	通风管	

序　号	名　称	图形符号
32	灌瓶嘴	
33	加气机	
34	视镜	

(5)常用管件和其他附件的图形符号见表 1-28。

表 1-28　常用管件和其他附件的图形符号

序　号	名　称	图形符号
1	钢塑过渡接头	
2	承插式接头	
3	同心异径管	
4	偏心异径管	
5	法兰	
6	法兰盖	
7	钢盲板	
8	管帽	
9	丝堵	
10	绝缘法兰	
11	绝缘接头	
12	金属软管	
13	90°弯头	

序　号	名　称	图形符号
14	<90°变头	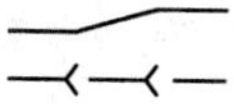
15	三通	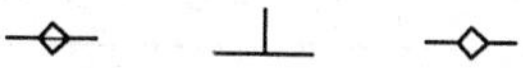
16	快装接头	
17	活接头	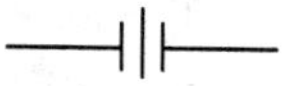

（6）常用阀门与管路连接方式的图形符号见表 1-29。

表 1-29　常用阀门与管路连接方式的图形符号

序　号	名　称	图形符号
1	螺纹连接	
2	法兰连接	
3	焊接连接	
4	卡套连接	
5	环压连接	

（7）常用管道支座、管架和支吊架图形符号见表 1-30。

表 1-30　常用管道支座、管架和支吊架图形符号

序　号	名　称		图形符号	
			平　面　图	纵　剖　面
1	固定支座、管架	单管固定		
		双管固定	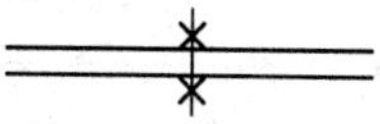	
2	滑动支座、管架			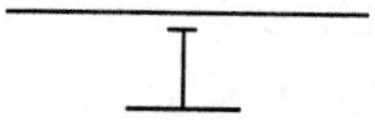
3	支墩		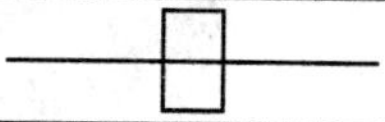	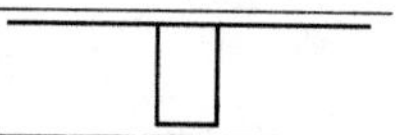

序　号	名　称	图形符号	
		平　面　图	纵　剖　面
4	滚动支座、管架		
5	导向支座、管架		

(8)用户工程的常用设备图形符号见表1-31。

表 1-31　用户工程的常用设备图形符号

序　号	名　称	图形符号
1	用户调压器	
2	皮膜燃气表	
3	燃气热水器	
4	壁挂炉、两用炉	
5	家用燃气双眼灶	
6	燃气多眼灶	
7	大锅灶	
8	炒菜灶	
9	燃气沸水器	
10	燃气烤箱	
11	燃气直燃机	
12	燃气锅炉	
13	可燃气体泄漏探测器	
14	可燃气体泄漏报警控制器	

四、通风空调系统施工图的一般规定

1. 比例

通风空调系统施工图的比例,见表 1-32。

表 1-32 通风空调系统施工图常用比例

名　称	比　例
总平面图	1：500、1：1 000、1：2 000
剖面图等基本图	1：50、1：100、1：150、1：200
大样图、详图	1：1、1：2、1：5、1：10、1：20、1：50
系统原理图、工艺流程图	—

2. 标高及风管规格表示

矩形风管的标高标注在风管底,圆形风管为风管中心标高。圆形风管的管径用 ϕ 表示,如 $\phi100$ 表示直径为 100 mm 的圆形风管;矩形风管断面尺寸用长×宽表示,如 300×200,表示长 300mm、宽 200mm 的矩形风管。

3. 图例

风道代号见表 1-33,通风空调系统施工图常用图例见表 1-34。

表 1-33 风道代号

代　号	风道名称	代　号	风道名称
K	空调风管	H	回风管(一次、二次回风可附加1、2区别)
S	送风管	P	排风管
X	新风管	PY	排烟管或排风、排烟共用管道

表 1-34 通风空调系统施工图常用图例

序　号	名　称	图　例	备　注
1	砌筑风、烟道		其余均为
2	带导流片弯头		
3	消声器、消声弯头		也可表示为
4	插板阀		
5	天圆地方		左接矩形风管,右接圆形风管

序号	名　称	图　例	备　注
6	蝶阀		
7	对开多叶调节阀		左为手动,右为电动
8	风管止回阀		
9	三通调节阀		
10	防火阀	70℃	表示70℃动作的常开阀;若图画小,也可表示为　70℃,常开
11	排烟阀	280℃　　280℃	左为280℃动作的常闭阀,右为常开阀。若图画小,表示方法同上
12	软接头	~	也可表示为
13	软管	或光滑曲线(中粗)	
14	风口(通用)	□ 或 ○	
15	百叶窗		
16	轴流风机	或	
17	离心风机		左为左式风机,右为右式风机
18	水泵		左侧进水,右侧出水
19	空气加热、冷却器		左为单加热,中为单冷却,右为双功能换热装置

续表

序　号	名　称	图　例	备　注
20	空气过滤器		分别为粗、中、高效
21	电加热器		
22	加湿器		
23	挡水板		
24	风机盘管		可标注型号,如 FP-5

第三节　电气工程施工图的一般规定

一、电气工程施工图的组成

电气工程施工图的组成包括图纸目录、设计说明、图例材料表、系统图、平面图和安装大样图(详图)等。

1.图纸目录

图纸目录的内容有:图纸的组成、名称、张数、图号顺序等,绘制图纸目录的目的是便于查找。

2.设计说明

设计说明主要阐明单项工程的概况、设计依据、设计标准以及施工要求等,主要是补充说明图面上不能利用线条、符号表示的工程特点、施工方法、线路、材料以及其他注意的事项。

3.图例材料表

主要设备及器具在表中用图形符号表示,并标注其名称、规格、型号、数量、安装方式等。

4.平面图

平面图是表示建筑物内各种电气设备、器具的平面位置及线路走向的图纸。平面图包括总平面图、照明平面图、动力平面图、防雷平面图、接地平面图、智能建筑平面图(电话、电视、火灾报警、综合布线平面图)等。

5.系统图

系统图是表明供电分配回路的分布和相互联系的示意图。具体反映配电系统和容量分配情况、配电装置、导线型号、导线截面、敷设方式及穿管管径、控制及保护电器的规格型号等。系统图分为照明系统图、动力系统图、智能建筑系统图等。

6. 详图

详图是用来详细表示设备安装方法的图纸,详图多采用全国通用电气装置标准图集。

二、图例和文字符号

电气施工图上的各种电气元件及线路敷设均用图例符号和文字符号来表示,识别的基础是首先要明确和熟悉有关电气图例与符号所表达的内容和含义。

1. 电气工程常用零件符号

(1)开关、触点、线圈。

1)开关的图形符号,见表 1-35。

表 1-35　开关的图形符号

名　称	图　形	名　称	图　形
开关一般符号		单极开关	
暗装单极开关		密闭(防水)单极开关	
防爆单极开关		双极开关	
暗装双极开关		密闭(防水)双极开关	
防爆双极开关		三极开关	
暗装三极开关		密闭(防水)三极开关	
防爆三极开关		带指示灯的开关	
单极限时开关		多拉单极开关(如用于不同照度)	
两控单极开关	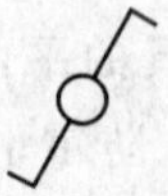	中间开关	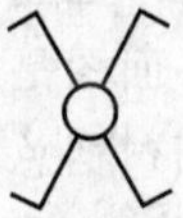
调光器		单极拉线开关	
开关(机械式)	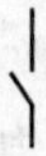	多极开关一般符号单线表示	

续表

名　称	图　形	名　称	图　形
多极开关一般符号多线表示		隔离开关	
具有中间断开位置的双向隔离开关		负荷开关（负荷隔离开关）	
具有由内装的测量继电器或脱扣器触发的自动释放功能的负荷开关		断路器	
熔断器式断路器		跌落式熔断器	
熔断器式开关同义词:熔断器式刀开关		熔断器式隔离开关同义词:熔断器式隔离器	
熔断器式负荷开关同义词:熔断器式隔离开关		静态开关一般符号	
手动操作开关一般符号		一个手动三极开关	
三个手动单极开关		具有动合触点且自动复位的按钮开关	
具有动合触点但无自动复位的旋转开关		具有动合触点且自动复位的蘑菇头式的按钮开关	
具有动合触点钥匙操作的按钮开关		带有防止无意操作保护的具有动合触点的按钮开关	

2)触点的图形符号,见表 1-36。

表 1-36　触点的图形符号

名　　称	图　形	名　　称	图　形
动合(常开)触点的一般符号		动断(常闭)触点	
先断后合的转换触点		中间断开的双向转换触点	
先合后断的转换触点		(多触点组中)比其他触点提前吸合的动合触点	
(多触点组中)比其他触点滞后吸合的动合触点		(多触点组中)比其他触点滞后释放的动断触点	
(多触点组中)比其他触点提前释放的动断触点		当操作器件被吸合时延时闭合的动合触点	
当操作器件被释放时延时断开的动合触点		当操作器件被吸合时延时断开的动断触点	
当操作器件被释放时延时闭合的动断触点		当操作器件被吸合时延时闭合、释放时延时断开的动合触点	
位置开关,动合触点		位置开关,动断触点	
热敏开关,动合触点		热敏开关,动断触点	
热敏自动开关,动断触点		热继电器,动断触点	
液位控制开关,动合触点		液位控制开关,动断触点	
接触传感器		接近传感器	

续表

名　称	图　形	名　称	图　形
接近开关,动合触点		接触敏感开关,动合触点	

3)线圈的图形符号,见表 1-37。

表 1-37　线圈的图形符号

名　称	图　形	名　称	图　形
缓慢释放继电器的线圈	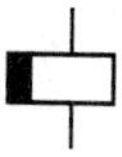	缓慢吸合继电器的线圈	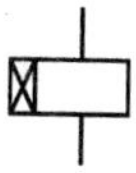
缓吸和缓放继电器的线圈	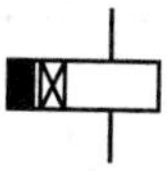	机械保持继电器的线圈	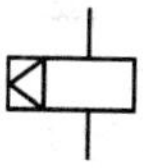

(2)电阻、电容、电感。

1)电阻的图形符号,见表 1-38。

表 1-38　电阻的图形符号

名　称	图　形	名　称	图　形
电阻器一般符号		可变电阻器	
滑动触点电位器	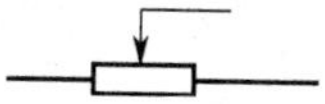	预调电位器	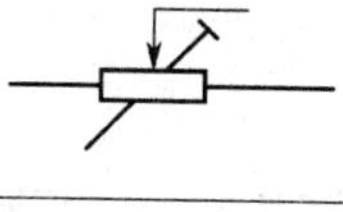
光敏电阻	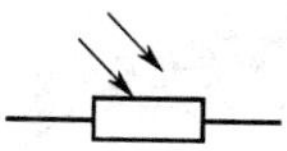	压敏电阻器变阻器	
分路器,带分流和分压端子的电阻器	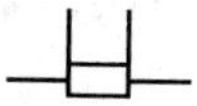	电热元件	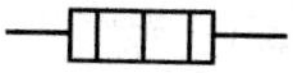

2)电容的图形符号,见表 1-39。

表 1-39　电容的图形符号

名　称	图　形	名　称	图　形
电容器一般符号		可变电容器	
双联同调可变电容器	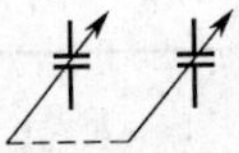	极性电容器,例如电解电容器	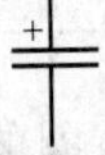

3)电感的图形符号,见表 1-40。

表 1-40　电感的图形符号

名　称	图　形	名　称	图　形
电感器、线圈、绕组、扼流圈		带铁芯的电感器	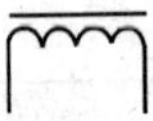

(3)灯具的图形符号,见表 1-41。

表 1-41　灯的图形符号

名　称	图　形	名　称	图　形
灯(一般符号)	 如果要求指出灯光源类型,则在靠近符号处标出下列代码: Na—钠气 Hg—汞	荧光灯(一般符号) 发光体(一般符号)	
二管荧光灯	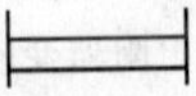	三管荧光灯	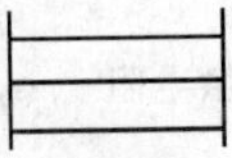
五管荧光灯	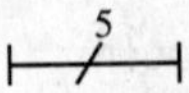 5	投光灯(一般符号)	
聚光灯	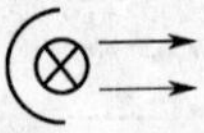	泛光灯	

名　称	图　形	名　称	图　形
气体放电灯的辅助设备	注：仅用于辅助设备与光源不在一起时	在专用电路上的事故照明灯	
自带电源的事故照明灯		障碍灯、危险灯，红色闪烁、全向光束	
天棚灯座（裸灯头）		墙上灯座（裸灯头）	
深照型灯		广照型灯（配照型灯）	
防水防尘灯		球形灯	
局部照明灯		矿山灯	
安全灯		隔爆灯	
天棚灯		花灯	
弯灯		壁灯	
应急疏散指示标志灯	EEL	应急疏散指示标志灯（向右）	EEL

名　称	图　形	名　称	图　形
应急疏散指示标志灯(向左)	← EEL	应急疏散照明灯	EL
一般电杆	○	带照明灯具的电杆	—○—

(4)配电箱、配线架。

1)配电箱的图形符号,见表1-42。

表 1-42　配电箱的图形符号

名　称	图　形	名　称	图　形
变电所	○	杆上变电所	○
设备、器件、功能单元、元件、功能元件	在符号轮廓内填入或加上相应的代号或符号以表示其类别	屏、盘、架一般符号	注:可用文字符号或型号表示设备名称
多种电源配电箱(盘)	◺	电力配电箱(盘)	▬
照明配电箱(盘)	■	事故照明配电箱(盘)	⊠
电源自动切换箱(屏)	◿	直流配电盘(屏)	-----
交流配电盘(屏)	∼	熔断器箱	▭
信号箱(屏)	⊗	刀开关箱	⊟
自动开关箱	▣	立柱式按钮箱	○○
组合开关箱	⊞	壁龛电话交接箱	⧓

2）配线架的图形符号，见表 1-43。

表 1-43　配线架的图形符号

名　称	图　形	名　称	图　形
线架一般符号	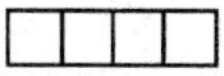	人工交换台、中继台、测量台、业务台等一般符号	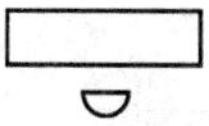
总配线架	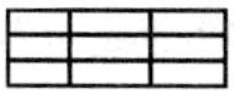	中间配线架	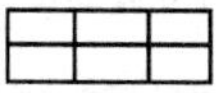

（5）继电器、仪表、插头。

1）继电器的图形符号，见表 1-44。

表 1-44　继电器的图形符号

名　称	图　形	名　称	图　形
热继电器的驱动器件	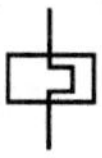	电子继电器的驱动器件	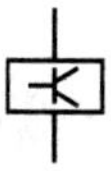
静态继电器一般符号	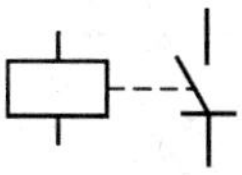 示出半导体动合触点	测量继电器	 测量继电器与测量继电器有关的器件星号，必须由表示这个器件参数的一个或多个字母或限定符号按下述顺序代替： —特性量和其变化方式； —能量流动方向； —整定范围； —重整定比（复位比）； —延时作用； —延时值
欠压继电器	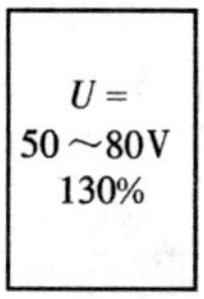 $U=$ 50～80V 130% 整定范围从50～80V，重整定比130%	有最大和最小整定值的电流继电器	 I >5A <3A 示出限值 3A 和 5A
瓦斯保护器件（气体继电器）	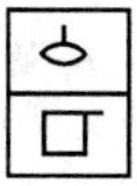	自动重闭合器件自动重合闸继电器	

2)仪表的图形符号,见表 1-45。

表 1-45 仪表的图形符号

名 称	图 形	名 称	图 形
电压表	Ⓥ	电流表	Ⓐ
无功电流表	Ⓐ $I\sin\varphi$	积算仪表激励的最大需用量指示器	→Ⓦ Pmax
无功功率表	var	功率因数表	$\cos\varphi$
相位计	φ	频率计	Hz
同步指示器	(↑↓)	检流计	(↑)
温度计、高温计	θ	转速表	n
记录式功率表	W	组合式记录功率表和无功功率表	W | var
积算仪表、电能表(星号必须按照规定予以代替)	★	安培小时计	Ah
电度表(瓦时计)	Wh	无功电度表	varh
复费率电度表,示出二费率	Wh	超量电度表	Wh $P>$
带发送器电度表	Wh →	由电能表操纵的遥测仪表(转发器)	→ Wh
由电能表操纵的带有打印器件的遥测仪表(转发器)	→ Wh	带最大需用量指示器电度表	Wh Pmax

续表

名　称	图　形	名　　称	图　形
带最大需用量记录器电度表	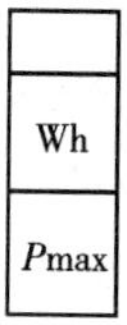 Wh / Pmax	—	—

3)插头的图形符号,见表1-46。

表 1-46　插头的图形符号

名　称	图　形	名　称	图　形
阳接触件(连接器的)、插头		插头和插座	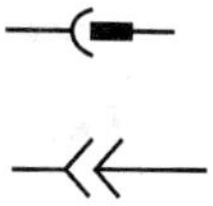
阴接触件(连接器的)、插座		—	—

2. 常用低压电气符号

(1)变压器的图形符号,见表1-47。

表 1-47　变压器的图形符号

名　称	图　形	名　称	图　形
双绕组变压器		绕组间有屏蔽的双绕组单相变压器	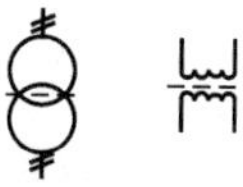
在一个绕组上有中心点抽头的变压器	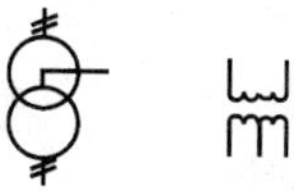	三绕组变压器	
星形—三角形连接的三相变压器	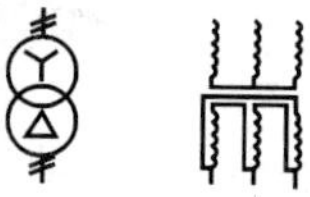	单相变压器组成的三相变压器星形—三角形连接	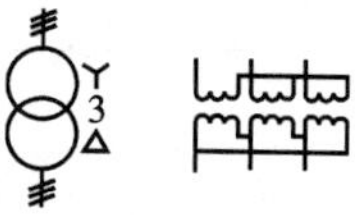
具有有载分接开关的三相变压器,星形—三角形连接	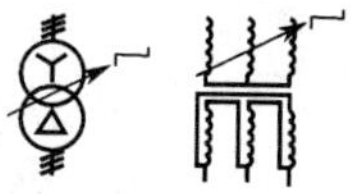	三相变压器,星形—三角形连接	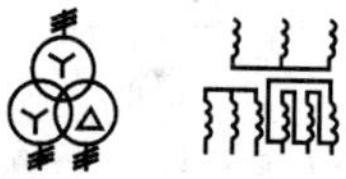
自耦变压器		单相自耦变压器	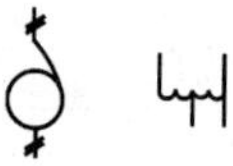

名　称	图　形	名　称	图　形
三相自耦变压器，星形接线	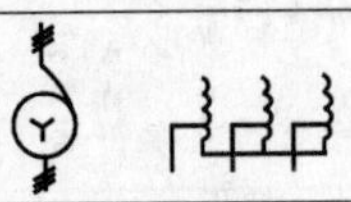	可调压的单相自耦变压器	
三相感应调压器		扼流圈电抗器	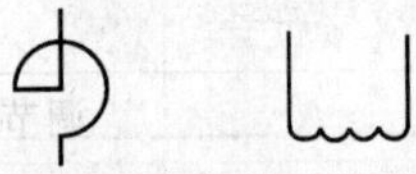

（2）互感器的图形符号，见表 1-48。

表 1-48　互感器的图形符号

名　称	图　形	名　称	图　形
电压互感器		三绕组电压互感器	
电流互感器脉冲变压器		具有两个铁芯，每个铁芯有一个次级绕组的电流互感器	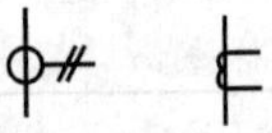
一个铁芯具有两个次级绕组的电流互感器	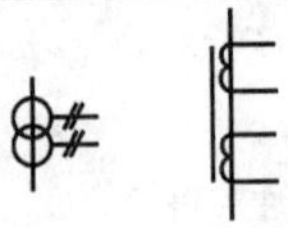	具有三条穿线一次导体的脉冲变压器或电流互感器	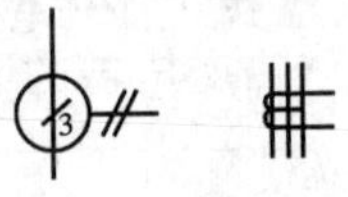
三个电流互感器（四根次级引线）	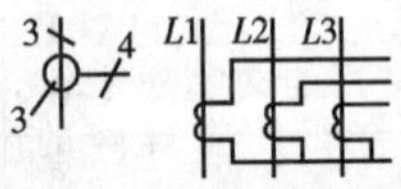	具有两个铁芯，每个铁芯有一个次级绕组的三个电流互感器	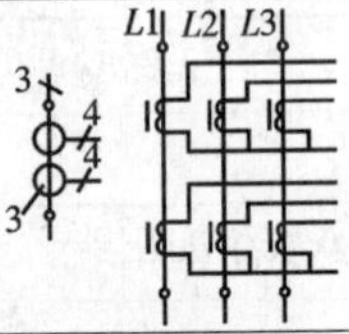
两个电流互感器（第 1，3 相各有一个三根次级引线）	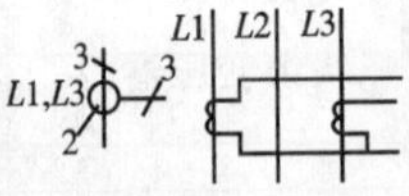	具有两个铁芯，每个铁芯有一个次级绕组的两个电流互感器	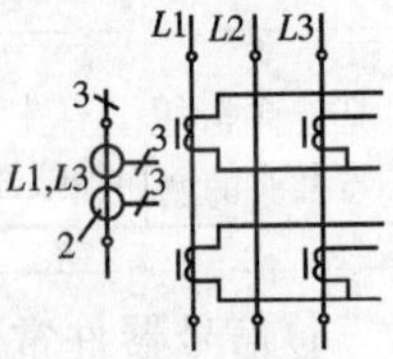

（3）交换器的图形符号，见表 1-49。

表 1-49　交换器的图形符号

名　称	图　形	名　称	图　形
信号变换器，一般符号		直流/直流变换器	
整流器		桥式全波整流器	
逆变器		整流器/逆变器	

3.常用电气设备文字符号

(1)电气设备常用的文字符号。

1)组件及部件常用的文字符号,见表 1-50。

表 1-50　组件及部件常用的文字符号

文字符号	名　称	文字符号	名　称
A	调节器	AC	控制箱(屏、柜、台、柱、站)
A	放大器	AS	信号箱(屏)
AM	电能计量柜	AXT	接线端子箱
AH	高压开关柜	AR	保护屏
AA	交流配电屏(柜)	AE	励磁屏(柜)
AD	直流配电屏、直流电源柜	AW	电度表箱
AP	电力配电箱	AX	插座箱
APE	应急电力配电箱	A	操作箱
AL	照明配电箱	ACB	插接箱(母线槽系统)
ALE	应急照明配电箱	AFC	火灾报警控制器
AT	电源自动切换箱(柜)	ADP	数字式保护装置
ACC	并联电容器屏(柜、箱)	ABC	建筑自动化控制器

2)保护器件常用的文字符号,见表 1-51。

表 1-51　保护器件常用的文字符号

文字符号	名　称	文字符号	名　称
F	过电压放电器件	FU	熔断器
F	避雷器	FU	跌开式熔断器
FV	限压保护器件	FF	半导体器件保护用熔断器

3)信号器件常用文字符号,见表 1-52。

表 1-52　信号器件常用文字符号

文字符号	名　称	文字符号	名　称
HA	声响指示器	HR	红色指示灯
HL	光指示器	HG	绿色指示灯
HL	指示灯	HY	黄色指示灯
HA	电铃	HB	蓝色指示灯
HA	蜂鸣器	HW	白色指示灯

4)电感器、电抗器常用文字符号,见表 1-53。

表 1-53　电感器、电抗器常用文字符号

文字符号	名　称	文字符号	名　称
L	感应线圈	LA	消弧线圈
L	电抗器(并联和串联)	LF	滤波电抗器

5)电动机常用文字符号,见表 1-54。

表 1-54　电动机常用文字符号

文字符号	名　称	文字符号	名　称
M	电动机	MA	异步电动机
MS	同步电动机	MC	笼型感应电动机
MG	可做发电机或电动机用的电机	MW	绕线转子感应电动机
MT	力矩电动机	ML	直线伺服电动机
MD	直流电动机	MS	伺服电动机
MM	多速电动机	MST	步进电动机

6)电力电路的开关器件的常用文字符号,见表 1-55。

表 1-55　电力电路的开关器件的常用文字符号

文字符号	名　称	文字符号	名　称
QF	断路器	QOT	有载分接开关
QM	电动机保护开关	QCS	转换开关
QS	隔离开关	QTS	倒顺开关(同义词:双向开关)
QV	真空断路器	QC	接触器
QR	漏电保护断路器	QST	启动器
QL	负荷开关	QCS	综合启动器
QE	接地开关	QSD	星形—三角形启动器
QFS	开关熔断器组(同义词:负荷开关)	QTS	自耦减压启动器
QFS	熔断器式开关(同义词:熔断器式刀开关)	QR	转子变阻式启动器
QS	隔离开关	QD	鼓形控制器

7)变压器常用文字符号,见表 1-56。

表 1-56　变压器常用文字符号

文字符号	名　称	文字符号	名　称
TA	电流互感器	TS	磁稳压器
TC	控制电路电源用变压器	TV	电压互感器
TM	电力变压器	TR	整流变压器

文字符号	名　　称	文字符号	名　　称
TI	隔离变压器	TD	配电变压器
TL	照明变压器	TT	试验变压器
TLC	有载调压变压器		

8)端子插头插座常用文字符号,见表1-57。

表 1-57　端子插头插座常用文字符号

文字符号	名　　称	文字符号	名　　称
V	气体放电管	XB	连接片
V	二极管	XP	插头
VC	控制电路用电源的整流器	XS	插座
X	连接插头和插座	XT	端子板
X	接线柱	XTO	信息插座
X	电缆封端和接头		

9)电气操作的机械器件常用文字符号,见表1-58。

表 1-58　电气操作的机械器件常用文字符号

文字符号	名　　称	文字符号	名　　称
Y	气阀	YL	电磁锁
YV	电磁阀	YT	跳阀线圈
YM	电动阀	YC	合闸线圈
YF	防火阀	YPA	气动执行器
YS	排烟阀	YE	电动执行器

10)非电量到电量或电量到非电量的传感变送器常用文字符号,见表1-59。

表 1-59　非电量到电量或电量到非电量常用的文字符号

文字符号	名　　称	文字符号	名　　称
B	光电池、扬声器、送话器	BR	旋转变换器(测速发电机)
B	热电传感器	BF	流量测量传感器
B	模拟和多级数字	BTI	时间测量传感器
BP	压力变换器	BQ	位置测量传感器
BT	温度变换器	BH	湿度测量传感器
BV	速度变换器	BL	液位测量传感器

11)继电器的常用文字符号,见表1-60。

表 1-60　继电器的常用文字符号

文字符号	名　称	文字符号	名　称
KA	瞬时接触继电器	KE	接地继电器
KL	双稳态继电器	KPC	相位比较继电器
KL	闭锁接触继电器	KOS	失步继电器
KR	簧片继电器	KF	频率继电器
KT	延时有或无继电器（时间继电器）	KB	瓦斯保护继电器
KC	电流继电器	KH	热（过载）继电器
KV	电压继电器	KTE	温度继电器
KS	信号继电器	KPR	压力继电器
KD	差动继电器	KFI	液流继电器
KP	功率继电器	KSE	半导体继电器（同义词：固态继电器）
KD	方向继电器		

12)测量设备、试验设备常用文字符号,见表 1-61。

表 1-61　测量设备、试验设备常用文字符号

文字符号	名　称	文字符号	名　称
P	指示器件	PJR	无功电度表
P	记录器件	PM	最大需用量表
P	积算测量器件	PW	有功功率表
P	信号发生器	PPF	功率因数表
PA	电流表	PAR	无功电流表
PV	电压表	PF	频率表
PC	（脉冲）计数器	PPA	相位表
PJ	电度表	PT	转速表
PS	记录仪器	PS	同步指示器
PT	时钟、操作时间表		

13)电阻常用文字符号,见表 1-62。

表 1-62　电阻常用文字符号

文字符号	名　称	文字符号	名　称
R	电阻器	RV	压敏电阻器
R	变阻器	RS	启动变阻器
RP	电位器	RF	频敏变阻器
RS	测量分路表	RSR	调速变阻器
RT	热敏电阻器	RFI	励磁变阻器

14)控制、记忆、信号电路的开关器件选择器常用文字符号,见表 1-63。

表 1-63　控制、记忆、信号电路的开关器件选择器常用文字符号

文字符号	名　　称	文字符号	名　　称
SA	控制开关	SR	转数传感器
SA	选择开关	ST	温度传感器
SB	按钮开关	SV	电压表切换开关
SL	液体标高传感器	SA	电流表切换开关
SP	压力传感器	SQ	位置开关(接近开关、限位开关)
SQ	位置传感器(包括接近传感器)		

15)调制器常用文字符号,见表 1-64。

表 1-64　调制器常用文字符号

文字符号	名　　称	文字符号	名　　称
U	鉴频器	U	变流器
U	解调器	U	逆变器
U	变频器	U	整流器
U	编码器		

16)传输通道波导天线常用文字符号,见表 1-65。

表 1-65　传输通道波导天线常用文字符号

文字符号	名　　称	文字符号	名　　称
W	导线	WPE	应急电力线路
W	电缆	WLE	应急照明线路
WB	母线	WC	控制线路
W	抛物线天线	WS	信号线路
WP	电力线路	WB	封闭母线槽(包括插接式封闭母线槽)
WL	照明线路	WT	滑触线

(2)电气设备常用的辅助文字符号,见表 1-66。

表 1-66　电气设备常用辅助文字符号

文字符号	名　　称	文字符号	名　　称
A	电流	ASY	异步
A	模拟	B、BRK	制动
AC	交流	BC	广播
A、AUT	自动	BK	黑
ACC	加速	BL	蓝
ADD	附加	BW	向后
ADJ	可调	C	控制
AUX	辅助	CCW	逆时针

文字符号	名　称	文字符号	名　称
CD	控制台（独立）	LA	闭锁
CO	切换	LL	最低（较低）
CW	顺时针	M	主
D	延时（延迟）	M	中
D	差动	M	中间线
D	数字	M、MAN	手动
D	降	MAX	最大
DC	直流	MIN	最小
DCD	解调	MC	微波
DEC	减	MD	调制
DP	调度	MH	人孔（人井）
DR	方向	MN	监听
DS	失步	MO	瞬间（时）
E	接地	MUX	多路复用的限定符号
EC	编码	N	中性线
EM	紧急	NR	正常
EMS	发射	OFF	断开
EX	防爆	ON	闭合
F	快速	OUT	输出
FA	事故	O/E	光电转换器
FB	反馈	P	压力
FM	调频	P	保护
FW	正、向前	PB	保护箱
FX	固定	PE	保护接地
G	气体	PEN	保护接地与中性线共用
GN	绿	PL	脉冲
H	高	PM	调相
HH	最高（较高）	PO	并机
HW	手孔	PR	参量
HV	高压	PU	不接地保护
IB	仪表箱	R	记录
IN	输入	R	右
INC	增	R	反
IND	感应	RD	红
L	左	R、RST	复位
L	限制	RES	备用
L	低	RTD	热电阻

文字符号	名　称	文字符号	名　称
RUN	运转	T	时间
S	信号	T	力矩
SAT	饱和	TE	防干扰接地
SB	供电箱	TM	发送
S、SET	位置、定位	U	升
ST	启动	UPS	不间断电源
STE	步进	V	真空
STP	停止	V	速度
SY	整步	V	电压
SYN	同步	VR	可变
S·P	设定点	WH	白
T	温度	YE	黄

(3)标注安装方式的文字符号。

1)导线敷设方式的文字符号,见表1-67。

表 1-67　导线敷设方式的文字符号

文字符号	名　称	文字符号	名　称
SC	穿焊接钢管敷设	PL	用瓷夹敷设
MT	穿电线管敷设	PCL	用塑料夹敷设
PC	穿硬塑料管敷设	AB	沿或跨梁(屋架)敷设
FPC	穿阻燃半硬聚氯乙烯管敷设	BC	暗敷在梁内
CT	电缆桥架敷设	AC	沿或跨柱敷设
MR	金属线槽敷设	CLC	暗敷设在柱内
PR	塑料线槽敷设	WS	沿墙面敷设
M	用钢索敷设	WC	暗敷设在墙内
KPO	穿聚氯乙烯塑料波纹电线管敷设	CE	沿天棚或顶板面敷设
CP	穿金属软管敷设	CC	暗敷设在屋面或顶板内
DB	直接埋设	SCE	吊顶内敷设
TC	电缆沟敷设	ACC	暗敷设在不能进入的吊顶内
CE	混凝土排管敷设	ACE	在能进入的吊顶内敷设
K	用瓷瓶或瓷柱敷设	F	地板或地面下敷设

2)灯具安装方式的文字符号,见表1-68。

表 1-68　灯具安装方式文字符号

文字符号	名　称	文字符号	名　称
SW	线吊式自在器	SW1	固定线吊式

文字符号	名　称	文字符号	名　称
SW2	防水线吊式	CR	顶棚内安装
SW3	吊线器式	WR	墙壁内安装
CS	链吊式	S	支架上安装
DS	管吊式	CL	柱上安装
W	壁装式	HM	座装
C	吸顶式	T	台上安装
R	嵌入式		

3)供电条件用的文字符号,见表 1-69。

表 1-69　供电条件用的文字符号

文字符号	名　称	单　位
U_n	系统标称电压	V
U_r	设备的额定电压	V
I_r	额定电流	A
f	频率	Hz
P_N	设备安装功率	kW
P	计算有功功率	kW
Q	计算无功功率	kV · A
S	计算视在功率	kV · A
S_r	额定视在功率	kV · A
I_c	计算电流	A
I_{st}	启动电流	A
I_P	尖峰电流	A
I_s	整定电流	A
I_k	稳态短路电流	kA
$\cos \varphi$	功率因数	%
u_{kr}	阻抗电压	—
i_p	短路电流峰值	kA
S''_{kQ}	短路容量	MV · A

4. 常见标注方法

电气设备常用的标注方法,见表 1-70。

表 1-70 电气设备常用的标注方法

项目种类	标注方法	说　明	示　例
用电设备	$\dfrac{a}{b}$	a—设备编号或设备位号。 b—额定功率(kW 或 kVA)	$\dfrac{\text{PO1B}}{37\text{kW}}$ 热媒泵的位号为 PO1B,容量为 37kW
概略图电气箱(柜、屏)	$-a+b/c$	a—设备种类代号。 b—设备安装位置代号。 c—设备型号	$-\text{AP1}+1 \cdot \text{B6/XL21}-15$ 动力配电箱种类代号—AP1,位置代号+1·B6(即安装位置在一层 B、6 轴线),型号 XL21—15
平面图电气箱(柜、屏)	$-a$	a—设备种类代号。	$-\text{AP1}$ 动力配电箱种类代号—AP1,在不会引起混淆时可取消前缀"—"(表示为 AP1)
照明、安全、控制变压器	$a、b/c、d$	a—设备种类代号。 b/c——次电压/二次电压。 d—额定容量	TL1　220/36V　500VA 照明变压器 TL1,变比 220/36V,容量 500VA
断路器整定值	$\dfrac{a}{b}c$	a—脱扣器额定电流。 b—脱扣整定电流值。 c—短延时整定时间(瞬断不标注)	$\dfrac{500\text{A}}{500\text{A}\times 3}0.2\text{s}$ 断路器脱扣器额定电流为 500A,动作整定值为 500A×3,短延时整定值为 0.2s
照明灯具	$a-b\dfrac{c \times d \times L}{e}f$	a—灯数。 "—"表示吸顶安装。 b—型号或编号(无则省略)。 c—每盏照明灯具的灯泡数。 d—灯泡安装容量。 e—灯泡安装高度(m)。 f—安装方式。 L—光源种类	$5-\text{BYS80}\dfrac{2 \times 40 \times \text{FL}}{3.5}\text{CS}$ 5 盏 BYS80 型灯具,灯管为 2 根 40W 荧光灯管,灯具链吊式安装,安装高度距地 3.5m

项目种类	标注方法	说　明	示　例
电缆桥架	$\dfrac{a \times b}{c}$	a—电缆桥架宽度(mm)。 b—电缆桥架高度(mm)。 c—电缆桥架安装高度(m)	$\dfrac{600 \times 150}{3.5}$ 电缆桥架宽 600mm,高 150mm,安装高度距地 3.5m
线路	$\begin{array}{c} ab-c \\ (d\times e+f\times g)i \\ -jh \end{array}$	a—线缆编号。 b—型号(不需要可省略)。 c—线缆根数。 d—电缆线芯数。 e—线芯截面(mm²)。 f—PE、N 线芯数。 g—线芯截面(mm²)。 i—线缆敷设方式。 j—线缆敷设部位。 h—线缆敷设安装高度(m)。 上述字母无内容则省略该部分	WP201　YJV－0.6/1kV－2(3×150+2×70)SC80－WS3.5 电缆号为 WP201,电缆型号、规格为 YJV－0.6/1kV－(3×150+2×70),2 根电缆并联连接,敷设方式为穿 DN80 焊接钢管沿墙明敷,线缆敷设高度距地 3.5m
电缆与其他设施交叉点	$\dfrac{a-b-c-d}{e-f}$	a—保护管根数。 b—保护管直径(mm)。 c—保护管长度(m)。 d—地面标高(m)。 e—保护管埋设深度(m)。 f—交叉点坐标	$\dfrac{6-DN100-1.1\text{m}-0.3\text{m}}{-1.1\text{m}-a=174.235;b=243.621}$ 电缆与设施交叉,埋设 6 根长 1.1m DN100 焊接钢管,钢管埋设深度为－1m(地面标高为－0.3m),交叉点坐标为 $a=174.235,b=243.621$
电话线路	$\dfrac{a-b(c\times2\times d)}{e-f}$	a—电话线缆编号。 b—型号(不需要可省略)。 c—导线对数。 d—线缆截面。 e—敷设方式和管径(mm)。 f—敷设部位	W1A-HPVV(25×2×0.5)M-MS 电话电缆号为 W1,电话电缆的型号、规格为 HPVV(25×2×0.5),电话电线敷设方式为用钢索敷设,电话电缆沿墙面敷设

项目种类	标注方法	说　明	示　例
电话分线盒、交接箱	$\dfrac{a \times b}{c}d$	a—编号。 b—型号（不需要标注可省略）。 c—线序。 d—用户数	$\dfrac{3\,号 \times NF-3-10}{1\sim12}6$ 3号电话分线盒的型号规格为 NF－3－10，用户数为6户，接线线序为1～12

第二章　管道工程施工图识读

第一节　管道工程概述

一、管道工程的基本概念

管道工程的基本概念见表 2-1。

表 2-1　管道工程的基本概念

类　别	名　称	意　义
采暖管道及配件	采暖管道	是采暖系统的总管、干管、立管和支管及其连接配件等的统称
	总管	热水或蒸汽系统进、出口未经分流之前或全部分流以后的总管段
	干管	连接若干立管的具有分流或合流作用的主干管道
	立管	竖向布置的热水或蒸汽系统中与散热设备支管连接的垂直管道
	支管	同散热设备进、出口连接的管段
	排气管	热水或蒸汽系统中用于排除空气的管道
	泄水管	热水或蒸汽系统中用于排水的管道
	旁通管	为适应热水或蒸汽系统运行、检修和调节需要,而与某一设备或附件并联连接并装有阀门的绕行管
	膨胀管	膨胀水箱与热水系统之间的连接管
	循环管	为适应调节防冻等需要,使系统中的水量得以部分回流的管道
	排污管	供定期排除热水或蒸汽系统中可能积存的污物和浊水用的管道
	溢流管	通过溢流控制水箱最高水位的管道
	管道配件	管道与管道或管道与设备连接用的各种零配件的统称
	管接头	具有两个内螺纹接口的直管段连接件,也称管箍
	活接头	便于局部安装或拆卸的管接头
	异径管接头	具有两个接口但其直径不同的管接头
	弯头	具有两个接口的管道转弯连接件
	三通	具有三个接口的分支管连接件
	四通	具有四个接口的分支管连接件
	丝堵	管道或散热器端部的外螺纹堵塞件
	补心	具有变径作用的内外螺纹连接件

续表

类　别	名　称	意　义
采暖管道及配件	长丝	相当于标准螺纹长度两倍的螺纹连接件
	丝对	组装片式散热器用的两端螺纹相反的连接件
	固定支架	限制管道在支撑点处发生径向和轴向位移的管道支架
	活动支架	允许管道在支撑点处发生轴向位移的管道支架
通风管管道及附件	通风管道	输送空气和空气混合物的各种风管和风道的统称
	风管	由薄钢板、铝板、硬聚氯乙烯板和玻璃钢等材料制成的通风管道
	风道	由砖、混凝土、炉渣、石膏板和木质等建筑材料制成的通风管道
	通风总管	通风机进、出口与系统合流或分流处之间的通风管段
	通风干管	连接若干支管的合流或分流的主干通风管道
	通风支管	通风干管与送、吸风口或排风罩、吸尘罩等连接的管段
	软管	柔软可弯曲的管道
	柔性接头	通风机进、出口与刚性风管连接的柔性短管
	筒形风帽	用于自然排风的避风风帽
	伞形风帽	装在系统排放口处用于防雨的伞状外罩
	锥形风帽	沿内外锥形体的环状空间垂直向上排风的风帽
	通风部件	特指通风与空调系统中的各类风口、阀门、排风罩、风帽、检查孔和风管支、吊架等
	通风配件	特指通风与空调系统中的弯头、三通、变径管、来回弯、导流板等
	导流板	装于通风管道内的一个或多个叶片,使气流分成多股平行气流,从而减小阻力的配件
	蝶阀	风管内绕轴线转动的单板式风量调节阀
	插板阀	阀板垂直于风管轴线并能在两个滑轨之间滑动的阀门
	斜插板阀	阀板与风管轴线倾斜安装的插板阀
	通风止回阀	特指气流只能按一个方向流动的阀门
	防火阀	用于自动阻断来自火灾区的热气流、火焰通过的阀门
	防烟阀	借助感烟(温)器能自动关闭以阻断烟气通过的阀门

类　别	名　称	意　义
通风管管道及附件	排烟阀	装于排烟系统内,火灾时能自动开启进行排烟的阀门
	泄压装置	当通风除尘系统所输送的空气混合物一旦发生爆炸,压力超过破坏限度时,能自行进行泄压的安全保护装置
	风口	装在通风管道侧面或支管末端用于送风、排风和回风的孔口或装置的统称
	散流器	由一些固定或可调叶片构成的,能够形成下吹、扩散气流的圆形、方形或矩形风口
	空气分布器	用于向作业地带低速、均匀送风的风口
	旋转送风口	在气流出口处装有可调导流叶片并可绕风管轴线旋转的风口
	插板式送(吸)风口	装在风管侧面并带有滑动插板的送风或排风用的风口
	吸风口	用以排除室内空气的风口
	排风口	将排风系统中的空气及其混合物排入室外大气的排放口
	清扫孔	用于清除通风除尘系统管道内积尘的密封孔口
	检查门	装在空气处理室侧壁上,用于检修设备的密闭门
	测孔	用于检测设备及通风管道内空气及其混合物的各种参数,如温度、湿度、压力、流速、有害物质浓度等,而平时加以密封的孔
	风管支(吊)架	支撑(悬吊)风管用的金属杆件、抱箍、托架、吊架等的统称

二、管道施工图识读方法

1. 管道施工图识读内容

(1)流程图。

1)掌握设备的种类、名称、位号(编号)、型号。

2)了解物料介质的流向以及由原料转变为半成品或成品的来龙去脉,也就是工艺流程的全过程。

3)掌握管子、管件、阀门的规格、型号及编号。

4)对于配有自动控制仪表装置的管路系统还要掌握控制点的分布状况。

(2)平面图。

1)了解建筑物的朝向、基本构造、轴线分布及有关尺寸。

2)了解设备的位号(编号)、名称、平面定位尺寸、接管方向及其标高。

3)掌握各条管线的编号、平面位置、介质名称、管子及管路附件的规格、型号、种类、数量。

4)管道支架的设置情况,弄清支架的型式、作用、数量及其构造。

(3)立(剖)面图。

1)了解建筑物的竖向构造、层次分布、尺寸及标高。

2)了解设备的立面布置情况,查明位号(编号)、型号、接管要求及标高尺寸。

3)掌握各条管线在立面布置上的状况,特别是坡度坡向、标高尺寸等情况,以及管子、管路附件的各类参数。

(4)系统图。

1)掌握管路系统的空间立体走向,弄清楚管路标高、坡度坡向、管路出口和入口的组成。

2)了解干管、立管及支管的连接方式,掌握管件、阀门、器具设备的规格、型号、数量。

3)了解管路与设备的连接方式、连接方向及要求。

2. 管道施工图识图方法

各种管道施工图的识图方法,一般应遵循从整体到局部、从大到小、从粗到细的原则,将图纸与文字、各种图纸进行对照,以便逐步深入和逐步细化。拿到一套工程项目的施工图后,应首先按图纸目录进行清点,保证图纸齐全。有的设计院有本院的重复使用图,它的作用和国家标准图是一样的,但只限于该设计院设计的工程,这类图纸也应由建设单位提供。识图过程是一个从平面到空间的过程,必须利用投影还原的方法,再现图纸上各种线条、符号所代表的管路、附件、器具、设备的空间位置及管路的走向。

识图顺序是首先看图纸目录,了解建设工程性质、设计单位、管道种类,搞清楚这套图纸一共有多少张,有哪几类图纸,以及图纸编号;其次是看施工说明书、材料表、设备表等文字说明,然后按照流程图(原理图)、平面图、立(剖)面图、系统轴测图及详图的顺序,逐一详细阅读。

识读施工图时应以平面图为主,同时对照立面图、剖面图、轴测图,弄清管道系统的立体布置情况。对于生产工艺管道,还应当对照流程图,了解生产工艺过程,求得对工艺管道系统的理性认识。对局部细节的了解则要看大样图、节点图、标准图、重复使用图等。识读施工图过程中要弄清几个要素,即介质、管道材料、连接方式、关键位置标高、坡向及坡度、防腐及绝热要求、阀门型号及规格、管道系统试验压力等。工艺流程图的识读,不能按三视图的规则来理解,它只表示工艺流程是如何通过设备和管道组成的,无法区分管道的立体走向和长短。

(1)识读单张图纸。

首先看标题栏,再看图纸上所画的图样和数据。由阅读标题栏了解图纸的名称、工程项目、设计阶段、图号以及比例等。

平面图的右上角一般画有指北针,表示管道和建筑物的朝向,施工操作时管道的走向以它来确定。图纸上的剖切符号、节点符号和详图等,应由大到小、由粗到细认真识读。对图上的每一根管线,要弄清其编号、管径大小、介质流向、管道尺寸、标高、材质以及管线的始点和终点。对管线中的管配件,应弄清阀门、法兰、温度计等的名称、种类、型号以及数量等。

(2)识读整套图纸。

管道施工图中,一般包括图纸目录、施工图说明、设备材料表、流程图、平面图、立(剖)面图以及轴测图等。拿到一套图纸时,先要看图纸目录,其次是施工图说明和材料设备表,再看流程图、平面图、立(剖)面图及轴测图。

1)识读流程图应弄清以下内容:

①设备的数量、名称和编号;

②管子、管件、阀门的规格和编号;

③介质的流向及工艺流程的全过程。

2)识读平面图应弄清以下内容:

①建筑物构造、轴线分布及其尺寸;

②各设备的编号、名称、定位尺寸、接管方向及其标高;

③各路管线的编号、规格、介质名称、坡度坡向、平均定位尺寸、标高尺寸以及阀门的位置情况;

④各路管线的起点和终点,以及管线与管线、管线与设备或建筑物之间的位置关系。

3)识读立(剖)面图应弄清以下内容:

①建筑物的构造、层次分布及其尺寸;

②各设备的立面布置、编号、规格、介质流向以及标高尺寸等;

③各路管线的编号、规格、立面定位尺寸、标高尺寸和阀门手柄朝向及其定位尺寸;

④各路管线立面以及管线与设备、建筑物之间的位置关系。

三、热水采暖系统管道系统

1. 热水采暖系统流程和流程图

(1)系统流程。

1)自然循环热水采暖系统流程如下:

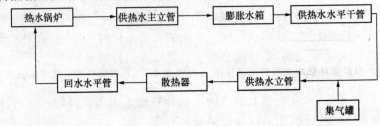

2)机械循环热水采暖系统流程如下：

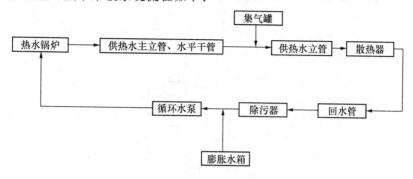

3)采用换热器换热的热水采暖系统流程如下：

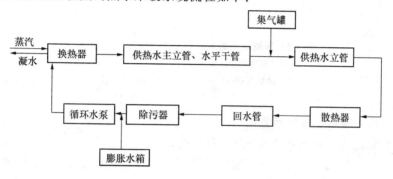

(2)系统流程图。

1)自然循环热水采暖系统流程图,如图 2-1 所示。

2)机械循环热水采暖系统流程图,如图 2-2 所示。

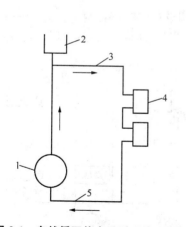

图 2-1　自然循环热水采暖系统流程图
1—锅炉;2—水箱;3—供热水管;
4—散热器;5—回水管

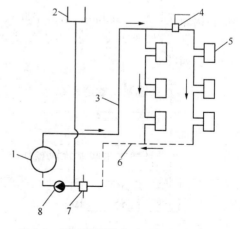

图 2-2　机械循环热水采暖系统流程图
1—锅炉;2—水箱;3—供热水管;4—集气罐;
5—散热器;6—回水管;7—除污器;8—水泵

3)采用换热器换热的热水采暖系统流程图,如图 2-3 所示。

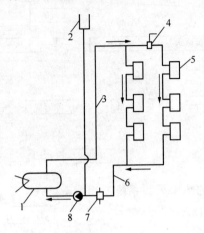

图 2-3　采用换热器换热的热水采暖系统流程图

1—换热器;2—水箱;3—供热管;4—集气罐;

5—散热器;6—回水管;7—除污器;8—水泵

2.热水采暖系统管道示意图

热水采暖系统管道可分为下列三种情况:

(1)按水平干管位置:下供下回式、下供上回式、上供下回式、中分式、水平串联式、水平跨越式。

(2)按立管根数:单立管式、双立管式。

(3)按供回水环路路程:同程式、异程式。

下供下回式,如图 2-4 所示;下供上回式,如图 2-5 所示;上供下回式,如图 2-6 所示;中分式,如图 2-7 所示;水平串联式,如图 2-8 所示;水平跨越式,如图 2-9 所示;单立管式,如图 2-10 所示;双立管式,如图 2-11 所示;同程式,如图 2-12 所示;异程式,如图 2-13 所示。

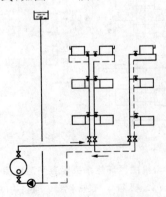

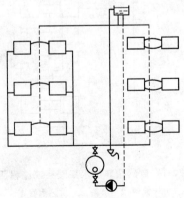

图 2-4　下供下回式　　　　　　　　**图 2-5　下供上回式**

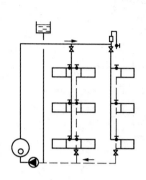

图 2-6　上供下回式

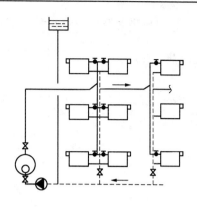

图 2-7　中分式

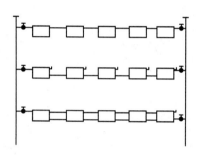

图 2-8　水平串联式

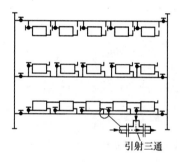

引射三通

图 2-9　水平跨越式

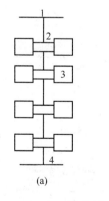

(a)

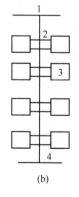

(b)

图 2-10　单立管式

(a)单立管串联式;(b)单立管跨越式

1—供热干管;2—立管;3—散热器;

4—回水水平干管

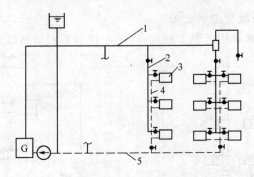

图 2-11　双立管式

1—供热水平干管;2—供热立管;3—散热器;

4—回水立管;5—回水水平干管

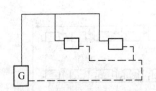

图 2-12　同程式

图 2-13　异程式

四、蒸汽采暖系统管道系统

1.蒸汽采暖系统流程和系统管道图示

(1)蒸汽采暖系统流程和流程图。

1)系统流程如下:

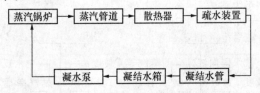

2)系统流程图,如图 2-14 所示。

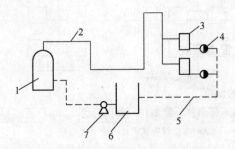

图 2-14　蒸汽采暖系统流程图

1—蒸汽锅炉;2—蒸汽管;3—散热器;4—疏水阀;5—凝水管;6—凝水箱;7—凝水泵

（2）蒸汽采暖系统管道示意图。

蒸汽采暖系统常采用上供下回式，以便于排除和收集凝结水，如图2-15所示。

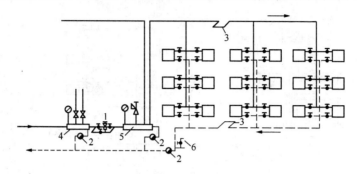

图 2-15 蒸汽采暖上供下回式管道示意图

1—减压阀；2—疏水阀；3—补偿器；4—生产用分汽缸；

5—采暖用分汽缸；6—放气管

2.蒸汽采暖系统管道施工

蒸汽采暖系统管道施工特点见表2-2。

表 2-2 蒸汽采暖系统管道施工特点

项 目	内 容
管材选用	钢管（焊接钢管、无缝钢管）采用焊接、法兰连接方式
防护	水平干管、主立管应进行防腐绝热
管道补偿	水平垂直管道在长度较长时应安装补偿器
排凝水措施	在管道低处、散热器出口处应安装疏水装置
管道坡度	汽水同向流动时的蒸汽干管坡度 $i \geqslant 0.003$；汽水反向流动时的蒸汽干管坡度 $i \geqslant 0.005$；凝水管坡度 $i \geqslant 0.003$；蒸汽单管系统连接触器的支管 $i \geqslant 0.005$
管道穿基础、穿墙	应设套管

五、热风采暖系统管道系统

（1）系统流程。

1）以热水为热媒的流程：

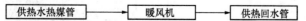

2）以蒸汽为热媒的流程：

（2）系统流程图。

1）以热水为热媒的热风采暖系统，如图 2-16 所示。

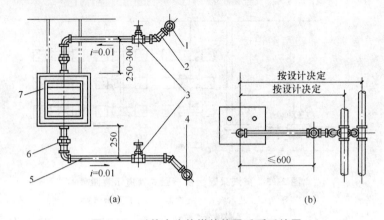

（a）　　　　　　　（b）

图 2-16　以热水为热媒的热风采暖系统图

（a）立面图；（b）平面图

1—供水干管；2—供水支管；3—阀门；4—回水干管；

5—回水水管；6—活接头；7—暖风机

2）以蒸汽为热媒的热风采暖系统，如图 2-17 所示。

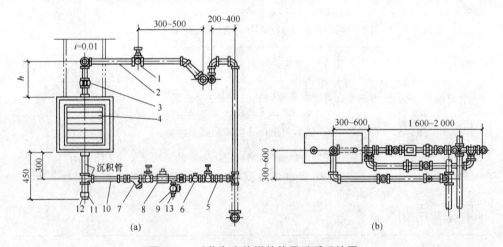

（a）　　　　　　　　　　　　　　　　　（b）

图 2-17　以蒸汽为热媒的热风采暖系统图

（a）立面图；（b）平面图

1—截止阀；2—供汽管；3—活接头；4—暖风机；5—旁通管；6—止回阀；7—过滤器；

8—疏水阀；9—旋塞；10—凝结水管；11—管箍；12—丝堵；13—验水管

第二节　管道附件安装施工图识读

一、燃气管道检漏安装图识读

1. 安装示意图

图 2-18 为燃气管道检漏安装图。

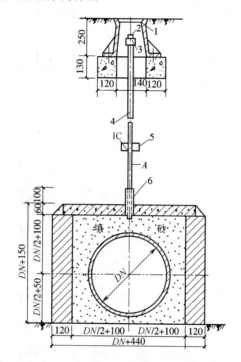

图 2-18　燃气管道检漏安装图

1—φ100 铸铁防护罩；2—丝堵 DN20；3—管接头 DN20；
4—镀锌钢管 DN20；5—钢板 80×60×4；6—套管 DN32

2. 知识点讲解

（1）检漏管。

检漏管的作用是检查燃气管道可能出现的渗漏，其构造如图 2-18 所示，安装在管道的上方。

（2）安装地点。

1）不易检查的重要焊接接头处。

2）地质条件不好的地区。

3）重要地段的套管或地沟端部。

二、燃气单管单阀门井安装图识读

1. 安装示意图

图 2-19 为燃气单管单阀门井安装图。

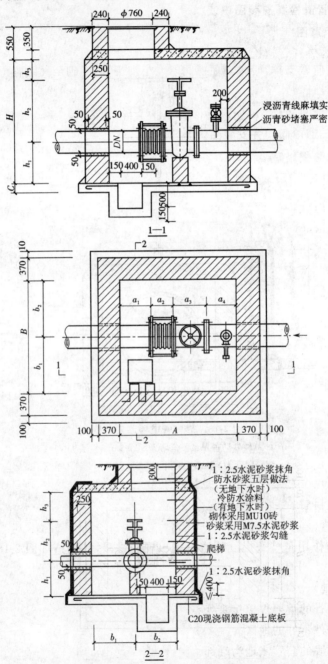

图 2-19　燃气单管单阀门井安装图

2. 知识点讲解

(1) 绘制方式。

图 2-19 按单人孔绘制,双人孔时,按对角位置设置。

(2) 适用范围。

图 2-19 为单管单阀门(单放散)井,适用于干、支线燃气管道。

(3) 砌砖要求。

阀门底砌砖礅支撑,砖礅端面视阀门大小砌筑,高度砌至阀门底止。

(4) 荷载设计。

阀井埋深按 0.35m 计算,荷载按汽车－10 级、汽车－15 级主车设计。

三、燃气三通单阀门井安装图识读

1. 安装示意图

图 2-20 为燃气三通单阀门井安装图。

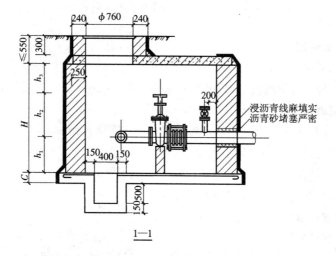

1—1

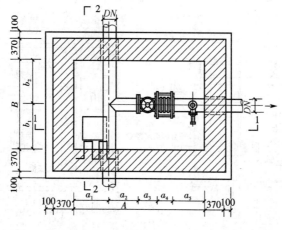

图 2-20

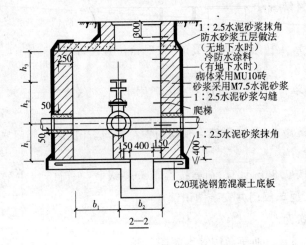

图 2-20　燃气三通单阀门井安装图

2. 知识点讲解

(1)适用范围。

图 2-20 为三通单阀门(带故障)井,适用于干、支线及庭院燃气管道。

(2)注意事项。

阀门井为双人孔时应按对角位置,图 2-20 是按单人孔绘制。

四、燃气三通双阀门井安装图识读

1. 安装示意图

图 2-21 为某地燃气三通双阀门井安装图。

2. 知识点讲解

(1)适用范围。

图 2-21 为三通单阀门(带放散)井,适用于干、支线及庭院燃气管道。

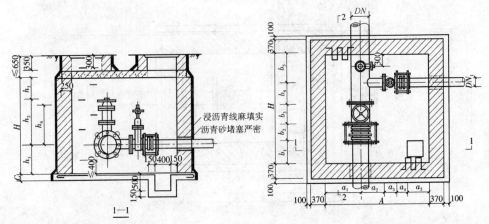

图 2-21

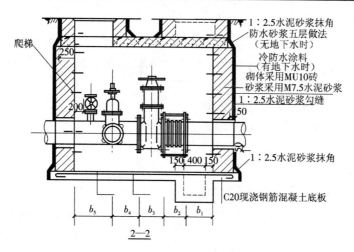

1：2.5水泥砂浆抹角
防水砂浆五层做法
（无地下水时）
冷防水涂料
（有地下水时）
砌体采用MU10砖
砂浆采用M7.5水泥砂浆
1：2.5水泥砂浆勾缝
1：2.5水泥砂浆抹角
C20现浇钢筋混凝土底板
爬梯

2—2

图 2-21　燃气三通双阀门井安装图

（2）绘制方式。

阀门井为双人孔时应按对角位置，图 2-21 是按单人孔绘制。

（3）荷载设计。

阀井埋深按 0.35m 计算，荷载按汽车－10 级、汽车－15 级主车设计。

（4）砌砖要求。

阀门底下砌砖礅支撑，砖礅端面视阀门大小砌筑，高度砌至阀门底止。

五、给水管道排气阀安装图识读

1. 安装示意图

图 2-22 为给水管道排气阀安装图。

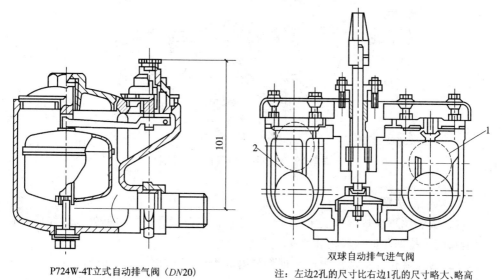

P724W-4T立式自动排气阀（*DN*20)

双球自动排气进气阀

注：左边2孔的尺寸比右边1孔的尺寸略大、略高

图 2-22　给水管道排气阀安装图

2. 知识点讲解

（1）排气阀必须垂直安装，切勿倾斜。

（2）在管道纵断面上最高点设排气阀，在长距离输水管上每 500～1 000m 处也应设排气阀。

六、给水管道排泥阀安装图识读

1. 安装示意图

图 2-23 为给水管道排泥阀安装图。

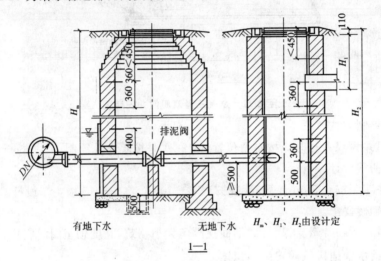

有地下水　　　　无地下水　　H_m、H_1、H_2 由设计定

1—1

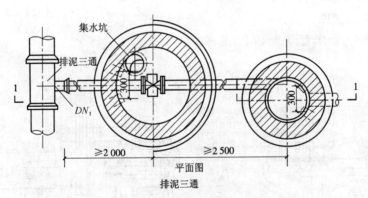

平面图
排泥三通

图 2-23　给水管道排泥阀安装图

2. 知识点讲解

（1）安装位置应按设计规定，如设计未标出，应在管道纵断面低处位置注明，阀门泄水能力按两小时区段内积水排空考虑。

（2）排泥井位置应考虑附件有排除管内沉积物及排净管内积水的场所。

（3）排泥阀安装完毕应及时关闭。

第三节　管道补偿器施工图识读

一、波纹管补偿器(轴向型)施工图识读

1. 施工示意图

图 2-24 为波纹管补偿器(轴向型)施工图。

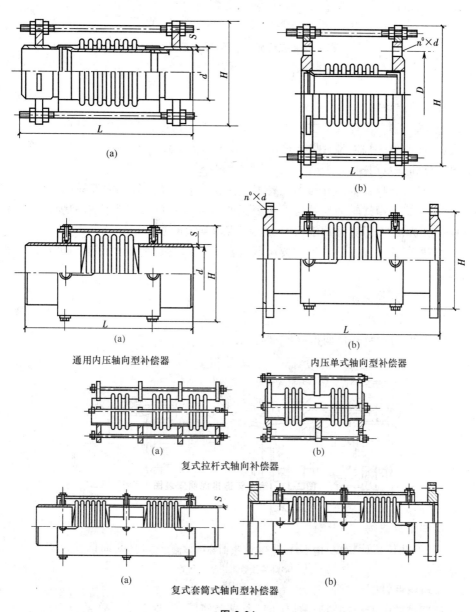

通用内压轴向型补偿器

内压单式轴向型补偿器

复式拉杆式轴向补偿器

复式套筒式轴向型补偿器

图 2-24

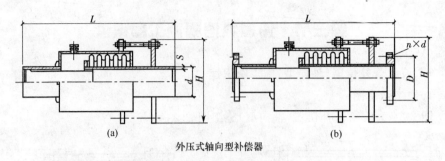

外压式轴向型补偿器

图 2-24 波纹管补偿器(轴向型)施工图

注:图中(a)均代表焊接接管;(b)代表法兰接管

2.知识点讲解

(1)内压轴向型补偿器主要吸收内压管道的轴向位移和少量的径向位移。

(2)内压单式轴向型补偿器适用于保温和地沟、无沟敷设管道吸收内压管道的轴向位移和少量的横向位移。

(3)复式拉杆式轴向补偿器主要用于吸收管道系统的轴向大位移量。

(4)复式套筒式轴向型补偿器主要吸收管道系统的轴向大位移和少量的径向位移。由于有外套筒,适用于保温、地沟、直埋管道的敷设。

(5)外压式轴向型补偿器主要吸收外压(真空)管道的轴向位移和少量的径向位移。

二、铰链式横向型补偿器施工图识读

1.施工示意图

图 2-25 为铰链式横向型补偿器施工图。

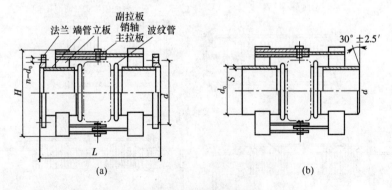

图 2-25 铰链式横向补偿器施工图

(a)焊接接管;(b)法兰接管

2.知识点讲解

铰链式横向型补偿器通常以二三个成套使用,吸收单平面管系一个或多个方向的挠曲。

三、方形补偿器的安装图识读

1. 安装示意图

图 2-26 为方形补偿器的安装图。

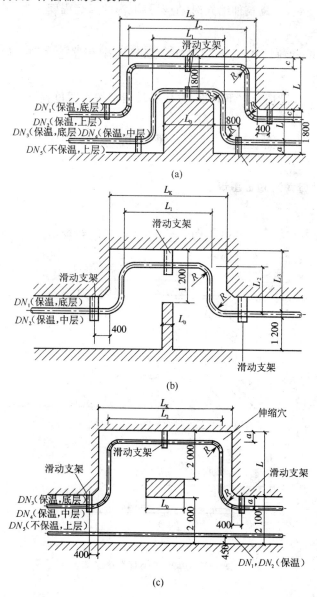

图 2-26 方形补偿器的安装图

(a)双侧上下布管；(b)单侧上下布管；(c)单侧上下布管补偿器

2. 知识点讲解

(1)安装位置。

方形补偿器应安装在两个固定支架间（距离为 L）的 $\frac{1}{2}$ 或 $\frac{1}{3}$ 处。补偿器无论是单侧还是双侧安装，在砌筑伸缩穴时，应保持地沟的通行程度。

(2)主支架。

在方形补偿器两侧 $DN40$ 处应设导向架，以保证补偿器充分吸收管道的轴向变形。

(3)导向架。

无论是地上敷设还是底下敷设，方形补偿器都按本图位置支撑设立支架。

第四节　管道敷设施工图识读

一、单管过街管沟施工图识读

1. 施工示意图

图 2-27 为单管过街管沟施工图。

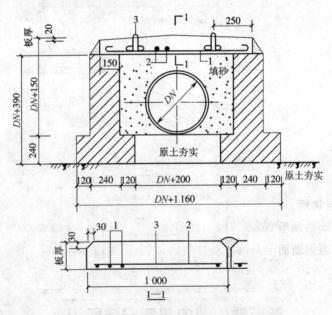

图 2-27　单管过街管沟施工图

2. 知识点讲解

(1)图 2-27 适用于燃气管道和其他管道穿越一般公路。

(2)荷载按汽－15 级（重）计算。砖沟覆土深度为 0.5m 减盖板厚度。砖沟墙内外均以 1：2 水泥砂浆勾缝。沟内管道防腐等级及焊口探伤数量，按设计要求施工。

（3）钢筋弯钩为 $12.5d$，盖板吊钩嵌固长度为 $30d$（不包括弯钩长度）。

（4）对于冬季出现土壤冰冻地区，必须保证管顶位于冰冻线以下，双管与此要求相同。对于热力管、采暖管及绝热管计算 DN 时应包括绝热层厚度。

（5）除燃气管道以外的其他管道的过街管道、沟内无需填砂。

二、双管过街管沟施工图识读

1. 施工示意图

图 2-28 为双管过街管沟施工图。

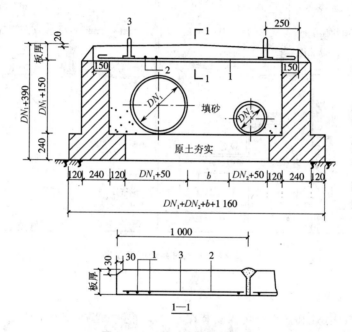

图 2-28　双管过街管沟施工图

2. 知识点讲解

（1）排气阀必须垂直安装，切勿倾斜。

（2）在管道纵断面上最高点设排气阀，在长距离输水管上每 500～1 000m 也应设排气阀。

第五节　室内管道安装图识读

一、燃气用具管道连接图识读

1. 连接示意图

图 2-29 为某小区居民用户燃气用具管道连接图。

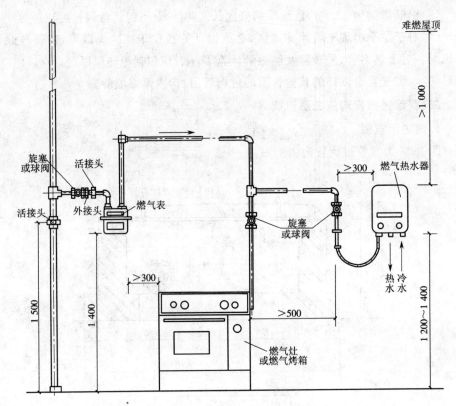

图 2-29　燃气用具管道连接图

2. 知识点讲解

(1)燃气表、灶和热水器可以安装在不同墙面上。当燃气表与灶之间净距不能满足要求时,可以缩小到100mm,但表底与地面净距不应小于1 800mm。

(2)当燃气灶上方装置抽油烟机时,可将灶上方水平管安装在抽油烟机上方。

(3)灶与热水器应根据产品情况决定燃气连接方式(硬接或软接)。

二、双管燃气表管道安装图识读

1. 安装示意图

燃气表管道安装配件数量规格,见表 2-3。图 2-30 为居民用户双管燃气表安装图。

表 2-3　燃气表管道安装配件数量规格

序　号	名　　称	数　量	规　格
1	燃气表	1	—
2	紧接式旋塞	1	DN15
3	外接头	1	DN15
4	活接头	1	DN15

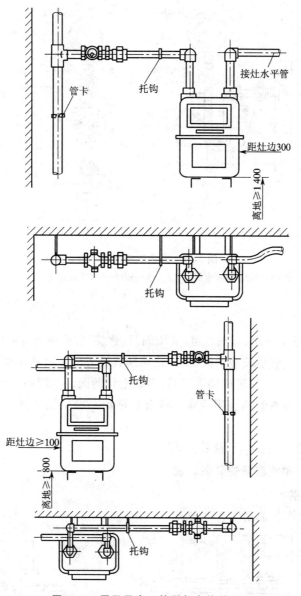

图 2-30　居民用户双管燃气表管道安装图

2. 知识点讲解

(1)图 2-30 按左进右出燃气表绘制，右进左出燃气表的接法方向相反。

(2)燃气表支、托形式根据现场情况选定。

三、压力表安装图识读

1. 安装示意图

图 2-31 为某公司压力表安装图。

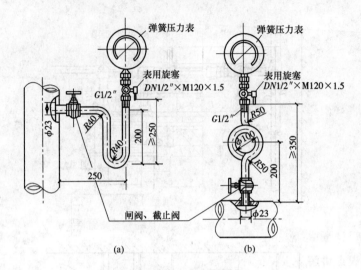

图 2-31　压力表安装图

(a)压力表在垂直管上安装；(b)压力表在水平管上安装

2. 知识点讲解

(1)图 2-31 适用于水、蒸汽管道,选用阀门(含旋塞)必须与管网压力匹配。

(2)在进行采暖管道安装的同时,应将切断阀装上。一般是在管道安装压力表的位置上根据情况焊上管箍或装上三通,再装上切断阀。该阀参与管道试压。

(3)依次装上表弯管和表用旋塞。将有合格证并经检定合格的压力表装在旋塞上。

(4)全套装置共同参与采暖系统试压。

四、给水管道刚性套管安装图识读

1. 安装示意图

图 2-32 为给水管道刚性套管安装图。

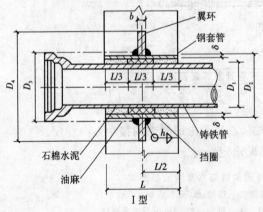
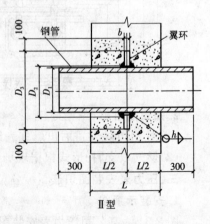

图 2-32

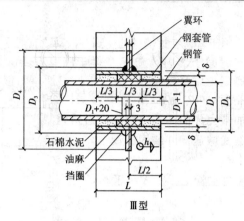

图 2-32　给水管道刚性套管安装图

2. 知识点讲解

(1) Ⅰ 型防水套管适用于铸铁管和非金属管；Ⅱ 型防水套管适用于钢管；Ⅲ 型防水套管适用于钢管预埋。将翼环直接焊在钢套管上。

(2) 套管内壁刷防锈漆一道。h 为最小焊缝高度，详见图 2-32 中的 Ⅱ 型防水套管。套管必须一次浇固于墙内。套管 L 等于墙厚且 ≥200mm，如遇非混凝土墙应改为混凝土墙，混凝土墙厚<200mm 时，应局部加厚至 200mm，更换或加厚的混凝土墙，其直径比翼环直径大 200mm。

五、给水管道柔性防水套管安装图识读

1. 安装示意图

图 2-33 为给水管道柔性套管安装图。

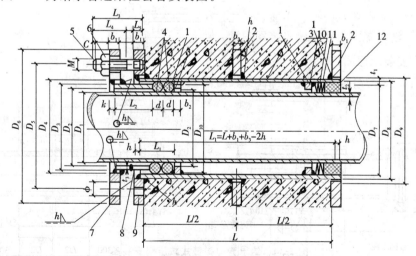

图 2-33　给水管道柔性防水套管安装图

1—套管；2—翼环；3—挡圈；4—橡胶圈；5—螺母；6—双头螺栓；7—法兰；8—短管；
9—翼盘；10—沥青麻丝；11—牛皮纸层；12—20mm 厚油膏嵌缝

2. 知识点讲解

(1)图 2-33 一般适用于管道穿过墙壁处受到有振动或有严密防水要求的构筑物。

(2)套管必须一次浇固于墙内。套管 L 等于墙厚且≥300mm；如遇非混凝土墙应改为混凝土墙，混凝土墙厚≤300mm 时，更换或加厚的混凝土墙，其直径应比翼环直径 D_6 大 200mm。

(3)在套管部分加工完成的沟的内部刷一道防锈漆。

六、给水管道弹簧式减压阀安装图识读

1. 安装示意图

图 2-34 为某小区给水管道弹簧式减压阀安装图。

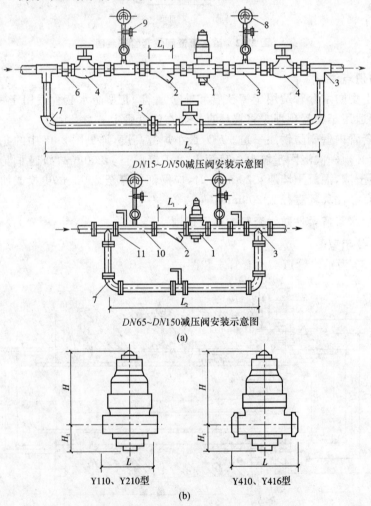

DN15~DN50减压阀安装示意图

DN65~DN150减压阀安装示意图

(a)

Y110、Y210型　　　　Y410、Y416型

(b)

图 2-34　给水管道弹簧式减压阀安装图

(a)弹簧式减压阀安装示意图;(b)弹簧式减压阀示意图

1—减压阀;2—除污器;3—三通;4—截止阀(闸阀);5—活接头;
6—外接头;7—弯头;8—压力表;9—旋塞阀;10—短管;11—蝶阀

2. 知识点讲解

(1) 安装方式。

减压阀可水平安装,也可以垂直安装。对于弹簧式减压阀一般宜水平安装,尽量减少重力作用对调节精度的影响。但是比例式减压阀更适合于垂直安装。因为垂直安装其密封圈外壁磨损比较均匀,而水平安装由于密封圈受其活塞自重的影响,易于单面磨损。

(2) 安装注意事项。

1) 在安装减压阀前应冲洗管道,防止杂物堵塞减压阀。安装时,进口端应加装 Y 型过滤器。过滤器内的滤网一般采用 $14 \sim 18$ 目/cm^2 的铜丝网。另外,在减压阀的前后各安装一只压力表,用于观察减压阀的工作状况以及滤网的堵塞程度。

2) 减压阀安装时应使阀体箭头方向与水流方向一致,不得反装。减压阀的安装位置应考虑到调试、观察和维修方便。暗装于管道井中的减压阀,应在其相应位置设检修口。减压阀安装如图 2-34(a) 所示。

3) 比例式减压阀必须保持平衡孔暴露在大气中,以不致塞堵。其进口端必须安装蝶阀或闸阀,以安装蝶阀为宜。

七、供暖系统调节阀、疏水器配管施工图识读

1. 施工示意图

图 2-35 为某小区供暖系统的调节阀、疏水器施工图。

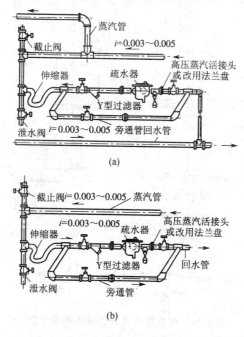

(a)

(b)

图 2-35

(a)供暖系统调节阀;(b)疏水器配管

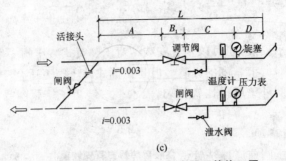

图 2-35　供暖系统调节阀、疏水器配管施工图

(c)调节阀在供暖系统入口的配管图

2. 知识点讲解

(1)低压蒸汽干管每隔 30～40m 抬头处和蒸汽干管末端应装疏水器。

(2)高压蒸汽管网的直线部分每隔 50～60m 应装疏水器。

八、供暖散热器支管安装图识读

1. 安装示意图

图 2-36 为某小区供暖散热器支管安装图。

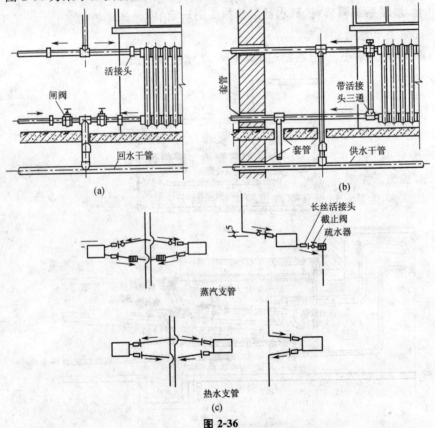

图 2-36

(a)单管顺流式支管的安装；(b)带跨越管的支管安装；(c)散热器支管的安装坡度

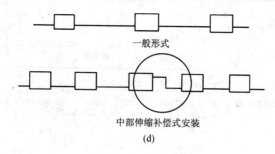

一般形式

中部伸缩补偿式安装

(d)

图 2-36 供暖散热器支管安装图

(d)水平串联式支管的安装

2. 知识点讲解

(1)供水(汽)管、回水支管与散热器的连接均应是可拆卸连接。考虑到施工的方便及运行的严密性,建议所有采暖支管的安装均采用长丝活接头。

(2)散热器支管安装必须具有良好坡度,如图 2-36(c)所示,当单侧连接时,供、回水支管的坡降值为 5mm,双侧连接时为 10mm,对蒸汽系统,也可按 1‰的安装坡度施工。

(3)采暖支管与散热器连接时,对半暗装散热器应用直管段连接,对明装和全暗装散热器,应用揻制或弯头配制的弯管连接。用弯管连接时,来回弯管中心距散热器边沿尺寸不宜超过 150mm。

(4)当散热器支管长度超过 1.5m 时,中部应加托架(或钩钉),水平串联管道可不受安装坡度限制,但不允许倒坡安装。

(5)散热器支管应采用标准化管段,集中加工预制以提高工效和安装质量。量尺、下料应准确,不得与散热器强制性连接,或改动散热器安装位置以固定。只有迁就管子的下料长度,才能确保安装的严密性,消除漏水的缺陷。

九、低压热水采暖系统热力入口布置施工图识读

1. 施工示意图

图 2-37 为某厂区低压蒸汽采暖系统的热力入口布置施工图。

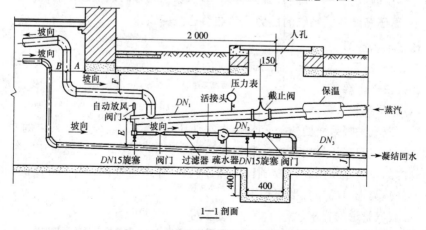

1—1 剖面

图 2-37

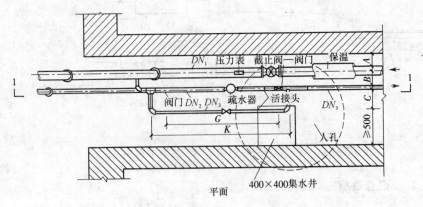

图 2-37　低压蒸汽采暖系统的热力入口布置施工图

2. 知识点讲解

(1)热力入口是室外热网供汽管的一个低点,又是外网凝结回水干管的最高点,供汽和回水干管之间要装疏水器。因此,热力入口处的管道安装标高应严格控制,以保证凝结回水的畅通。

(2)由于热网管径和长度的不同,供汽干管的凝结水管 DN_3 的规格也将不同,疏水器的规格也就不同,这就影响热力入口处的管道布置。在热力入口装置安装前,应按实际的规格尺寸做出施工技术交底草图,并进行安装交底。不可硬套标准图集的尺寸。

(3)在进行室内采暖系统的安装后,有条件时再安装热力入口的装置。将入口处的管道安装到热力小室人孔外时,应停止安装,装上管堵或封头,进行全室内采暖系统包括热力入口装置在内的水压试验和管道冲洗。合格后,方可与热网供汽回水管相连,方可进行管道保温。

(4)当锅炉房同时供应几个建筑物用蒸汽时,各热力入口的回水干管上应装起切断作用的截止阀,以防其他建筑物的回水以及所带的蒸汽进入建筑中。

十、高压蒸汽采暖系统的热力入口布置施工图识读

1. 施工示意图

图 2-38 为某厂区高压蒸汽采暖系统的热力入口布置施工图。

2. 知识点讲解

(1)高压蒸汽入口。

高压蒸汽采暖系统的热力入口除具有低压蒸汽采暖系统热力入口的作用外,还有减压装置起减压作用。有时高压蒸汽的室外热力入口处不设减压装置,而在建筑物内的一个小室里设置减压设施和分汽缸,以改善控制操作条件。减压装置设在室外热力入口的布置形式如图 2-38 所示。

(2)蒸汽管道的要求。

高压蒸汽在通过减压阀后将降为低压蒸汽,此时体积将扩大。因此,减压后的蒸汽管管径要比高压段管径大。

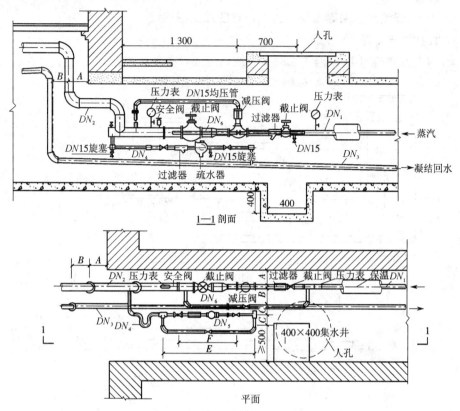

图 2-38　高压蒸汽采暖系统的热力入口布置施工图

（3）安全阀的安装。

为防止减压阀失灵而发生事故，在低压蒸汽管道上必须安装安全阀。安全阀应在安装前送往有资格进行安全阀测试检验的单位，按设计给定的低压段工作压力加0.02MPa 进行调整和检验，并提供有效的检定报告。经检验的安全阀要加锁或铅封，做好保安工作，严禁碰、砸或摔落安全阀，更不可人为地更改安全阀的定压。

需注意的是，安全阀的排气口不可正对人孔方向，有条件时，排气口应接向管通安全处。

（4）设备、管道的编排。

由于热力入口装置较多，设备和管道都要按实际的规格尺寸进行排定。当选用的减压阀型号不同时，配管的连接方式也将不同，要按实编排。

（5）管网的冲洗。

高压蒸汽热力外网的凝结水量一般比低压蒸汽的凝结水量少，入口处的排水管较小，在进行外管网冲洗时，注意不要将污物冲入此管，管网的冲洗应在与热力入口相连之前进行，而室内管道的冲洗也要避免将污物冲入热力入口，以保护热力入口的各种设施。

十一、低温热水采暖系统热力入口布置施工图识读

1. 施工示意图

图 2-39 为某小区低温热水采暖系统热力入口布置施工图。

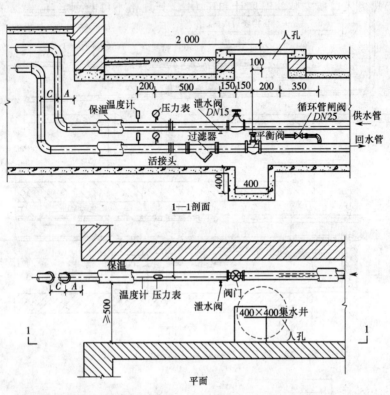

图 2-39　低温热水采暖系统热力入口布置施工图

2. 知识点讲解

(1)热力入口装置按管道规格的不同,可能是丝接或是焊接。无论哪种连接方式,在热力小室内的管道上均应有方便的拆卸件。热力入口管若在外装饰施工完成前安装,则应做好保护,以免损坏。

(2)安装在热力入口干管上的阀门均应在安装前进行水压试验,以保证其强度和严密性均满足要求。热力入口的装置应与室内采暖系统共同进行系统总的水压试验。

(3)室内采暖系统的管道冲洗一般以热力入口处作为冲洗的排水口,具体的排水部位应是尚未与外网连通的干管头,而不宜采用泄水阀作排水口。

(4)当热水采暖系统的膨胀水箱安装在该热力入口的建筑物上时,膨胀水管和循环管将从热力入口处通过或在热力入口附近与供热的回水管相接。若只是通

过,则要注意做好膨胀管和循环管道的坡度,使其低头通往锅炉房,并且要按设计的要求在膨胀管和循环管上不装阀门;若设计安排膨胀管和循环管的热力入口处与回水干管相接,则应接在干管切断阀门以外,且两管的接点间应保持 2m 以上的距离,膨胀管和循环管上不装阀门。

(5)热力入口所安装的温度计和压力表,其规格不可随意定,应根据系统介质的最高和最低工作温度值来选择温度计。压力表则要按系统在该点处的静压与动压之和,即要按该点的全压值来决定其量程,这些仪表平时工作应在其灵敏的量程范围之内。安装仪表后要做好仪表的保护工作,避免受损。

十二、热水采暖系统自动排气阀安装图识读

1.安装示意图

图 2-40 为热水采暖系统自动排气阀安装图。

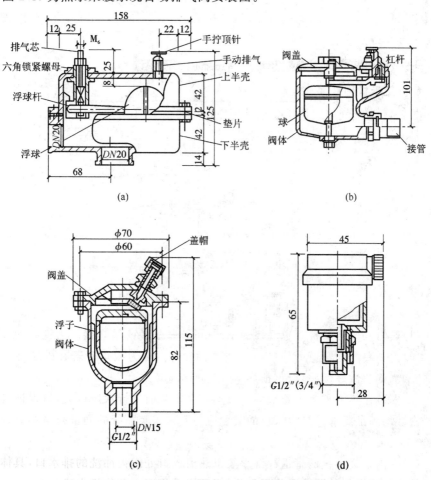

图 2-40　热水采暖系统自动排气阀安装图

(a)ZP-Ⅰ、ZP-Ⅱ、ZP-C 型自动排气阀;(b)P21T-4 立式自动排气阀

(c)PQ-R-S 型自动排气阀;(d)ZP88-1 型立式自动排气阀

2. 知识点讲解

(1)在室内热水采暖系统中常会存有一定量的空气,当用集气罐排气时,需要人工操作,对较大的采暖系统就不适用。在标准较高的采暖系统中,目前已广泛采用自动排气装置,简称自动排气阀。

(2)自动排气阀一般通过螺纹连接在管道上。安装时除要保证螺纹不漏水外,还要保证排气口也不漏水。为达到此要求,自动排气阀应参与管道系统的水压试验。自动排气阀安装合格,必须做到自动排气流畅,不得有排气排不尽和排不出空气等现象。

(3)自动排气阀均设置在系统管道的最高点。其工作原理大多是利用水的浮力阻塞放气口。当管道最高点存气时,水的浮力减少或没有了,放气口被打开,在有压水的作用下,空气从排气口排出,气排完时,水的浮力作用在简单机械装置上阻塞了放气口。

十三、燃气箱式调压装置及用户调压器施工图识读

1. 施工示意图

图 2-41 为燃气箱式调压装置及用户调压器施工图。

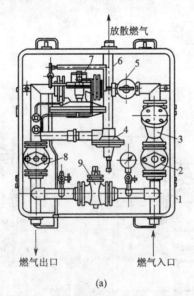

(a)

图 2-41

(a)箱式调压装置

1—金属箱;2—关闭旋塞;3—网状过滤器;4—放空安全阀;

5—安全切断阀;6—放散管;7—调压器;8—关闭旋塞;9—旁通管阀门

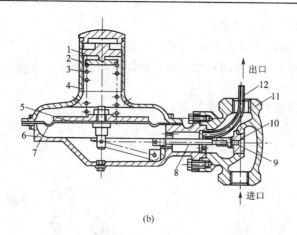

(b)

图 2-41　燃气箱式调压装置及用户调压器施工图

（b）用户调压器

1—调节螺丝；2—定位压板；3—弹簧；4—上体；5—托盘；6—下体；

7—薄膜；8—横轴；9—阀垫；10—阀座；11—阀体；12—导压管

2. 知识点讲解

（1）用户调压器是属于直接作用式调压器，适用于集体食堂、饮食行业等公共建筑和用量不大的居民点。它将用户和中压燃气管道直接联系起来，便于"楼栋调压"，属于永固调压器，其构造如图 2-41（b）所示。

（2）调压器可以安装在燃烧设备附近的挂在墙上的金属箱中，如图 2-41 中所示，也可安装在靠近用户的独立的调压室中。

十四、茶锅炉间燃气管道安装图识读

1. 安装示意图

图 2-42 为某宾馆茶锅炉间燃气管道安装图。

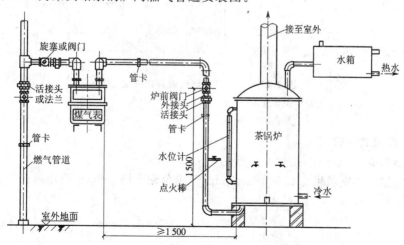

图 2-42　茶锅炉间燃气管道安装图

2. 知识点讲解

(1)茶锅炉、水箱等设备的安装由设计决定。

(2)燃气管道安装完毕后,应进行严密性试验。

(3)燃气表的安装可按图 2-42 布置,也可单设表房。

十五、公共建筑燃气表管道安装图识读

1. 安装示意图

图 2-43 为某公共建筑燃气表管道安装图。

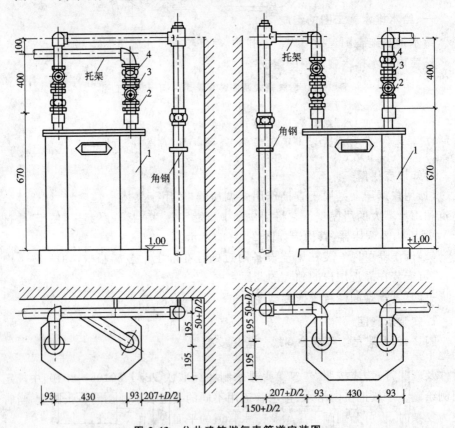

图 2-43　公共建筑燃气表管道安装图

1—JMB 型燃气表;2—压兰转心门;3—外接头;4—活接头

2. 知识点讲解

(1)图 2-43 按 JMB 型燃气表绘制。

(2)燃气表支墩可选 ∟ 50mm×4mm 等边角钢现场制作,也可用砖砌筑。D 为管道外径。

第三章　给水排水及通风空调工程施工图识读

第一节　给水排水施工图识读

一、给水排水施工图的组成

给水排水施工图包括室内给水排水、室外给水排水施工图两部分。

1. 室内给水排水施工图的组成

（1）图样目录。图样目录是将全部施工图进行分类编号，并填入图样目录表格中，一般作为施工图的首页。

（2）设计说明及设备材料表。凡是图纸中无法表达或表达不清楚而又必须为施工技术人员所了解的内容，均应用文字说明。包括所用的尺寸单位，施工时的质量要求，采用材料、设备的型号、规格，某些施工做法及设计图中采用标准图集的名称等。

为了使施工准备的材料和设备符合设计要求，便于备料和进行概预算的编制，设计人员还需编制主要设备材料明细表，施工图中涉及的主要设备、管材、阀门、仪表等均应一一列入表中，标明其名称、规格、数量等。

（3）给水排水平面图。又称俯视图，主要表达内容为：各用水设备的类型及平面位置；各干管、立管、支管的平面位置，立管编号和管道的敷设方式；管道附件，如阀门、消火栓、清扫口的位置；给水引入管和污水排出管的平面位置、编号以及与室外给水排水管网的联系等。多层建筑给水排水平面图，原则上应分层绘制，一般包括地下室或底层、标准层、顶层及水箱间给水排水平面图等，各种卫生器具、管件、附件及阀门等，均应按照《建筑给水排水制图标准》(GB/T 50106—2010)中规定的图例绘制。一般把室内给水、排水管道用不同的线型表示画在同一张图上，当管道较为复杂时，也可分别画出给水和排水管道的平面图。

（4）给水排水系统图。主要表达管道系统在各楼层间前后、左右的空间位置及相互关系；各管段的管径、坡度、标高和立管编号；给水阀门、水龙头、存水弯、地漏、清扫口、检查口等管道附件的位置等。一般采用正面斜等测投影法绘制。

（5）施工详图。凡是在以上图中无法表达清楚的局部构造或由于比例原因不能表达清楚的内容，必须绘制施工详图。施工详图应优先采用标准图，通用施工详图系列如卫生器具安装、阀门井、水表井、局部污水处理构筑物等，均有各种施工标准图供选用。

2. 室外给水排水施工图的组成

室外给水排水施工图一般由平面图、断面图和详图等组成。

（1）管网平面布置图。管网平面布置图应以管道布置为重点,用粗线条重点表示室外给水排水管道的平面位置、走向、管径、标高、管线长度;小区给水排水构筑物(如水表井、阀门井、排水检查井、化粪池、雨水口等)的平面位置、分布情况及编号等。

（2）管道断面图。管道断面图可分为横断面图与纵断面图,常见的是纵断面图。管道纵断面图是在某一部位沿管道纵向垂直剖切后的可见图形,用于表明设备和管道的立面形状、安装高度及管道和管道之间的布置与连接关系。管道纵断面图的内容包括干管的管径、埋设深度、地面标高、管顶标高、排水管的水面标高、与其他管道及地沟的距离和相对位置、管线长度、坡度、管道转向及构筑物编号等。

（3）详图。室外给水排水详图主要反映各给水排水构筑物的构造、支管与干管的连接方法、附件的做法等,一般有标准图提供。

二、室内给水排水施工图识读

识读室内给水排水施工图时,应首先熟悉图纸目录,了解设计说明,明确设计要求。将给水、排水的平面图和系统图对照识读,给水系统可从引入管起沿水流方向,经干管、立管、横管、支管到用水设备,将平面图和系统图一一对应阅读;弄清管道的走向、分支位置,各管道的管径、标高,管道上的阀门、水表、升压设备及配水龙头的位置和类型。排水系统可从卫生器具开始,沿水流方向,经支管、横管、立管、干管到排出管依次识读;弄清管道的走向,汇合位置,各管段的管径、坡度、坡向、检查口、清扫口、地漏的位置,通风帽形式等。然后结合平面图、系统图及设计说明仔细识读详图,室内给水排水详图包括节点图、大样图、标准图,主要是管道节点、水表、消火栓、水加热器、卫生器具、套管、管道支架的安装图及卫生间大样图等。图中须注明详细尺寸,可供安装时直接选用。

1. 室内给水排水平面图

（1）底层平面图。给水从室外到室内,需要从首层或地下室引入。所以通常应画出用水房间的底层给水管网平面图,如图 3-1 所示。由图可见给水是从室外管网经 E 轴北侧穿过 E 轴墙体之后进入室内,并经过立管及各支管向各层输水。

（2）楼层平面图。如果各楼层的盥洗用房和卫生设备及管道布置完全相同,则只需画出一个相同楼层的平面布置图。但在图中必须注明各楼层的层次和标高,如图 3-1 所示。

（3）屋顶平面图。当屋顶设有水箱及管道布置时,可单独画出屋顶平面图。但如管道布置不太复杂,顶层平面布置图中又有空余图面,与其他设施及管道不致混淆时,则可在最高楼层的平面布置图中,用双点长画线画出水箱的位置;如果屋顶无用水设备时则不必画屋顶平面图。

（4）标注。为使土建施工与管道设备的安装能互为核实,在各层的平面布置图上,均需标明墙、柱的定位轴线及其编号并标注轴线间距。管线位置尺寸不标注,如图 3-1 所示。

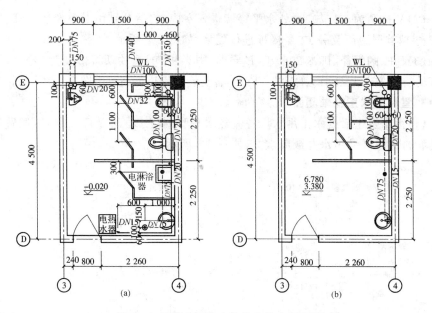

图 3-1　某学生宿舍室内给水排水平面图

（a）首层男卫生间大样；（b）二、三层男卫生间大样

2.室内给水系统管系轴测图

（1）某办公楼给水引入管位于北侧,给水干管的管径为 $DN40$,如图 3-2 所示。

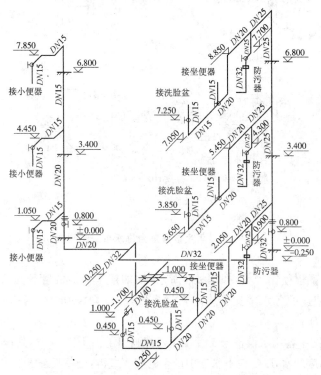

图 3-2　某办公楼室内给水系统管系轴测图

（2）从标高为－1.700m处水平穿墙进入室内，之后分别由两条变径立管 JL-1、JL-2 穿越首层地面及一、二层楼板进行配水，如图 3-2 所示。

（3）JL-1 的管径由 $DN20$ 变为 $DN15$，JL-2 的管径则由 $DN32$ 变为 $DN25$，其余支管的管径分别为 $DN15$、$DN20$、$DN25$，各支管的管道标高可由图 3-2 中直接读取。

3. 室内排水系统轴测图

（1）污水及生活废水由用水设备流经水平管到污水立管及废水立管，最后集中到总管排出室外至污水井或废水井，如图 3-3 所示。

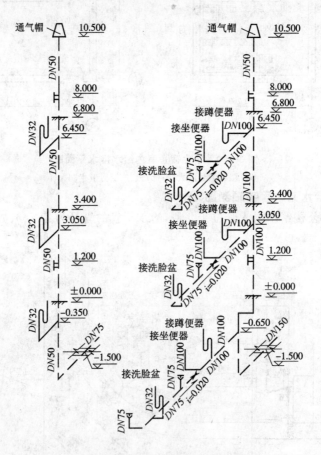

图 3-3　某男生宿舍室内排水系统轴测图

（2）排水管管径比较大，如图 3-3 所示，比如接坐便器的管径为 $DN100$，与污水立管 WL-1 相连的各水平支管均向立管找坡，坡度均为 0.020，各总管的管径分别为 $DN75$、$DN150$。

（3）系统图中各用水设备与支管相连处都画出了 U 形存水弯，其作用是使 U 形管内存有一定高度的水，以封堵下水道中产生的有害气体，避免其进入室内，影响环境。

（4）室内排水管网轴测图在标注内容时，应注意如下方面：

1）公称直径。管径给水排水管网轴测图，均应标注管道的公称直径。

2）坡度。排水管线属于重力流管道，因此各排水横管均需标注管道的坡度，一般用箭头表示下坡的方向。

3）标高。排水横管应标注管内底部相对标高值。

三、室外给水排水施工图识读

1．室外给水排水总平面图

（1）室外给水排水总平面图识读。

以某办公楼室外排水总平面图为例（图 3-4），对图中相关知识点进行讲解。

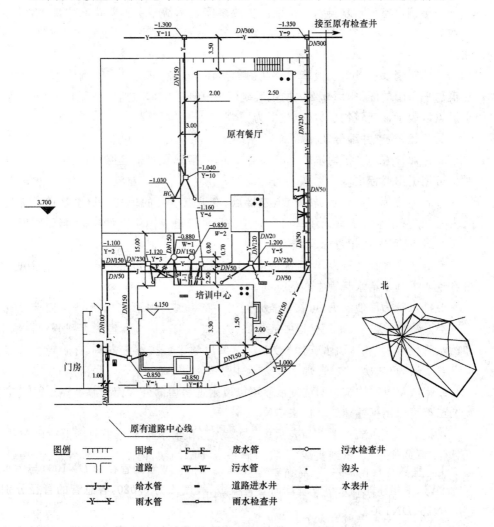

图 3-4　室外给水排水总平面图

1)给水管道是从南面的原有引水管引入,管中心距门房 1.00m,管径为 $DN100$,其上先装一水表及水表井。

2)接一支管至门房,一直至距办公大楼中心 E 轴墙外墙面 2.50m 处转弯,管径为 $DN50$,其上先接一条支管至办公大楼(即为 J/1)。

3)再接两条支管到另一房屋和原有餐厅,管径分别为 $DN20$ 和 $DN50$。

(2)知识点讲解。

1)室外给水排水总平面图主要表达建筑物室内、外管道的连接和室外管道的布置情况,如图 3-4 所示。

2)室外给水排水总平面图的图示特点。

①比例。室外给水排水总平面图主要以能显示清楚室外管道布置即可,常用比例为 $1:500\sim1:2\,000$,视具体需要而定,一般可采用与建筑总平面图相同的比例。

②建筑物及各种附属设施。小区内的房屋、道路、草地、广场、围墙等,均可按建筑总平面图的图例,用 $0.25b$ 的细实线画出其外框。但在房屋的屋角上,须画上小黑点以表示该建筑物层数,点数即为层数。

③管径、检查井编号及标高。

a.各种管道的管径均按规定的方法标注,一般标在管道的旁边,当无空余图面时也可用引出线标出。

b.管道应标注起止点、转角点、连接点、变坡点等处的标高。给水管道宜标注管中心标高;排水管道宜标注管内底标高。室外管道应标注绝对标高,当无绝对标高资料时,也可标注相对标高。

c.由于给水管是压力管,且无坡度,往往沿地面敷设,如在平地中统一埋深时,可在说明中列出给水管管中心的标高。

d.排水管为简便起见,可在检查井处引一指引线及水平线,水平线上面标以管道种类及编号;水平线下面标以井底标高。检查井编号应按管道的类别分别自编,如污水管代号为"W",雨水管代号为"Y"。编号顺序可按水流方向,自干管上游编向干管下游,再依次编支管,如 Y-4 表示 4 号雨水井,W-1 表示 1 号污水井。

e.管道及附属构筑物的定位尺寸可以以附近房屋的外墙面为基准注出。对于复杂工程可以用标注建筑坐标来定位。

④指北针或风玫瑰图。为表示房间的朝向,在给水排水总平面图上应画出指北针(或风玫瑰图)。以细实线($0.25b$)画一 $\phi24$ 的圆圈,内画三角形指北针(指针尾部宽 3mm),以显示该房屋的朝向。

⑤图例。在室外给水排水总平面图上,应列出该图所用的所有图例,以便于识读。

⑥施工说明。一般有以下几项内容:

a.标高、尺寸、管径的单位;

b.与室内地面标高±0.000m 相当的绝对标高值;

c. 管道的设置方式（明装或暗装）；

d. 各种管道的材料及防腐、防冻措施；

e. 卫生器具的规格，冲洗水箱的容积；

f. 检查井的尺寸；

g. 所套用的标准图的图号；

h. 安装质量的验收标准；

i. 其他施工要求。

3）室外给水排水总平面图的画图步骤如下：

①若采用与建筑总平面图相同的比例，则可直接描绘建筑总平面图，否则，要按比例把建筑总平面图画出；

②根据底层管道平面图，画出给水系统的引入管和污、废水系统的排出管，并布置道路进水井（雨水井）；

③根据市政部门提供的原有室外给水系统和排水系统的情况，确定给水管线和排水管线；

④画出给水系统的水表、闸阀，排水系统的检查井和化粪池等；

⑤标出管径和管底的标高以及管道和附属构筑物的定位尺寸；

⑥画图例及注写说明。

2. 室外给水排水平面图

（1）室外给水排水平面图识读。

以某办公大楼的各层给水排水平面图为例（图 3-5～图 3-9），对图中相关知识点进行讲解。

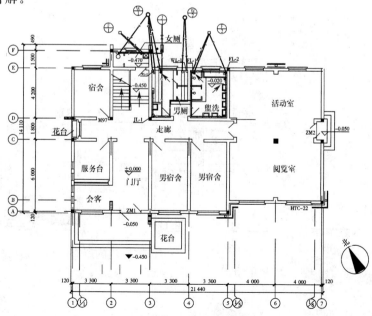

图 3-5　底层给水排水平面图

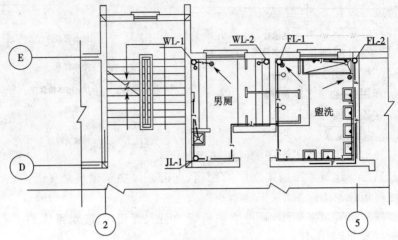

图 3-6 二层给水排水平面图

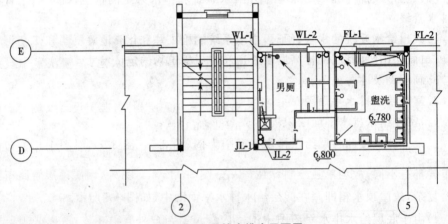

图 3-7 三层给水排水平面图

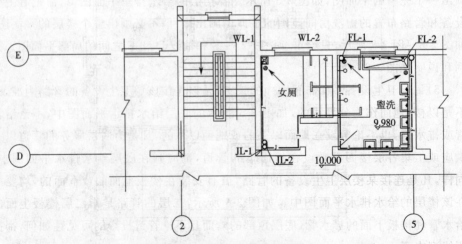

图 3-8 四层给水排水平面图

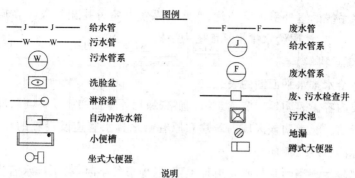

図例

——J——J——	给水管		——F——F——	废水管
——W——W——	污水管		Ⓙ	给水管系
Ⓦ	污水管系		Ⓕ	废水管系
◉	洗脸盆		□	废、污水检查井
	淋浴器		⊠	污水池
▭	自动冲洗水箱		⊘	地漏
▭	小便槽		▭	蹲式大便器
○▯	坐式大便器			

说明

①标高以 m 计,管径和尺寸均以 mm 计。

②底层、二层由管网供水,三、四层由水箱供水。

③卫生器具安装按《S3 给水排水标准图集——排水设备与卫生器具安装》的相关标准执行。管道安装按国家验收规范执行。

④屋面水管需用草绳石棉灰法保温,参见国家相关标准。

图 3-9　图例及说明

1)该建筑物底层楼梯平台下设有女厕,女厕内有 1 个坐式大便器和 1 个污水池;在男厕所中设有 2 个蹲式大便槽,1 个小便槽、1 个污水池;在盥洗室中设有 6 个台式洗脸盆、2 个淋浴器、1 个盥洗槽。

2)二、三层均设有男厕所、盥洗室,并且布置与底层相同,四层设有女厕所。以上这些设备均可抄绘于图 3-5～图 3-8 中。

3)该办公大楼的二、三、四层给水排水平面图虽然房屋相同,但男、女厕所及管路布置都有不同,故均单独绘制,如图 3-6～图 3-8 所示。另外,因屋顶层管路布置不太复杂,故屋顶水箱即画在四层给水排水平面图中,如图 3-8 所示。

4)由于底层给水排水平面图中的室内管道需与户外管道相连,所以必须单独画出一个完整的平面图,如图 3-5 所示。各楼层的给水排水平面图,只需把有卫生设备和管路布置的盥洗房间范围的平面图画出即可,不必画出整个楼层的平面图,如图 3-6～图 3-8 所示,只绘出了轴线②～⑤和轴线 D 和 E 之间的局部平面图。图例和说明如图 3-9 所示。

5)每层卫生设备平面布置图中的管路,是以连接该层卫生设备的管路为准,而不是以楼、地面作为分界线的,如图 3-5 所示的底层给水排水平面图中,不论给水管或排水管,也不论敷设在地面以上的或地面以下的,凡是为底层服务的管道以及供应或汇集各层楼面而敷设在地面下的管道,都应画在底层给水排水平面图中。同样,凡是连接某楼层卫生设备的管路,虽有安装在楼板上面的或下面的,均要画在该楼层的给水排水平面图中。如图 3-6 所示,二层的管路是指二层楼板上面的给水管和楼板下面的排水管(底层顶部的),而且不论管道投影的可见性如何,都按原线型来画。

6)给水系统的室外引入管和污、废水管系统的室外排出管仅需在底层给水排水平面图中画出,楼层给水排水平面图中一概不需绘制。

(2)知识点讲解。

1)室外给水排水平面图的表达。

①主要内容。表明地形及建筑物、道路、绿化等平面布置及标高状况。

②布置情况。表明该区域内新建和原有给水排水管道及设施的平面布置、规格、数量、标高、坡度、流向等。

③分部表达。当给水排水管道种类繁多、地形复杂时,给水排水管道可分系统绘制或增加局部放大图、纵断面图,以使表达的内容清楚。

2)给水排水平面图的作用。

给水排水平面图是建筑给水排水工程图中的最基本的图样,主要反映卫生器具、管道及其附件相对于房屋的平面位置,如图3-5~图3-8所示。

3)绘制平面图的代号的应用。

在给水排水平面图中所画的房屋平面图不是用于房屋的土建施工,而是仅作为管道系统各组成部分的水平布局和定位的基准。因此,仅需抄绘房屋的墙身、柱、门窗洞、楼梯、台阶等主要构配件,至于房屋的细部及门窗代号等均可省去。底层给水排水平面图要画全轴线,楼层给水排水平面图可仅画边界轴线。建筑物轮廓线、轴线号、房间名称、制图比例等均应与建筑专业一致,并用细实线绘制。各类管道、用水器具及设备、消火栓、喷洒头、雨水斗、阀门、附件、立管位置等应按图例以正投影法绘制在平面图上,线型按规定执行。

抄绘房屋平面图的步骤如下:

①根据民用房屋或工业房屋的室内给水排水设计的要求,首先应确定所需抄绘房屋平面图的层数和部位,选用适当的比例,各层平面图尽可能布置在同一张图纸内,以便于对照;

②如采用与房屋建筑图相同的比例,则可将描图纸直接覆盖在蓝图上描绘。先抄绘底层房屋平面图的墙、柱等定位轴线,再画出各楼层盥洗房屋平面图的墙、柱等定位轴线;

③画出墙柱和门窗,不画门扇及窗台;

④抄绘楼梯、台阶、明沟以及底层平面图的指北针等;

⑤标注轴线编号及轴线间尺寸,但不必抄绘门窗尺寸及外包总尺寸,标注室内外地面、楼面以及盥洗房屋的标高。在图3-5中,注意厕所的地面标高,为了防止积水外溢,它比室内地面低0.020m,其他各楼面也如此。

4)给水排水平面图绘制过程中的注意事项。

①房屋的水平方向尺寸,一般在底层给水排水平面图中,只需注出其轴线间尺

寸。至于标高,只需标注室外地面的整平标高和各层地面标高。

②卫生器具和管道一般都是沿墙、靠柱设置的,所以,不必标注其定位尺寸。必要时,以墙面或柱面为基准标出。卫生器具的规格可用文字标注在引出线上,或在施工说明中写明。

③管道的长度在备料时只需用比例尺从图中近似量出,在安装时则以实测尺寸为依据,所以图中均不标注管道的长度。至于管道的管径、坡度和标高,因给水排水平面图不能充分反映管道在空间的具体布置、管路连接情况,故均在给水排水系统图中予以标注。给水排水平面图中一概不标,特殊情况除外。

3. 室外给水排水系统图

(1)室外给水排水系统图识读。

以某办公中心的给水排水系统图为例(图 3-10～图 3-12),对图中相关知识点进行讲解。

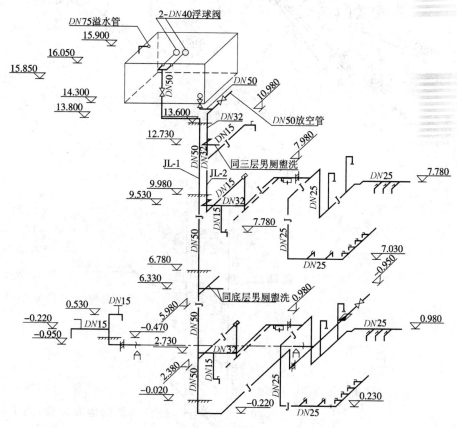

图 3-10　给水管道系统图

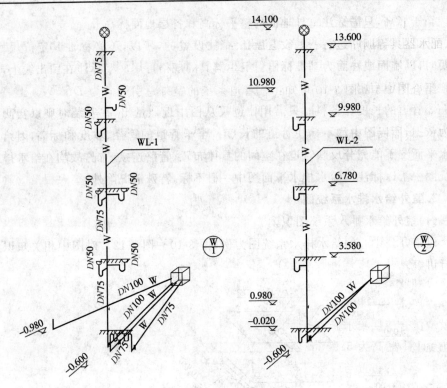

图 3-11　污水管道系统图

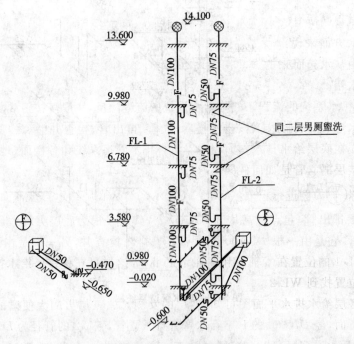

图 3-12　废水管道系统图

1)根据水流流程方向,依次循序渐进,一般可按引入管、干管、立管、横管、支管、配水器具等顺序进行。如设有屋顶水箱分层供水时,则立管穿过各楼层后进入水箱,再从水箱出水管、干管、立管、横管、支管、配水器具等顺序进行。

结合图 3-5 和图 3-10 可知:$\frac{J}{1}$管道系统的室外总引入管为 $DN50$,其上装一闸阀,管中心标高为-0.950m。后分两支,其中一根 $DN50$ 向南穿过 E 轴墙入男厕,另一根向西穿过③轴墙入女厕。$DN50$ 的进水管进入男厕后,在墙内侧升高至标高-0.220m 后接水平干管弯至③轴与 D 轴的墙角处而后穿出底层地面(-0.020m)成为立管 JL-1($DN50$)。在 JL-1 标高为 2.380m 处接一根沿③轴墙 $DN15$ 的支管,其上接放水龙头 1 只,小便槽冲洗水箱 1 个;在 JL-1 标高为 2.730m 处接一根沿男厕南墙 $DN32$ 的支管,该支管沿男厕墙脚布置,其上接大便槽冲洗水箱 1 个,而后该管穿过④轴墙进入盥洗室,分为两根 $DN25$ 的支管,其中一根降至标高为 0.230m,上接洗脸盆 6 个,另一根降至标高为 0.980m,其上分别接装淋浴器 2 个和放水龙头 3 只。

由图 3-10 可以看出:立管 JL-1 在标高为 3.580m 处穿出二层楼面,此后的读图就应配合二层给水排水平面图来读。JL-1 的位置亦在③轴墙与 D 轴墙的墙角处,在 JL-1 标高为 5.980m 处接一 $DN15$ 的支管,6.330m 处接 $DN32$ 的支管,这两支管以后的布置与底层男厕、盥洗室相同,这里不再重复。在图中也可用文字说明,而省略部分图示。

2)根据底层给水排水平面图的管道系统编号,如图 3-5 所示,给水管道系统有$\frac{J}{1}$,废水管道系统有$\frac{F}{2}$、$\frac{F}{1}$,污水管道系统有$\frac{W}{2}$、$\frac{W}{1}$。

从供水方面来说:一、二层厕所均由立管 JL-1 供水,即室外直接供水。三、四层厕所则由从水箱而来的设在墙角的立管 JL-2 供水,即水箱供水。立管 JL-1 已通向屋顶水箱。

3)废、污水系统的流程正好与给水系统的流程相反,一般可按卫生器具或排水设备的存水弯、器具排水支管、排水横管、立管、排出管、检查井(窨井)等的顺序进行。通常先在底层给水排水平面图中看清各排水管道系统和各楼面、地面的立管,接着看各楼层的立管是如何伸展的。

下面以$\frac{W}{2}$为例进行识读,如图 3-11 所示。结合底层给水排水平面图可知:本系统有两根排出管,起点标高均为-0.600m,其中一根为底层男厕大便器的污水单独排放管,它是由一根 $DN100$ 的管道直接排入检查井,另一根是由立管 WL-2 排出的,WL-1 的位置在④轴墙和 E 轴墙的墙角,这样可在各楼层给水排水平面图中的同一位置找到 WL-2。

配合各层给水排水平面图可知:四层的女厕,二、三层男厕大便槽的污水都在各层楼面下面,经 $DN100$ 的 P 字存水弯管排入立管,WL-2 的管径为 $DN100$,立管一直穿出屋面,顶端标高 14.100m 处装有一通气帽,在标高为 10.980m 和 0.980m

处各装一检查口,底层无支管接入立管。排出管的管径也为 $DN100$。

(2)知识点讲解。

1)给水排水系统图的表达内容。

给水排水平面图主要显示室内给水排水设备的水平安排和布置,而连接各管路的管道系统因其在空间转折较多、上下交叉重叠,往往在平面图中无法完整且清楚地表达。因此,需要有一个同时能反映空间三个方向的图来表示,这种图被称为给水排水系统图(或称管系轴测图)。给水排水系统图能反映各管道系统的管道空间走向和各种附件在管道上的位置。

2)给水排水系统图的特点。

①比例。一般采用的比例为 1：100。当管道系统较简单或复杂时,也可采用 1：200 或 1：50,必要时也可不按比例绘制。总之,视具体情况而定,以能清楚表达管路情况为准。

②轴向和轴向变形系统。

a.为了完整、全面地反映管道系统,故选用能反映三维情况的轴测图来绘制管道系统图。目前我国一般采用正面斜轴测图,即 $O_P X_P$ 轴处于水平位置,$O_P Z_P$ 轴与 $O_P X_P$ 轴垂直,$O_P Y_P$ 轴一般与水平线组成 45°的夹角(有时也可为 30°或 60°),如图 3-10 所示。三轴的轴向变形系数 $P_X = P_Y = P_Z = 1$。管道系统图的轴向要与管道平面图的轴向一致,也就是说 $O_P X_P$ 轴与管道平面图的水平方向一致,$O_P Z_P$ 轴与管道平面图的水平方向垂直。

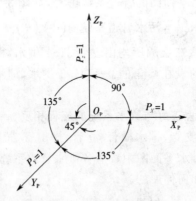

图 3-13　三等正面斜轴测图

b.根据正面斜轴测图的性质,在管道系统图中,与轴测轴或 $X_P O_P Z_P$ 坐标平面平行的管道均反映实长,与轴测轴或 $X_P O_P Z_P$ 坐标平面不平行的管道均不反映实长。所以,作图时,这类管路不能直接画出。为此,可用坐标定位法。即将管段起、止两个端点的位置,分别按其空间坐标在轴测图上一一定位,然后连接两个端点即可。

3)管道系统。

①各给水排水系统图的编号应与底层给水排水平面图中相应的系统编号相同。

②给水排水系统图一般应按系统分别绘制,这样可避免过多的管道重叠和交叉,但当管道系统简单时,有时可画在一起。

③管道的画法与给水排水平面图一样,用各种线型来表示各个系统。管道附件及附属构筑物也都用图例表示。当空间交叉的管道在图中相交时,应鉴别其可见性,可见管道画成连续,不可见管道在相交处断开。当管道被附属构筑物等遮挡时,可用虚线画出,此虚线粗度应与可见管道相同,但分段比表示污、废水管的线型短些,以示区别。

④在给水排水系统图中,当管道过于集中,无法画清楚时,可将某些管道断开,移至别处画出,并在断开处用细点画线(0.25b)连接。

⑤在排水系统图上,可用相应图例画出用水设备上的存水弯管、地漏或连接支管等。排水横管虽有坡度,但由于比例较小,不易画出坡降,故仍可画成水平管路。所有卫生设备或用水器具,已在平面图中表达清楚,故在排水系统图中就没有必要再画出。

4)管径、坡度、标高。

①各管段的直径可直接标注在该管段旁边或引出线上。管径尺寸应以 mm 为单位。水管和排水管的管径标注均需标注"公称直径",在管径数字前应加以代号"DN",如 $DN50$ 表示公称直径 50mm。

②给水系统的管路因为是压力流,当不设置坡度时,可不标注坡度。排水系统的管路一般都是重力流,所以在排水横管的旁边都要标注坡度,坡度可标注在管段旁边或引出线上,在坡度数字前须加代号"i",数字下边再以箭头指示坡向(指向下游),如 $i=0.05$。当污、废水管的横管采用标准坡度时,在图中可省略不注,而在施工说明中写明即可。

③标高应以 m 为单位,宜注写到小数点后第三位。

a.室内给水排水工程应标注相对标高;室外给水排水工程宜标注绝对标高,当无绝对标高资料时,可标注相对标高,但应与总图专业一致。管道系统图中标注的标高都是相对标高,即以底层室内地面作为标高±0.000m。在给水系统图中,标高以管中心为准,一般要求注出横管、阀门、放水龙头、水箱等各部位的标高。在污、废水管道系统图中,横管的标高以管底为准,一般只标注立管上的通气网罩、检查口和排出管的起点标高,其他污、废水横管的标高一般由卫生器具的安装高度和管件的尺寸所决定,所以不必标注。

b.当有特殊要求时,亦应注出其横管的起点标高。此外,还要标注室内地面、室外地面、各层楼面和屋面等的标高。

5)房屋构件的表示。

为了反映管道与房屋的联系,在给水排水系统图中还要画出被管道穿过的墙、梁、地面、楼面和屋面的位置,其表示方法如图 3-14 所示。这些构件的图线均用细线(0.25b)画出,中间画斜向图例线。如不画图例线时,也可在描图纸背面,以彩色铅笔涂以蓝色或红色,使其在晒成蓝图后增深其色泽而使阅图醒目。

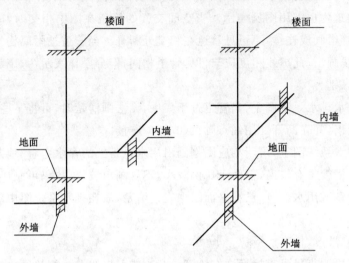

图 3-14　管道系统图中房屋构件的画法

6)给水排水系统图的识读方法。

①给水排水系统图一般采用与房屋的卫生器具平面布置图或生产车间的配水设备平面布置图相同的比例,即常用1∶100 和 1∶50,各个布图方向应与平面布置图的方向一致,以使两种图样对照联系,便于阅读。

②给水排水系统图中的管路也都用单线表示,其图例及线型、图线宽度等均与平面布置图相同。

③当管道穿越地坪、楼面及屋顶、墙体时,可示意性地以细线画成水平线,下面加剖面斜线表示地坪。两竖线中加斜线表示墙体。

7)图例。

给水排水平面图和给水排水系统图应统一列出图例,其大小要与图中的图例大小相同。

4. 室外管网平面布置图

(1)室外管网平面布置图识读。

以室外管网平面布置图 3-15 为例,对图中相关知识点进行讲解。

1)为了说明新建房屋室内给水排水与室外管网的连接情况,通常还要用小比例(1∶500 或 1∶1 000)画出室外管网总平面布置图,如图 3-15(b)所示。

2)在图中只画局部室外管网的干管,如图 3-15 所示,用以说明与给水引入管、与排水排出管的连接情况。

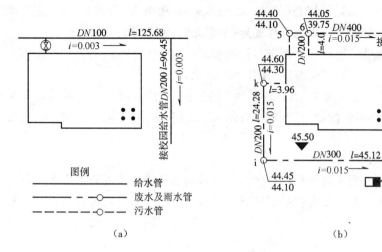

图 3-15　室外给水排水管网平面布置图

(a)给水管网;(b)排水管网

中实线—建筑物外墙轮廓线;粗实线—给水管道;粗虚线—污水排放管道;

单点长画线—废水和雨水排放管道;直径 2~3mm 的小圆圈—检查井

(2)知识点讲解。

1)给水管道材料。

①塑料管。

给水塑料管管材有聚氯乙烯管、聚乙烯管(高密度聚乙烯管、交联聚乙烯管)、聚丙烯管、聚丁烯管和 ABS 管等。塑料管有良好的化学稳定性,耐腐蚀,不受酸、碱、盐、油类等物质的侵蚀;物理机械性能也很好,不燃烧、无不良气味、质轻且坚硬,密度仅为钢的 1/5,运输、安装方便;管壁光滑,水流阻力小;容易切割,还可制造成各种颜色。当前,已有专供输送热水的塑料管,其使用温度可达 95℃。

②铸铁管。

给水铸铁管按其材质分为球墨铸铁管和普通灰口铸铁管,按其浇注形式分为砂型离心铸铁直管和连续铸铁直管。铸铁管具有耐腐蚀性强(为保证其水质,还是应有衬里)、使用期长、价格较低等优点。其缺点是质脆、长度小、质量大。

③钢管。

钢管有焊接钢管、无缝钢管两种。焊接钢管又分镀锌钢管和不镀锌钢管,钢管镀锌的目的是防锈、防腐,避免水质变坏,延长使用年限。镀锌钢管的强度高,承受流体的压力大,抗振性能好,长度大,接头较少,韧性好,加工、安装方便,密度比铸铁管小。但抗腐蚀性差,易影响水质。

④其他管材。

a.铜管。铜管可以有效地防止卫生洁具被污染,且光亮美观、豪华气派。目前其连接配件、阀门等也配套生产。由于其管材价格较高,多用于宾馆等较高级的建筑中。

　　b.不锈钢管。不锈钢管表面光滑,亮洁美观,摩擦阻力小;密度较小,强度高且有良好的韧性,容易加工;耐腐性能优异,无毒无害,安全可靠,不影响水质。

　　c.钢塑复合管。钢塑复合管有衬里和涂料两类,也生产有相应的配件、附件,兼有钢管强度高和塑料管耐腐蚀、保持水质的优点。

　　d.铝塑复合管。铝塑复合管是中间以铝合金为骨架,内外壁为聚乙烯等塑料的管道,除具有塑料管的优点外,还具有耐压强度好、耐热、可挠曲、接口少、安装方便、美观等优点。

　　2)给水附件。

　　①配水附件。配水附件用于各种卫生器具调节和控制水流的各式水龙头。

　　a.旋塞式水龙头。该水嘴手柄旋转90°即可完全开启,可在短时间内获得较大流量;阻力也较小。缺点是易产生水击,适用于浴池、洗衣房、开水间等压力不大的给水设备上。

　　b.陶瓷芯片式水龙头。该水嘴采用陶瓷片阀芯代替橡胶衬垫,解决了普通水嘴的漏水问题。陶瓷片阀芯是利用陶瓷淬火技术制成的一种耐用材料,能承受高温及高腐蚀,具有很高的硬度,光滑平整、耐磨,是广泛推荐的产品,但价格较贵。

　　c.盥洗水龙头。该水嘴设在洗脸盆上供冷水(或热水)用,有莲蓬头式、鸭嘴式、角式、长脖式等多种形式。

　　d.混合水龙头。该水嘴是将冷水、热水混合调节为温水的水嘴,供盥洗、洗涤、沐浴等使用。该类水嘴式样繁多、外观光亮、质地优良,其价格差异也较悬殊。

　　e.自动控制水龙头。该水嘴是根据光电效应、电容效应、电磁感应等原理,自动控制水龙头的启闭,常用于公共场所建筑中,以提高卫生水平。

　　②控制附件。控制附件是用于调节水量或水压、关断水流、改变水流方向等的各式阀门。

　　a.截止阀。截止阀适用压力、温度范围很大,一般用于中、小口径的管道。此阀关闭严密,水流阻力大,常用于需调节水量、水压的管道中。在水流需双向流动的管段上不得使用截止阀。该阀体积较大,适用在管径小于或等于50mm的管道上。

　　b.闸阀。闸阀又叫闸板阀或闸门,阀体内有一闸板与介质的流动方向垂直,调节闸板的高度,可以调节流体的流量。闸阀的优点是阻力小,关闭严密,无水锤现象,也有一定的调节功能,但部分开启时,闸板易受流体浸湿,流体流动时会引起闸板颤动,密封面易磨损。闸阀的缺点是结构复杂,价格较贵,不易修理,阀座槽中易沉积固体物质而关不严。闸阀适用压力、温度及口径范围很大,尤其适用于中、大口径的管道,当管径在70mm以上时采用此阀。闸阀具有流体阻力小、开闭所需外力较小、介质流向不受限制等优点,在要求水流阻力小的部位宜采用闸阀。

　　c.蝶阀。阀板绕固定轴翻转,起调节、节流和关闭作用。操作扭矩小,启闭方便,体积较小,适用于管径在70mm以上或双向流动的管道上。

　　d.止回阀。止回阀用以阻止水流反向流动。根据启闭件动作方式的不同,可分为旋启式止回阀、升降式止回阀、消声止回阀、梭式止回阀四种类型。

e.球阀。浮球阀是一种用以自动控制水箱、水池水位的阀门，防止溢流浪费；缺点是体积较大，阀芯易卡住引起关闭不严而溢水。

f.减压阀。减压阀的作用是降低水流压力。在高层建筑中使用它，可以简化给水系统，减少水泵数量和减少减压水箱，同时可增加建筑的使用面积，降低投资，防止水质的二次污染。在消火栓给水系统中可用其防止消火栓栓口处出现超压现象。减压阀常用的两种类型为弹簧式减压阀和活塞式减压阀（也称比例式减压阀）。

g.安全阀。安全阀是一种安保器材。管网中安装此阀可以避免管网、用具或密闭水箱因超压而受到破坏。一般有弹簧式、杠杆式两种。

h.其他。除上述各种控制阀之外，还有脚踏阀、减压式脚踏阀、水力控制阀、弹性座封闸阀、静音式止回阀、泄压阀、排气阀、温度调节阀等。

5.室外管道剖面图

（1）室外管道剖面图识读。

以某学校室外排水干管纵剖面图 3-16 为例，对图中相关知识点进行讲解。

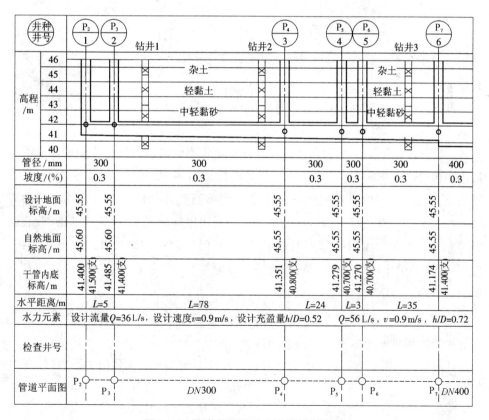

图 3-16　某学校室外排水干管纵剖面图

1)管道纵剖面图的内容有管道、检查井、地层的纵剖面图和该干管的各项设计数据。前者用剖面图表示,后者则在管道剖面图下方的表格分项中列出。项目名称有干管的直径、坡度、埋置深度,设计地面标高,自然地面标高,干管内底标高,设计流量 Q(单位时间内通过的水量,以 L/s 计)、流速 v(单位时间内水流通过的长度,以 m/s 计)及充盈度(表示水在管道内所充满的程度,以 h/D 表示,h 为水在管道截面内占有高度,D 为管道的直径)。此外,在最下方,还应画出管道平面示意图,以便与剖面图对应。

2)由于管道的长度方向(图中的横向)比其直径方向(图中的竖向)大得多,为了说明地面的起伏情况,通常在纵剖面图中采用横竖两种不同的比例,一般竖向的比例为横向比例的 10 倍。

3)该干管的设计项目名称列表绘于剖面图的下方。应注意不同的管段之间设计数据的变化。管道平面示意图只画出该干管、检查井和交叉管道的位置,以便与剖面图对应。

(2)知识点讲解。

由于城市管道种类繁多,且布置复杂,因此,应按管道的种类分别绘出每条街道沟管总平面图和管道纵剖面图,以显示出路面的起伏、管道敷设的坡度、埋深和管道交接等情况。

1)在管道纵剖面图中,通常将管道剖面画成粗实线,检查井、地面和钻井剖面画成中实线,其他分格线则采用细实线。

2)管道剖面是管道纵剖面图的主要内容。管道剖面是沿着干管轴线垂直剖开后画出来的。画图时,在高程栏中根据竖向比例(1 格代表 1m)绘出水平分格线;根据横向比例和两检查井之间的水平距离绘出垂直分格线。然后根据干管的管径、管底标高、坡度、地面标高,在分格线内按上述比例画出干管、检查井的剖面图。管道和检查井在剖面图中都用双线表示,并把同一直径的设计管段都画成直线。此外,因为竖横比例不同,所以还应将另一方向并与该干管相交或交叉的管道截面画成椭圆形。

3)为了显示土层的构造情况,在纵剖面图上还应绘出有代表性的钻井位置和土层的构造剖面。

第二节　采暖施工图识读

一、采暖施工图的组成

1. 室内采暖施工图的组成

室内采暖系统施工图包括图样目录、设计施工说明、设备材料表、采暖平面图、采暖系统图、详图及标准图等。

(1)图样目录和设备材料表。图样目录和设备材料表要求同给水排水施工图，一般放于整套施工图的首页。

(2)设计施工说明。设计施工说明主要说明采暖系统热负荷、热媒种类及参数、系统阻力、采用管材及连接方式、散热器的种类及安装要求、管道的防腐保温做法等。

(3)采暖平面图。采暖平面图包括首层、标准层和顶层采暖平面图。其主要内容有热力入口的位置，干管和支管的位置，立管的位置及编号，室内地沟的位置和尺寸，散热器的位置和数量，阀门、集气罐、管道支架及伸缩器的平面位置、规格及型号等。

(4)采暖系统图。采暖系统图采用单线条绘制，与平面图比例相同。系统图是表示采暖系统空间布置情况和散热器连接形式的立体透视图。系统图应标注各管段管径的大小，水平管段的标高、坡度、阀门的位置、散热器的数量及支管的连接形式，与平面图对照可反映采暖系统的全貌。

(5)详图和标准图。详图和标准图要求同给水排水施工图。

2. 室外供热管网施工图的组成

室外供热管网施工图一般由平面图、断面图(纵断面、横断面)和详图等组成。

(1)室外供热管网平面图。室外供热管网平面图主要内容包括室外地形标高，等高线的分布，热源或换热站的平面位置，供热管网的敷设方式，补偿器、阀门、固定支架的位置，热力入口、检查井的位置和编号等。

(2)室外供热管网断面图。室外供热管网采用地沟或直埋敷设时，应绘制管线纵向或横向断面图。纵、横断面图主要反映管道及构筑物纵、横立面的布置情况，并将平面图上无法表示的立体情况表示清楚，所以是平面图的辅助性图样。纵、横断面图一般只绘制某些局部地段，纵断面图主要内容包括地面标高、沟顶标高、沟底标高、管道标高、管径、坡度、管段长度、检查井编号和管道转向等内容；横断面图包括地沟断面构造及尺寸、管道与沟间距、管道与管道间距、支架的位置等。

(3)详图。详图是对局部节点或构筑物放大比例绘制的施工图，主要有热力入口、检查井等构筑物的做法以及干管与支管的连接情况等，管道可用单线条绘制，也可用双线条绘制。

3. 采暖施工图中的图例和连接画法

采暖施工图中管道、散热器、附件等均以图例的形式表达，管道与散热器的连接画法,见表 3-1。

表 3-1　管道与散热器的连接画法

系统形式	楼层	平面图	轴测图
单管垂直式	顶层		
	中间层		
	底层		
双管上分式	顶层		
	中间层		
	底层		
双管下分式	顶层		
	中间层		
	底层		

二、采暖施工图识读

在识读采暖施工图时,首先应分清热水供水管和热水回水管,并判断出管线的排布方法是上行式、下行式、单管式、双管式中的哪种形式;然后查清各散热器的位置、数量以及其他元件(如阀门等)的位置、型号;最后按供热管网的走向顺序读图。在识读平面图时,按照热水供水管的走向顺序读图;识读系统图时,与平面图对照,沿热水供水管走向顺序读图,可以看出采暖系统的空间关系。

1.采暖平面图

(1)图 3-17 为某企业办公楼的采暖平面图。

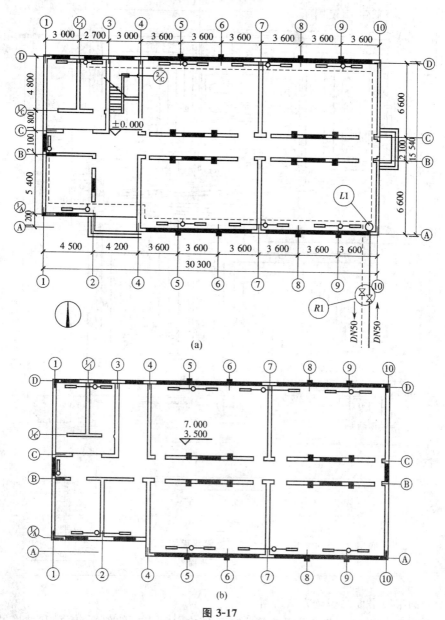

(a)

图 3-17

(a)底层采暖平面图;(b)标准层采暖平面图

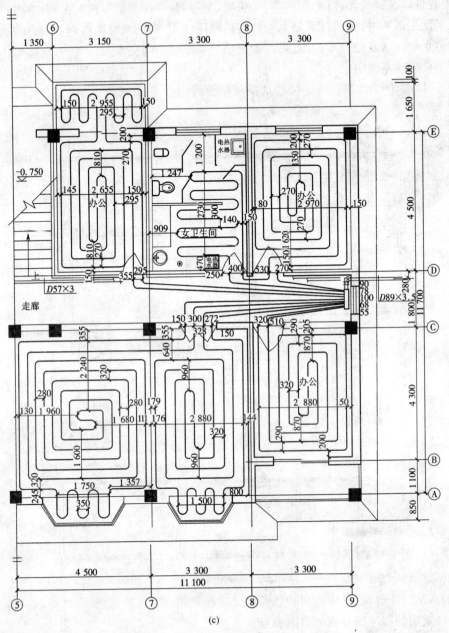

图 3-17 采暖平面图

(c)一层采暖平面图

(2)采暖平面图识读方法讲解。

1)入口与出口。查找采暖总管入口和回水总管出口的位置、管径和坡度及一些附件。引入管一般设在建筑物中间或两端或单元入口处。总管入口处一般由减压阀、混水器、疏水器、分水器、分汽缸、除污器、控制阀门等组成。如果平面图上注明有入口节点图的,阅读时则要按平面图所注节点图的编号查找入口详图进行识读。

2)干管的布置。了解干管的布置方式,干管的管径,干管上的阀门、固定支架、补偿器等的平面位置和型号等。读图时要查看干管是敷设在最顶层,中间层,还是最底层。干管敷设在最顶层说明是上供式系统,干管敷设在中间层说明是中供式系统,干管敷设在最底层说明是下供式系统。在底层平面图中会出现回水干管,一般用粗虚线表示。如果干管最高处设有集气罐,则说明为热水供暖系统;如果散热器出口处和底层干管上出现有疏水器,则说明干管(虚线)为凝结水管,从而表明该系统为蒸汽供暖系统。读图时还应弄清补偿器与固定支架的平面位置及其种类。为了防止供热管道升温时,由于热伸长或温度应力而引起管道变形或破坏,需要在管道上设置补偿器。供暖系统中的补偿器常用的有方形补偿器和自然补偿器。

3)立管。查找立管的数量和布置位置。复杂的系统有立管编号,简单的系统有的不进行编号。

4)建筑物内散热设备的位置、种类、数量。查找建筑物内散热设备(散热器、辐射板、暖风机)的平面位置、种类、数量(片数)以及散热器的安装方式。散热器一般布置在房间外窗内侧窗台下(也有沿内墙布置的)。散热器的种类较多,常用的散热器有翼型散热器、柱型散热器、钢串片散热器、板型散热器、扁管型散热器、辐射板、暖风机等。散热器的安装方式有明装、半暗装、暗装。一般情况下,散热器以明装较多。结合图纸说明确定散热器的种类和安装方式及要求。

5)各设备管道连接情况。对热水供暖系统,查找膨胀水箱、集气罐等设备的平面位置、规格尺寸及与其连接的管道情况。热水供暖系统的集气罐一般装在系统最宜集气的地方,装在立管顶端的为立式集气罐,装在供水干管末端的为卧式集气罐。

2. 采暖系统轴测图

(1)图 3-18 为某居民楼采暖系统轴测图。

(2)知识点讲解。

1)查找入口装置的组成和热入口处热媒来源、流向、坡向、管道标高、管径及热入口采用的标准图号或节点图编号。

2)查找各管段的管径、坡度、坡向,设备的标高和各立管的编号。一般情况下,系统图中各管段两端均注有管径,即变径管两侧要注明管径。

3)查找散热器型号、规格及数量。

4)查找阀件、附件、设备在空间的布置位置。

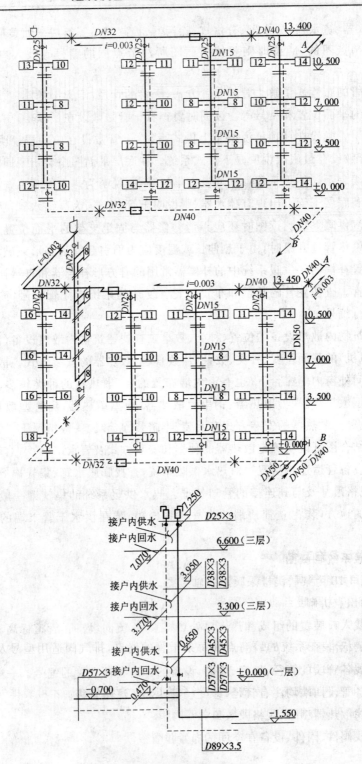

图 3-18 采暖系统轴测图

3. 采暖详图

(1)图 3-19 为某小区采暖详图。

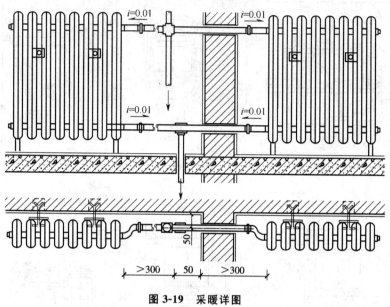

图 3-19 采暖详图

(2)知识点讲解。

1)图 3-19 是一组散热器的安装详图。图中表明暖气支管与散热器和立管之间的连接形式,散热器与地面、墙面之间的安装尺寸、结合方式及结合件本身的构造等。

2)对采暖施工图,一般只绘制平面图、系统图和通用标准图中所缺的局部节点图。在阅读采暖详图时,要弄清管道的连接做法、设备的局部构造尺寸、安装位置做法等。

三、采暖设备施工图识读

1. 采暖自动排气阀安装图

(1)图 3-20 为采暖自动排气阀安装图。

(2)知识点讲解。

1)自动阀安装在系统的最高点和每条干管的终点,排气阀适用型号及具体设置位置应由设计给出。

2)安装排气阀前应先安装截断阀,当系统试压、冲洗合格后才可装排气阀。

3)安装前不应拆解或拧动排气阀端的阀帽。

4)排气阀安装后,使用之前将排气阀端的阀帽拧动 1～2 圈。

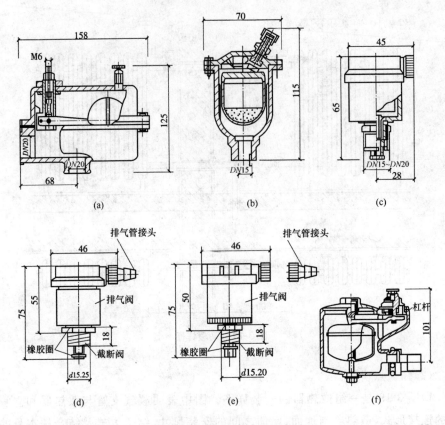

(a)　　　　　　　　　(b)　　　　　　　　　(c)

(d)　　　　　　　　　(e)　　　　　　　　　(f)

图 3-20　采暖自动排气阀安装图

(a)ZP-1(Ⅱ)型自动排气阀;(b)PQ-R-S 型自动排气阀;(c)ZP88-1 型立式自动排气阀;
(d)ZP88-1A 型自动排气阀;(e)ZPH95-1A 型自动排气阀;(f)PZ1T-4 立式自动排气阀

2.采暖散热器安装组对施工图

(1)图 3-21 为采暖散热器安装组对施工图。

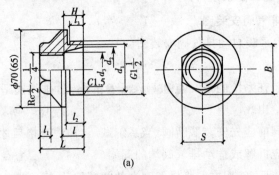

(a)

图 3-21

(a)散热器补芯外形尺寸检查图

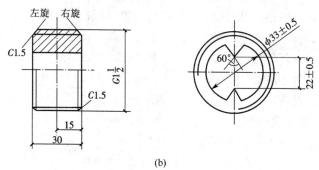

(b)

注：对丝的左、右螺纹长度应均布，两端之差不得大于3mm

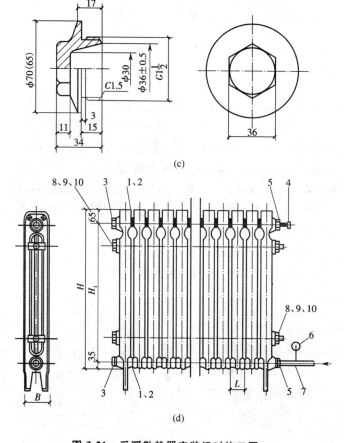

(c)

(d)

图 3-21　采暖散热器安装组对施工图

(b)散热器组对(A型)对丝外形尺寸检查图；(c)散热器丝堵外形尺寸检查图；(d)散热器组对的检查验收图

1—对丝；2—垫片；3—丝堵；4—手动放气阀；5—补芯；6—散热器试压压力表；

7—组对后试压进水管；8—拉杆；9—螺母；10—垫板

(2)知识点讲解。

1)散热器片制造质量应检查合格，特别是机加工部分，如凸缘及内外螺纹等，应符合技术标准。

2)组对散热器前还应按《采暖散热器系列数、螺纹及配件》(JG/T 6—1999)对散热器的补芯、对丝、丝堵进行检查,其外形尺寸应符合图 3-21 的要求。

3)散热器组对所用垫片材质,当设计无要求时应采用耐热橡胶成品垫片,组对后垫片外露和内伸不应大于 1mm。

4)散热器组对后,水压试验前,散热器的补芯、丝堵、手动放气阀等附件应组装齐全,并接受水压试验检查。

5)散热器组对后的平直度标准见表 3-2。

表 3-2　散热器组对后的平直度标准

散热器类型	片　数	允许偏差/mm
长翼型	2～4	4
	5～7	6
铸铁片式	3～15	4
钢制片式	16～15	6

散热器组对后,或整组出厂的散热器在安装前应做水压试验。试验压力如无设计要求时应为工作压力的 1.5 倍,且不小于 0.6MPa。

检验方法:试验时间为 2～3min,压力下降,且不渗不漏为合格。

6)散热器加固拉条安装,组对灰铸铁散热器 15 片以上,钢制散热器 20 片以上,应装散热器横向加固拉条;拉条为 φ8mm 圆钢,两端套丝;加垫板(俗称骑马)用普通螺母紧固,拧紧拉条的丝杆外露不应超过一个螺母的厚度。拉条和两端的垫板及螺母应隐藏在散热器翼板内。

3. 采暖安装配合土建预埋预留施工图

(1)图 3-22 为采暖安装配合土建预埋预留施工图。

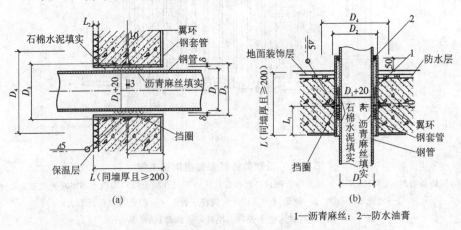

1—沥青麻丝；2—防水油膏

图 3-22

(a)外墙刚性防水套管预埋图;(b)楼(地)板刚性防水套管预埋图

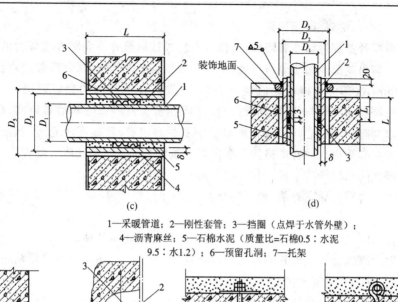

(c)　　　　　　　　　　　(d)

1—采暖管道；2—刚性套管；3—挡圈（点焊于水管外壁）；
4—沥青麻丝；5—石棉水泥（质量比=石棉0.5：水泥
9.5：水1.2）；6—预留孔洞；7—托架

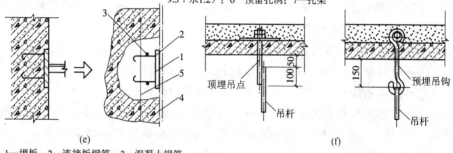

(e)　　　　　　　　　　　　　　　　　(f)

1—埋板；2—连接板钢筋；3—混凝土钢筋；
4—混凝土模板；5—钢丝线

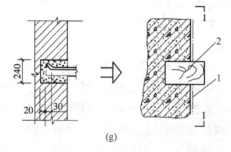

(g)

1—混凝土模板；2—空调或槽坑模型

剖面1—1 预埋、预留件位置放线示意图
1—连接板；2—空洞或槽坑模型

图 3-22　采暖安装配合土建预埋预留施工图
(c)内墙刚性套管预埋图；(d)楼板刚性套管预埋图；(e)连接板预埋图；
(f)混凝土楼板上吊杆预埋图；(g)槽坑或孔洞预留图

（2）知识点讲解。

1）采暖管道穿过墙壁和楼板，应设置金属或塑料套管。安装在楼板内的套管，其顶部应高出装饰地面 20mm；安装在卫生间和厨房内的套管，其顶部应高出装饰地面 50mm，底部应与楼板底面装饰面相平；安装在墙壁内的套管两端与饰面相平。穿过楼板的套管与管道之间缝隙应用阻燃密实材料和防水油膏填实，端面光滑。穿墙套管与管道之间缝隙宜用阻燃密实材料填实，且端面应光滑。管道的接口不得设在套管内。对有严格防水要求的建筑物必须采用柔性防水套管。

2）刚性防水套管的预埋，如图 3-22(a)、(b)所示。

①采暖管穿过居室外墙、地下室地坪、卫生间、厨房、隔墙或楼板，应预埋防水套管。

②防水刚性套管应选用金属管制作，制作后应做防腐处理。

③防水刚性套管应绑扎或焊接固定在混凝土钢筋上，在确保位置标高正确时，一次浇筑、埋设在混凝土内。

3）刚性不防水套管的预埋，如图 3-22(c)、(d)所示。

①采暖管穿过居室内隔墙或楼板应预埋不防水刚性套管。

②不防水刚性套管可选用金属管，也可选用塑料管制作。

③不防水刚性套管的埋设方式既可一次浇筑或砌筑埋设，也可以建筑浇筑时预留孔洞(件 6)，在管道安装时将套管装入孔洞，用钢筋托架将套管托在楼板上面，待管道安装固定后，再二次浇筑埋固刚性套管，这样有利于管道位置调整。

4）预埋支吊架的连接板，俗称预埋铁，如图 3-22(e)所示。

①预埋板标高和纵横中心应拉钢丝线"5"进行校核。埋板"1"的外板面紧靠混凝土模板里面。

②连接板钢筋"2"与混凝土钢筋"3"点焊或绑扎牢固。

③混凝土浇筑振捣时，应防止造成埋件位移。

5）预埋螺栓和吊杆，如图 3-22(f)所示。预埋的螺栓和吊杆材质和规格及埋设位置应符合设计要求，埋件端头必须伸到混凝土模板以外。

6）预留槽坑或孔洞，如图 3-22(g)所示。

①制作与槽坑或孔洞形状大小相同的模具(木盒或实木或铁盒)。

a. 模具应留有利于拔出的适当斜度，其长度应能伸出墙面(楼板)模板外表面50mm 以上。

b. 模具表面应刷防粘隔离剂后再埋设。

②将模具按设计标高位置固定在混凝土模板上。

③混凝土浇筑初凝后，强度达到 75% 前，应拔出模具。

④虚塞或苫盖槽坑、孔洞，防止堵死。

4. 膨胀水箱安装图

（1）图 3-23 为膨胀水箱安装图。

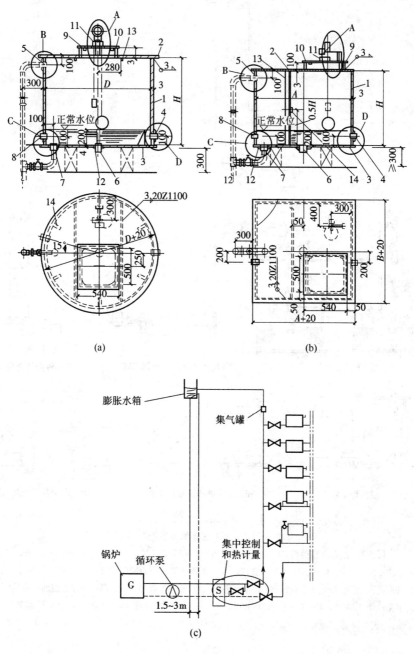

(a)　　　　　　　　　　(b)

(c)

图 3-23

(a)圆形膨胀水箱;(b)方形膨胀水箱;(c)机械循环采暖系统膨胀水箱安装示意图

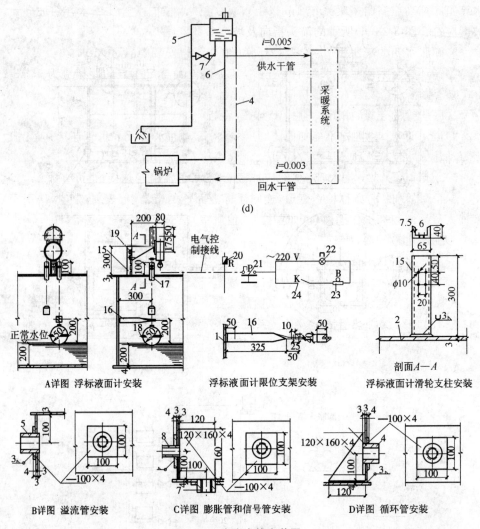

图 3-23　膨胀水箱安装图

(d)重力循环采暖系统膨胀水箱安装示意图

1、2、3—膨胀水箱的壁、顶、底;4—DN20~DN25 循环管;5—DN50~DN70 溢水管;

6—DN40~DN50 膨胀管;7—DN32 排水管;8—DN20 信号管(检查管);

9、10、11—人孔盖、管(框)、拉手;12—管孔加强板;13、14—箱体加强角钢、拉杆;15—浮标液面计支柱([6.5);

16—浮标限位支架(- 40×4);17—套管(DN40);18—浮标;19—支架连接螺栓(M8×16);20—熔断器(RM16A);

21—模拟浮标液面计(FQ-2);22—红色信号灯(BE-38-220-8W);23—电铃(3 时);24—开关

(2)知识点讲解。

1)机械循环热水采暖系统的膨胀水箱,安装在循环泵入口前的回水管(定压点处)上部,膨胀水箱底标高应高出采暖系统 1m 以上,如图 3-23(c)所示。

2)重力循环上供下回热水采暖系统的膨胀水箱安装在供水总立管顶端,膨胀水箱箱底标高应高出采暖系统 1m 以上,应注意供水横向干管和回水管的坡向及坡度应符合图 3-23(d)所示的箭头指向及坡度参数。

3)膨胀水箱的膨胀管(件 6)及循环管(件 4)不得安装阀门,并要求:

①循环管与系统总回水管干管连接,其接点位置与定压点的距离应为 1.5～3m(如果膨胀水箱安装在取暖房间内可取消此管);

②膨胀管的连接,如图 3-23 中 C 详图所示。

4)溢水管(件 5)同样不能加阀门,且不可与压力回水管及下水管连接,应无阻力自动流入水池或水沟。

5)水箱清洗、放空排水管(件 7)应加截断阀,可与溢流管连接,也可直排。

6)信号管(件 8)亦称检查管道,连同浮标液面计的电器、仪表、控制点,应引至管理人员易监控和操作的部位(如主控室、值班室)。

7)膨胀水箱构造,如图 3-23(a)、(b)所示。

8)膨胀水箱的箱体及附件(浮标液面计、内外爬梯、人孔、支座等)的制造尺寸、数量、材质及合格标准等,应符合设备制造规范、标准及设计要求。

5. 加热管固定及地暖系统水压试验施工图

(1)图 3-24 为加热管固定及地暖系统水压试验施工图。

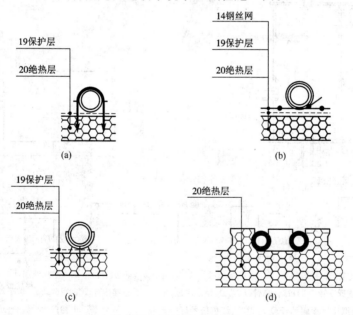

图 3-24　加热管固定及地暖系统水压试验施工图

(a)塑料卡钉(管卡)固定加热管(注:保护层为聚乙烯膜);

(b)塑料扎带绑扎固定加热管(注:保护层为铝箔);

(c)管架或管托固定加热管(注:保护层为聚乙烯膜);

(d)带凸台或管槽的绝热层固定加热管

（2）知识点讲解。

1）水压试验之前除按图 3-24 固定加热管之外，还应对试压管道和构件采取其他安全有效的固定和保护措施。

2）试验压力应为不小于系统静压加 0.3MPa，且不得低于 0.6MPa。

3）冬季进行水压试验时，应采取可靠的防冻措施。

4）水压试验步骤：

①经分水器缓慢注水，同时将管道内空气排出；

②充满水后，进行水密性检查；

③采用手动泵缓慢升压，升压时间不得少于 15min；

④升压至规定工作压力后，停止加压，稳压 1h，观察有无漏水现象；

⑤稳压 1h 后，补压至规定试验压力值，15min 内的压力降不超过 0.05MPa，无渗漏为合格。

6. 集气罐安装图

（1）图 3-25 为集气罐安装示意图。

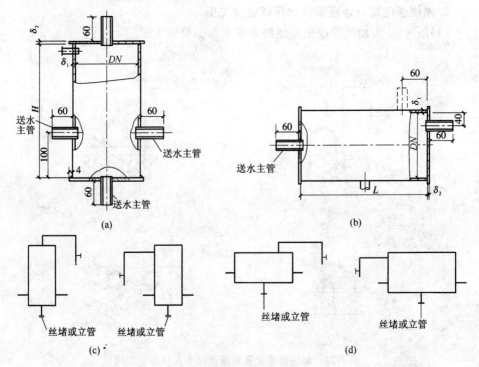

图 3-25　集气罐安装图

(a)立式集气罐；(b)卧式集气罐；(c)立式集气罐接管示意图；(d)卧式集气罐接管示意图

（2）知识点讲解。

1）集气罐安装位置多为供水系统最高点和主要干管的末端。

2）集气罐的排气管应加截断阀（见集气罐接管示意图），在系统上水时反复开关此阀,运行时定期开阀放气。

　　3)集气罐安装的支架应参照管道支架安装要求进行施工和检验。

7.分、集水器安装图

(1)图 3-26 为分、集水器安装图。

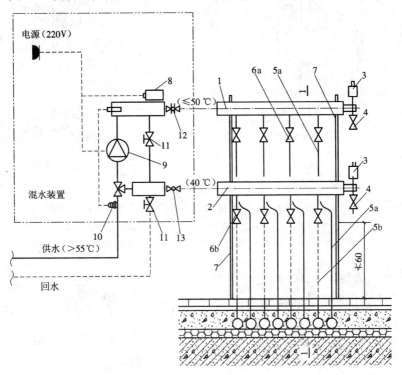

(注：集中供暖热水温度高于55℃时，分、集水器前应安装混水装置)

(a)

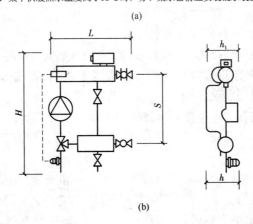

(b)

图 3-26

(a)分、集水器与混水装置安装示意图;(b)混水装置安装尺寸

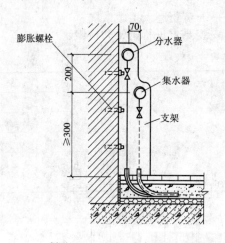

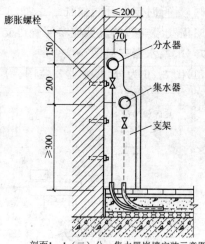

剖面1—1（一）分、集水器明装示意图   剖面1—1（二）分、集水器嵌墙安装示意图

图 3-26　分、集水器安装图

1—分水器；2—集水器；3—自动排气阀；4—泄水阀；5a—供水管；5b—回水管；

6a—分水控制阀；6b—集水控制阀；7—分、集水器支架；8—电子温感器；

9—调速水泵；10—远传温控阀；11—调解阀；12—温控及过滤阀；13—测温阀

（2）知识点讲解。

1）每一集配装置的分支路（件 5a、5b）不宜多于 8 个；住宅每户至少设置一套集配装置。

2）集配装置的分、集水管（件 1、件 2）管径应大于总供、回水管管径。

3）集配装置应高于地板加热管，并配置排气阀（件 3）。

4）总供、回水管进出口和每一供、回水支路均应配置截止阀或球阀或温控阀（件 6a、6b）。

5）总供、回水管阀的内侧，应设置过滤器（件 12）。

6）建筑设计应为明装或暗装的集配装置的合理设置和安装使用提供适当条件。

7）当集中供暖的热水温度超过地暖供水温度上限（55℃）时，集配器前应安装混水装置，如图 3-26(b) 所示。

8）当分、集水器配有混水装置和地暖各环路设置温度控制器时，集配器安装部位应预埋电器接线盒、电源插座[图 3-26(a)、(b)]等及其预埋配套的电源线和信号线的套管。

9）分、集水器有明装[图 3-26 的剖面 1—1（一）]和暗装[图 3-26 的剖面 1—1（二）]，要求分、集水器的支架（件 7）安装位置正确，固定平直牢固。

10）当分、集水器水平安装时，一般将分水器（件 1）安装在上，集水器（件 2）安装在下，中心距宜为 200mm，集水器中心距地面应≥300mm。

11）当分、集水器垂直安装时，分、集水器下端距地面应≥150mm。

12）分、集水器安装与系统供、回水管连接固定后，如系统尚未冲洗，应再将集配器与总供、回水管之间临时断开,防止外系统杂物进入地暖系统。

13)混水装置安装尺寸[图 3-26(b)],见表 3-3。

表 3-3　混水装置安装尺寸

规　　格	长　　度
L/mm	404
S/mm	210
H/mm	404
h_1/mm	150
h/mm	165.5

第三节　燃气系统施工图识读

一、燃气系统施工图的组成

燃气系统施工图一般由设计说明、平面图、系统图和详图等几部分组成。

1.燃气系统平面图

燃气系统平面图主要反映燃气进户管、立管、支管、燃气表和燃气灶的平面位置及相互关系。

2.燃气管道系统图

燃气管道系统图主要表明燃气设施、管道、阀门、附件的空间相互关系,管道的标高、坡度及管径等。

二、燃气系统施工图识读

燃气系统施工图的识图方法是以系统为单位,按燃气的流向先找系统的入口,按总管及入口装置、干管、立管、支管、用户软管到燃气用具的进气接口顺序识读,并且平面图和系统图要相互对照。

以某小区燃气系统施工图 3-27～图 3-29 为例,对图中相关知识点进行讲解。

如图 3-27 所示为一至六层燃气平面图。燃气进户管从一层厨房地下进入,每户一根,从内墙角的燃气立管上引一根水平支管,再接燃气计量表,表后接燃气用具。其他层同一层。

如图 3-28 所示为七层燃气平面图。燃气水平支管的布置与图 3-27 有所区别,建筑平面布局也不同,其他燃气设施基本相同。

燃气系统图如图 3-29 所示。燃气进户管从室外地面下进入,管径为 $DN25$,经外墙穿墙套管进入厨房。管的端部接一根向楼上供燃气的管径为 $DN25$ 总立管,总立管上、下端部设排水丝堵。每户接一根用户支管,每户设一个阀门,阀后设一智能型燃气计量表,表后接用户支管,支管下端接一个带倒齿管的旋塞阀,用于连接燃气用具软管。图中还标注各管段的长度、标高。

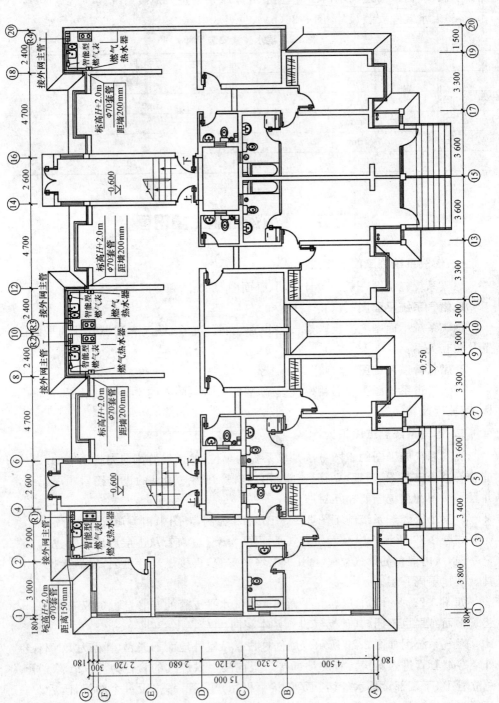

图3-27　一至六层燃气平面图

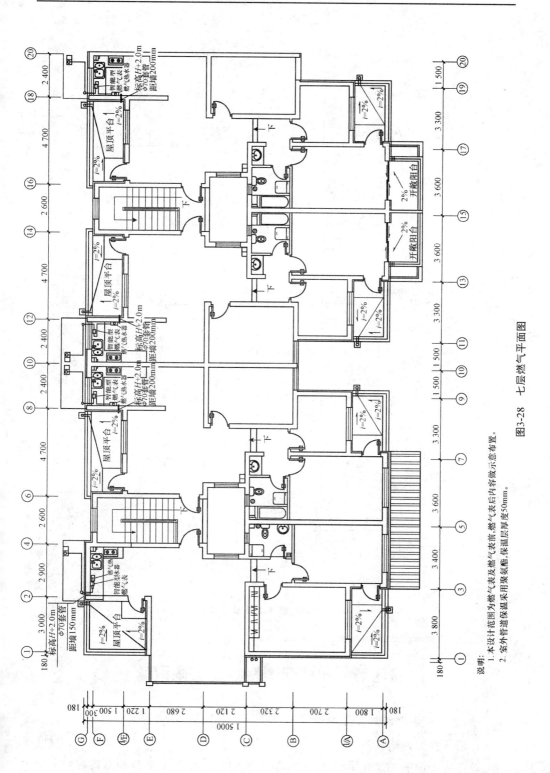

说明：

1. 本设计范围内为燃气表及燃气表前,燃气表后内容做示意布置。

2. 室外管道保温采用聚氨酯保温层厚度50mm。

图3-28　七层燃气平面图

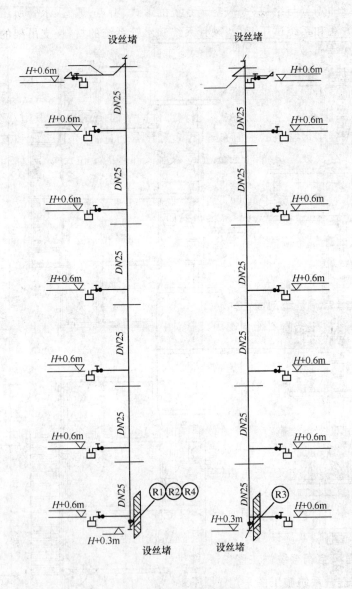

图 3-29 燃气工程系统图

第四节 通风空调系统施工图识读

一、通风空调系统施工图的组成

1. 设计施工说明

设计施工说明主要介绍工程概况、系统采用的设计气象参数和室内设计计算参数、系统的划分与组成;通风空调系统的形式、特点;风管、水管所用材料、连接方式、保温方法和系统试压要求;风管系统和水管系统的材料、支吊架的安装要求、防腐要求;系统调试和试运行及采用的施工验收规范等。

2. 通风空调系统平面图

(1)通风空调系统平面图。通风空调系统平面图主要内容包括风管系统的构成、布置、系统编号、空气流向及设备和部件的平面位置等,一般用双线条绘制;冷、热水管道、凝结水管道的平面布置、仪表和设备的位置、介质流向和坡度,一般用单线条绘制;空气处理设备的位置;基础、设备、部件的定位尺寸、名称和型号;标准图集的索引号等。

(2)通风空调机房平面图。通风空调机房平面图主要内容有冷水机组、冷冻水泵、冷却水泵、附属设备、空气处理设备、风管系统、水管系统和定位尺寸等。

空气处理设备应注明产品样本要求或标准图集所采用的空调器组合段代号、空调箱内风机、表面式换热器、加湿器等设备的型号、数量及设备的定位尺寸。风管系统一般用双线条绘制,水管系统一般用单线条绘制。

3. 通风空调系统剖面图

剖面图常和平面图配合使用,剖面图上的内容应与在平面图剖切位置上的内容对应一致,并标注设备管道及配件的标高。剖面图主要有系统剖面图、机房剖面图、冷冻机房剖面图及空调器剖面图等。

4. 通风空调系统图

系统图因其采用三维坐标,所以反映内容更形象、直观。系统图可用单线条绘制,也可用双线条绘制。系统图较复杂时,可单独绘制风管系统和水管系统图,主要内容有系统的编号,系统中设备、配件的型号、尺寸、定位尺寸、数量,以及连接管道在空间的弯曲、交叉、走向和尺寸等。

5. 空调系统原理图

原理图主要包括系统原理和流程,控制系统之间的相互关系,系统中的管道、设备、仪表、阀门及部件等。原理图不需按比例绘制。

二、通风空调系统施工图识读

通风空调系统施工图采用了国家统一的图例符号来表示,阅读者应首先了解并掌握与图样有关的图例符号所代表的含义。施工图中风管系统和水管系统(包括冷冻水、冷却水系统)具有相对独立性,因此看图时应先将风管系统与水管系统分开阅读,然后再综合阅读;风管系统和水管系统都有一定的流动方向,有各自的回路,读者可以从冷水机组或空调设备开始阅读,直至经过完整的环路又回到起点;风管系统与水管系统在空间的走向往往是纵横交错的,在平面图上很难表示清楚,因此,要把平面图、剖面图和系统轴测图互相对照查阅,这样有利于读懂图样。

1. 通风空调施工图的识读方法与步骤

(1)阅读图样目录。根据图样目录了解工程图样的总体情况,包括图样的名称、编号及数量等情况。

(2)阅读设计说明。通过阅读设计施工说明可充分了解设计参数、设备种类、系统的划分、选材、工程的特点及施工要求等。

(3)确定并阅读有代表性的图样。根据图样目录找出有代表性的图样,如总平面图、空调系统平面布置图、冷冻机房平面图、空调机房平面图,识图时先从平面图开始,然后再看其他辅助性图样,如剖面图、系统轴测图和详图等。

(4)辅助性图样的查阅。平面图不能清楚全面反映的问题,就要根据平面图上的提示找出相关辅助性图样进行对照阅读。

2. 通风空调施工图的识读

(1)空调系统施工图的识读。

以某宾馆多功能厅的空调系统为例,对图中相关知识点进行讲解。图 3-30～图 3-32 分别是空调系统的平面图、剖面图和风管系统图。

从图中可以看出空调箱设在机房内。在空调机房ⓒ轴外墙上有一带调节阀的新风管,尺寸 630mm×1 000mm,新风由此新风口从室外吸入室内。在空调机房②轴线内墙上有一消声器 4,这是回风管。空调机房有一空调箱 1,从剖面图 3-31 看出,在空调箱侧下部有一接短管的进风口,新风与回风在空调机房混合后,被空调箱由此进风口吸入,经冷热处理后,由空调箱顶部的出风口送至送风干管。送风首先经过防火阀和消声器 2,分出第一个分支管,继续向前,管径变为 800mm×500mm,又分出第二个分支管,继续前行,流向管径为 800mm×250mm 的分支管,每个送风支管上都有方形散流器(送风口),送风通过这些散流器送入多功能厅。然后,大部分回风经消声器 4 与新风混合被吸入空调箱 1 的进风口,完成一次循环。

从 1—1 剖面图可看出,房间高度为 6m,吊顶距地面高度为 3.5m,风管暗装在吊顶内,送风口直接开在吊顶面上,风管底标高分别为 4.25m 和 4m,气流组织为上送下回。

从 2—2 剖面图可看出,送风管通过软接头直接从空调箱上部接出,沿气流方向高度不断减小,从 500m 变成 250mm。从剖面图上还可看出三个送风支管在总风管上的接口位置及支管尺寸。

将三图对照阅读可知,多功能厅的回风通过消声器 4 被吸入空调机房,同时新风也从新风口进入空调机房,二者混合以后从空调箱进风口吸入到空调箱内,经冷热处理后沿送风管到达每个散流器,通过散流器到达室内,该系统是一个一次回风的全空气空调系统。

(2)金属空气调节箱总图的识读。

看详图时,一般是在了解这个设备在系统中的地位、用途和工况后,从主要的视图开始,找出各视图间的投影关系,并结合明细表,再进一步了解它的构造和相互关系。

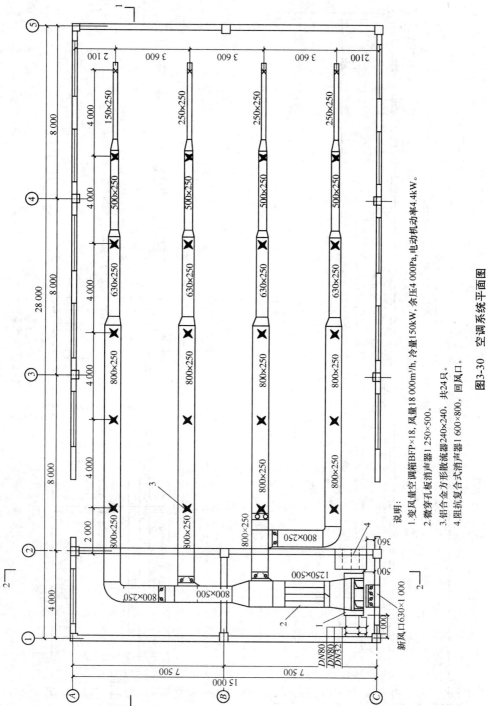

说明:
1. 变风量空调箱BFP×18,风量18 000m³/h,冷量150kW,余压4 000Pa,电动机动率4.4kW。
2. 微穿孔板消声器1 250×500。
3. 铝合金方形散流器240×240,共24只。
4. 阻抗复合式消声器1 600×800,回风口。

图3-30　空调系统平面图

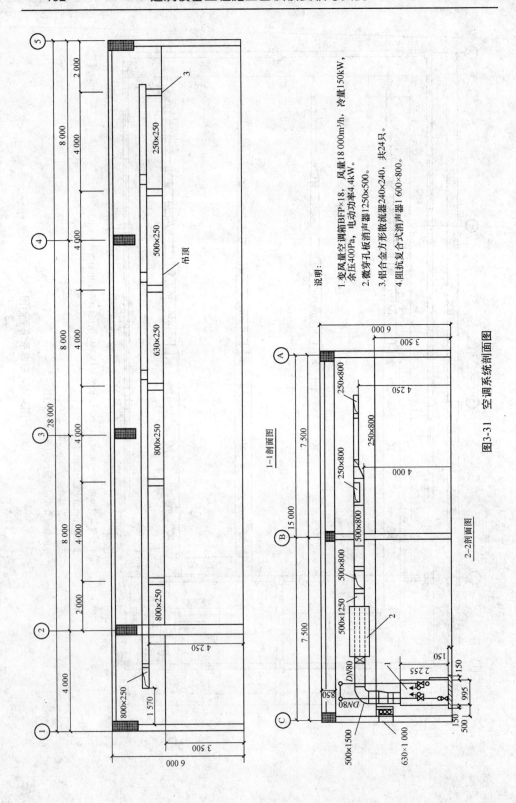

说明：

1. 变风量空调箱BFP×18，风量18 000m³/h，冷量150kW，余压400Pa，电动功率4.4kW。

2. 微穿孔板消声器1250×500。

3. 铝合金方形散流器240×240，共24只。

4. 阻抗复合式消声器1 600×800。

1—1剖面图

2—2剖面图

图3-31 空调系统剖面图

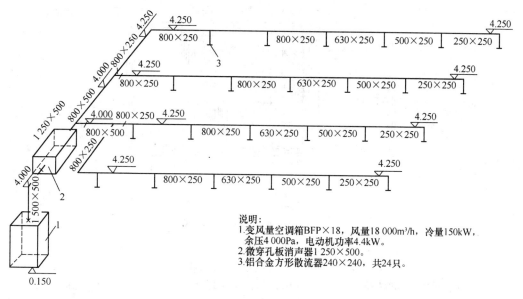

说明:
1. 变风量空调箱BFP×18，风量18 000m³/h，冷量150kW，
余压4 000Pa，电动机功率4.4kW。
2. 微穿孔板消声器1 250×500。
3. 铝合金方形散流器240×240，共24只。

图 3-32　空调系统风管系统图

如图 3-33 所示为叠式金属空气调节箱,其构造是标准化的,可参见采暖通风标准图集。该图为空调箱的总图,分别为 1—1、2—2、3—3 剖面图。该空调箱分为上、下两层,每层三段,共六段,制造时用型钢、钢板等制成箱体,分六段制作,再装上配件和设备,最后再拼接成整体。

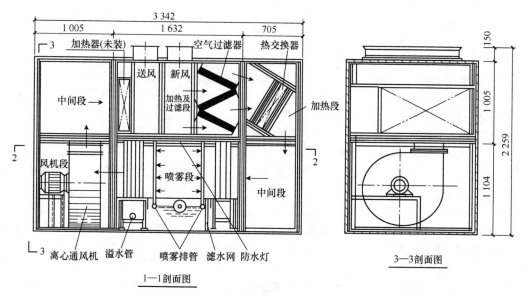

图 3-33

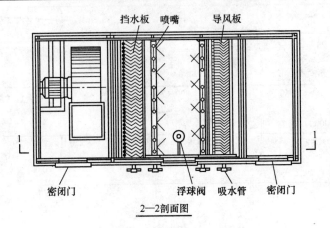

2—2剖面图

图 3-33　叠式金属空气调节箱

1)上层分为中间段、加热及过滤段和加热段。

①左段为中间段,该段没有设备,只供空气从此通过。

②中间段为加热及过滤段,左边为设加热器的部位(本工程没设),中部顶上的两个矩形管是用来连接新风管和送风管的,右部装过滤器。

③右段为加热段,热交换器倾斜安装于角钢托架上。

2)下层分为中间段、喷雾段和风机段。

①中间段只供空气通过。

②中部是喷雾段,右部装有导风板,中部有两根冷水管,每根管上接有三根立管,每根立管上又接有水平支管,支管端部装有喷嘴,喷雾段的进、出口都装有挡水板,下部设有水池,喷淋后的冷水经过滤网过滤回到制冷机房的冷水箱以备循环使用,水池设溢水槽和浮球阀。

③风机段在下部左侧,装有离心式风机,是空调系统的动力设备。空调箱要做厚 30mm 的泡沫塑料保温层。

由上可知,空气调节箱的工作过程是新风从上层中间顶部进入,向右经空气过滤器过滤、热交换器加热或降温,向下进入下层中间段,再向左进入喷雾段处理,然后进入风机段,由风机压送到上层左侧中间段,经送风口送出到与空调箱相连的送风管道系统,最后经散流器进入各空调房间。

(3)冷、热媒管道施工图的识读。

空调箱是空气调节系统处理空气的主要设备,空调箱需要供给冷冻水、热水或蒸汽。制造冷冻水就需要制冷设备,设置制冷设备的房间称为制冷机房,制冷机房制造的冷冻水要通过管道送到机房的空调箱中,使用过的水经过处理再回到制冷机房循环使用。由此可见,制冷机房和空调机房内均有许多管路与相应设备连接,而要把这些管道和设备的连接情况表达清楚,就要用平面图、剖面图和系统图来表示。一般用单线条来绘制管线图。

图 3-34~图 3-36 所示分别为冷、热媒管道底层、二层平面图和管道系统图。从图中可见,水平方向的管子用单线条画出,立管用小圆圈表示,向上、向下弯曲的管子、阀门及压力表等都用图例符号来表示,管道都在图样上加注图例说明。

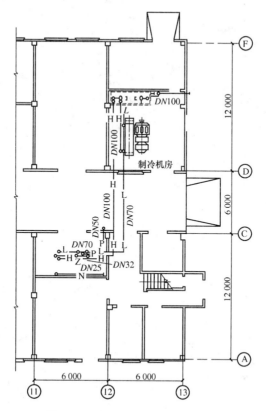

图 3-34　冷、热媒管道底层平面图

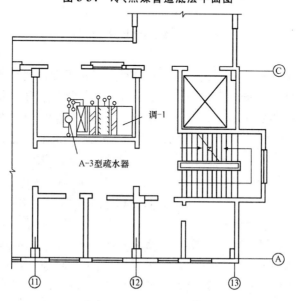

图 3-35　冷、热媒管道二层平面图

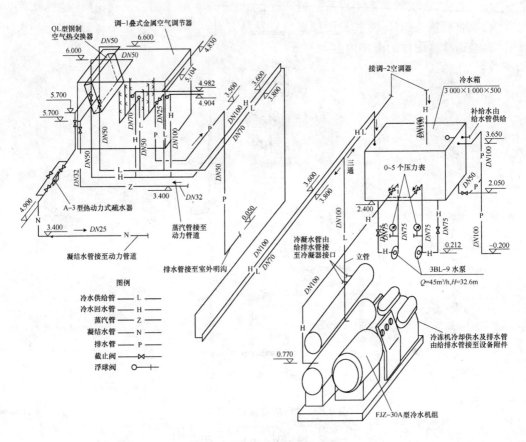

图 3-36　冷、热媒管道系统图

　　从图 3-34 可以看到从制冷机房接出的两根长管子即冷水供水管 L 与冷水回管 H，在一个房间水平转弯后，就垂直向上走。在这个房间内还有蒸汽管 Z、凝结水管 N、排水管 P，它们都吊装在该房间靠近顶棚的位置上，与图 3-35 二层管道平面图中调—1 管道的位置是相对应的。在制冷机房平面图中还有冷水箱、水泵和与之相连接的各种管道，同样可根据图例来分析和阅读这些管子的布置情况。由于没有剖面图，可根据管道系统图来表示管道、设备的标高等情况。

　　图 3-36 为表示冷、热媒管道空间布置情况的系统图。图中画出了制冷机房和空调机房的管路及设备布置情况。从调—1 空调机房和制冷机房的管路系统来看，从制冷机组出来的冷水经立管和三通进入空调箱，分出三根支管，两根将冷媒水送到连有喷嘴的喷水管，另一支管接热交换器，给经过热交换器的空气降温；从热交换器出来的回水管 H 与空调箱下的两根回水管汇合，用 DN100 的管子接到冷水箱，冷水箱中的水由水泵送到冷水机组进行降温。当系统不工作时，水箱和系统中存留的水都由排水管 P 排出。

总之,在了解整个工程系统的情况下,再进一步阅读施工设计说明、材料设备表及整套施工图样,对每张图样要反复对照去看,了解每一个施工安装的细节,从而全面掌握图样的全部内容。

第四章　电气工程施工图识读

第一节　变配电施工图识读

一、变配电系统主接线图识读

1.高压供电系统主接线图

变电所的主接线是指由各种开关电器、电力变压器、断路器、隔离开关、避雷器、互感器、母线、电力电缆、移相电容器等电气设备依一定次序相连接的具有接受和分配电能的电路。主接线的形式确定关系到变电所电气设备的选择、变电所的布置、系统的安全运行、保护控制等多方面的内容,因此主接线的选择是建筑供电中一个不可缺少的重要环节。电气主接线图通常以单线图的形式表示。

(1)线路——变压器组接线。

线路——变压器组接线如图 4-1 所示。此接线的特点是直接将电能送至负荷,无高压用电设备,若线路发生故障或检修时,停变压器;变压器故障或检修时,所有负荷全部停电。该接线形式适用于二级、三级负荷,该接线线路是只有 1~2 台变压器的单回线路。

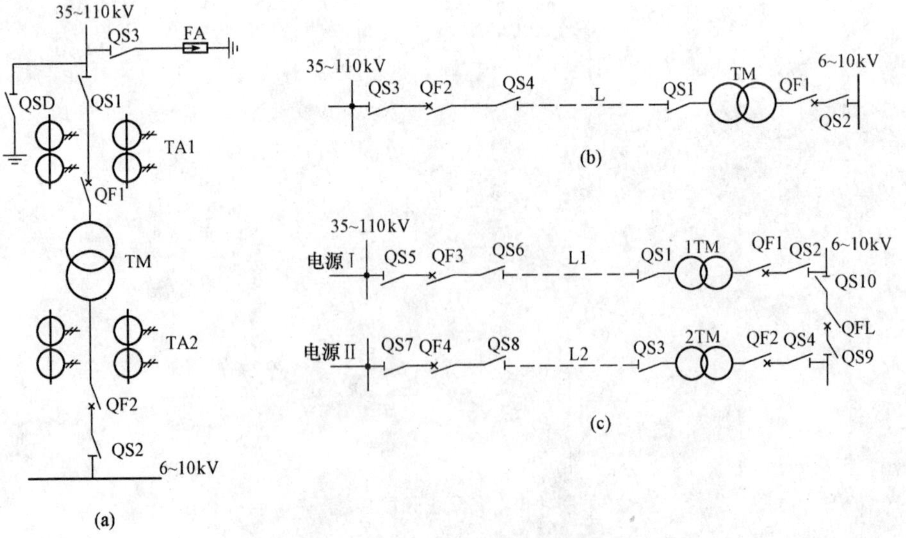

图 4-1　线路——变压器组接线

(a)一次侧采用断路器和隔离开关;(b)一次侧采用隔离开关;(c)双电源双变压器

（2）单母线接线。

1）单母线不分段接线。

如图 4-2 所示，每条引入线和引出线的电路中都装有断路器和隔离开关，电源的引入与引出是通过一根母线连接的。

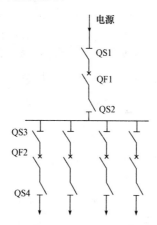

图 4-2　单母线不分段接线

该接线电路简单，使用设备少，费用低；可靠性和灵活性差；当母线、电源进线断路器（QF1）、电源侧的母线隔离开关（QS2）故障或检修时，必须断开所有出线回路的电源，而造成全部用户停电；单母线不分段接线适用于用户对供电连续性要求不高的二级、三级负荷用户。

2）单母线分段接线。

如图 4-3 所示，单母线分段接线是根据电源的数量和负荷计算、电网的结构情况来决定的。一般每段有一个或两个电源，使各段引出线用电负荷尽可能与电源提供的电力负荷平衡，减少各段之间的功率交换。单母线分段接线可以分段运行，也可以并列运行。

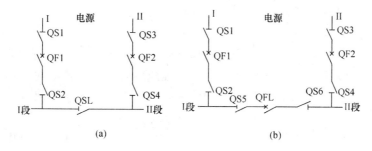

图 4-3　单母线分段接线

（a）用隔离开关分段；（b）用断路器分段

用隔离开关（QSL）分段的单母线接线如图 4-3（a）所示，适用于由双回路供电的、允许短时停电的具有二级负荷的用户。

用负荷开关分段其功能与特点基本用隔离开关分段的单母线相同。用断路器(QFL)分段如图4-3(b)所示。用断路器分段的单母线接线,可靠性提高。如果有后备措施,可以对一级负荷供电。

3)带旁路母线的单母线接线。

单母线分段接线,不管是用隔离开关分段或用断路器分段,在母线检修或故障时,都避免不了使接在该母线的用户停电。另外,单母线接线在检修引出线断路器时,该引出线的用户必须停电(双回路供电用户除外)。为了克服这一缺点,可采用单母线加旁路母线,如图4-4所示。

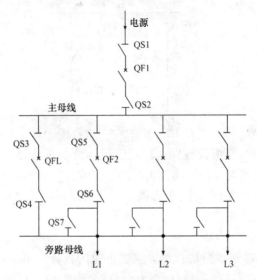

图 4-4　带旁路母线的单母线接线

当引出线断路器检修时,用旁路母线断路器(QFL)代替引出线断路器,给用户继续供电。该接线造价较高,仅用在引出线数量很多的变电所中。

4)桥式接线。

对于具有双电源进线、两台变压器终端式的总降压变电所,可采用桥式接线。它实质是连接两个35～110kV"线路—变压器组"的高压侧,其特点是有一条横跨"桥"。桥式接线比单母线分段结构简单,减少了断路器的数量,四回电路只采用三台断路器。根据跨接桥位置不同,分为内桥接线和外桥接线。

①内桥接线如图4-5(a)所示,跨接桥靠近变压器侧,桥开关(QF3)装在线路开关(QF1、QF2)之内,变压器回路仅装隔离开关,不装断路器。采用内桥接线可以提高改变输电线路运行方式的灵活性。

②外桥接线如图4-5(b)所示,跨接桥靠近线路侧,桥开关(QF3)装在变压器开关(QF1、QF2)之外,进线回路仅装隔离开关,不装断路器。

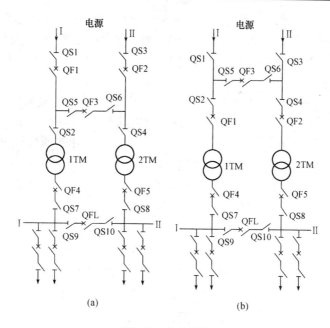

图 4-5　桥式接线

(a)内桥式；(b)外桥式

5)双母线接线。

双母线接线如图 4-6 所示。其中母线 DM1 为工作母线，母线 DM2 为备用母线。任一电源进线回路或负荷引出线都经一个断路器和两个母线隔离开关接于双母线上，两个母线通过母线断路器 QFL 及其隔离开关相连接。其工作方式可分为两种：两组母线分列运行、两组母线并列运行。

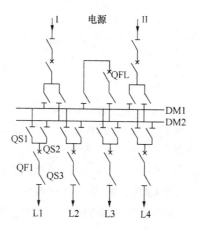

图 4-6　双母线不分段接线

由于双母线两组互为备用，大大提高了供电可靠性、主接线工作的灵活性。双母线接线一般用在对供电可靠性要求很高的一级负荷,如大型工业企业总降压变电所的35～110kV母线系统中,或有重要高压负荷或有自备发电厂的6～10kV母线系统。

2. 配电系统接线图

(1)放射式。

从电源点用专用开关及专用线路直接送到用户或设备的受电端,沿线没有其他负荷分支的接线称为放射式接线,也称专用线供电。

当配电系统采用放射式接线时,引出线发生故障时互不影响,供电可靠性较高,切换操作方便,保护简单。但其有色金属消耗量较多,采用的开关设备较多,投资大。这种接线多为用电设备容量大、负荷性质重要、潮湿及腐蚀性环境的场所供电。

放射式接线主要有单电源单回路放射式、双回路放射式接线。

1)单电源单回路放射式。如图4-7所示,该接线的电源由总降压变电所的6～10kV母线上引出一回线路直接向负荷点或用电设备供电,沿线没有其他负荷,受电端之间无电的联系。此接线方式适用于可靠性要求不高的二级、三级负荷。

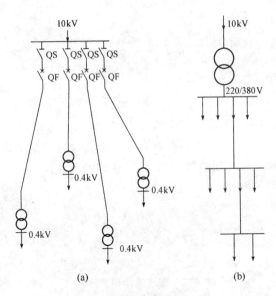

图4-7　单电源单回路放射式

(a)高压;(b)低压

2)单电源双回路放射式。如图4-8所示,同单电源单回路放射式接线相比,该接线采用了对一个负荷点或用电设备使用两条专用线路供电的方式,即线路备用方式。此接线方式适用于二级、三级负荷。

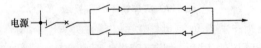

图4-8　单电源双回路放射式

3)双电源双回路放射式(双电源双回路交叉放射式)。如图 4-9 所示,两条放射式线路连接在不同电源的母线上,其实质是两个单电源单回路放射的交叉组合。此接线方式适用于可靠性要求较高的一级负荷。

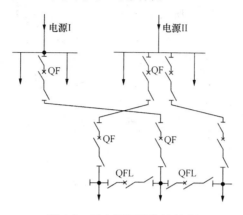

图 4-9　双电源双回路放射式

4)低压联络线的放射式。如图 4-10 所示,该接线主要是为了提高单回路放射式接线的供电可靠性,从邻近的负荷点或用电设备取得另一路电源,用低压联络线引入。

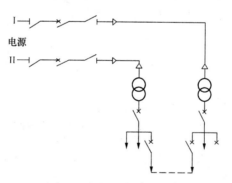

图 4-10　低压联络线的放射式

互为备用单电源单回路加低压联络线放射式适用于用户用电总容量小,负荷相对分散,各负荷中心附近设小型变电所(站),便于引电源。与单电源单回路放射式不同之处是,高压线路可以延长,低压线路较短,负荷端受电压波动影响较小。此接线方式适用于可靠性要求不高的二级、三级负荷。若低压联络线的电源取自另一路电源,则可供小容量的一级负荷。

(2)树干式。

树干式接线是指由高压电源母线上引出的每路出线,沿线要分别连到若干个负荷点或用电设备的接线方式。树干式接线的特点是:一般情况下,其有色金属消耗量较少,采用的开关设备较少。其干线发生故障时,影响范围大,供电可靠性较差;这种接线多用于用电设备容量小而分布较均匀的用电设备。

1)直接树干式。

如图 4-11 所示,在由变电所引出的配电干线上直接接出分支线供电。直接树干式接线一般适用于三级负荷。

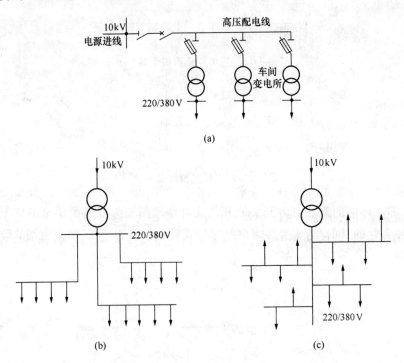

图 4-11　直接树干式

(a)高压树干式;(b)低压母线放射式的树干式;(c)低压"变压器—干线组"的树干式

2)单电源链串树干式。

如图 4-12 所示,在由变电所引出的配电干线分别引入每个负荷点,然后再引出走向另一个负荷点,干线的进出线两侧均装设开关。该接线一般适用于二级、三级负荷。

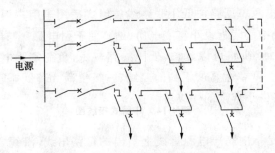

图 4-12　单电源链串树干式

3)双电源链串树干式。

如图 4-13 所示,在单电源链串树干式的基础上增加了一路电源。该接线适用于二级、三级负荷。

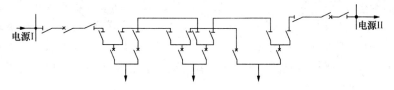

图 4-13　双电源链串树干式

(3)环网式。

如图 4-14 所示为环网式线路。环网式接线的可靠性比较高,接入环网的电源可以是一个,也可以是两个甚至多个;为加强环网结构,即保证某一条线路故障时各用户仍有较好的电压水平,或保证在更严重的故障(某两条或多条线路停运)时的供电可靠性,一般可采用双线环式结构;双电源环形线路在运行时,往往是开环运行的,即在环网的某一点将开关断开。此时环网演变为双电源供电的树干式线路。开环运行的目的是,主要考虑继电保护装置动作的选择性,缩小电网故障时的停电范围。

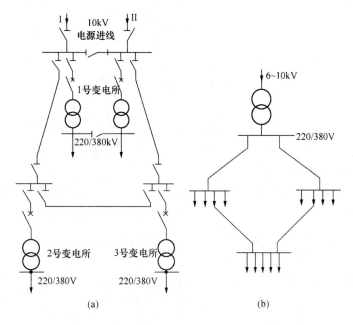

图 4-14　环网式接线图

(a)高压;(b)低压

开环点的选择原则是:开环点两侧的电压差最小,一般使两路干线负荷容量尽可能地相接近。

环网内线路的导线通过的负荷电流应考虑故障情况下环内通过的负荷电流,导线截面要求相同,因此,环网式线路的有色金属消耗量大,这是环网供电线路的缺点;当线路的任一线段发生故障时,切断(拉开)故障线段两侧的隔离开关,将故障线段切除后,即可恢复供电;开环点断路器可以使用自动或手动投入。

双电源环网式供电,适用于一级、二级负荷;单电源环网式供电适用于允许停电半小时以内的二级负荷。

3. 变配电系统图

(1)35kV/10kV 电气系统图。

35kV 总降站电气系统如图 4-15 所示。图中为 35kV 总降站的主接线图;采用一路进线电源,一台主变压器 TM1,型号为 SJ—5000—35/10;三相油浸式自冷变压器,容量为 5 000kV·A;高压侧电压为 35kV,低压侧电压为 10kV,Y/△联结。

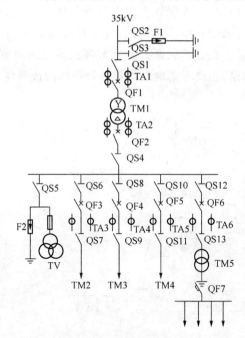

图 4-15 35kV 总降站电气系统图

TM1 的高压侧经断路器 QF1 和隔离开关 QS1 接至 35kV 进线电源。QS1 和 QF1 之间有两相两组电流互感器 TA1,用于高压计量和继电保护。进线电源经隔离开关 QS2 接有避雷器 F1,用于防雷保护。QS3 为接地闸刀,可在变压器检修时或 35kV 线路检修时,用于防止误送电。TM1 的低压侧接有两相两组电流互感器 TA2,用于 10kV 的计量和继电保护。断路器 QF2 可带负荷接通或切断电路,并能在 10kV 线路发生故障或过载时作为过电流保护开关。QS4 用于检修时隔离高压。

10kV 母线接有 5 台高压开关柜,其中一台高压柜装有电压互感器 TV 和避雷器 F2。电压互感器 TV 用于测量和绝缘监视,避雷器 F2 用于 10kV 侧的防雷保护,其余四台开关柜向四台变压器(TM2、TM3、TM4、TM5)供电。TM5 变压器型号为 SC—50/10/0.4,三相干式变压器,高压侧 10kV,低压侧 400V,供给总降站内动力、照明用电。

单台变压器的供电系统,设备少,操作简便。但当变压器发生故障时,造成整个系统停电,供电可靠性差。通常都采用两路进线,两台 35kV 变压器降压供电。

(2)10kV/0.4kV 电气系统图。

中小型工厂、宾馆、商住楼一般都采用 10kV 进线,两台变压器并联运行,提高供电可靠性。如果供电要求高,可以采用两路电源独立供电,当线路、变压器、开关设备发生故障时能自动切换,使供电系统能不间断地供电。最常见的进线方案是一路来自发电厂或系统变电站,另一路来自邻近的高压电网。例如图 4-16,是一种两路 10kV 进线的电气系统图,该系统的电力取自 10kV 电网,经变电装置将电压降至 0.4kV,供各分系统用电。(＝T1、＝T2)为变电装置,(＝WL1、＝WL2)为 0.4kV 汇流排,(＝WB1、＝WB2)为配电装置。主要功能是变电与配电。

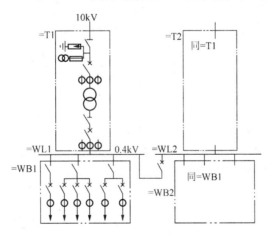

图 4-16　两路 V 进线(10kV)的电气系统图

在变电装置中,目前广泛采用三相干式变压器,高压侧电压为 10kV,低压侧电压为0.4kV/0.23kV;10kV 电源经隔离开关、断路器引至变压器;高压侧有一组电压互感器,用于电压的测量,高压熔断器是电压互感器的短路保护,避雷器是变压器高压侧的防雷保护,一组电流互感器用于电流的测量。

变压器低压侧有一组三相电流互感器,用于三相负荷电流的测量,通过低压隔离开关和断路器与低压母线相连,两组母线之间用一断路器作为联络开关,在变压器发生故障时,能自动切换。低压配电装置中用低压刀开关起隔离作用,具有明显的断开点,空气断路器可带负荷分、合电路,并在短路或过载时起保护作用。电流互感器用于每一分路的电流测量。

(3)380V/220V 供电系统图。

一般建筑如住宅、学校、商店等,只有配电装置,低压 380V/220V 进线,其供电系统图如图 4-17 所示。低压电源经空气断路器或隔离刀开关送至低压母线,用户配电由空气断路器作为带负荷分合电路和供电线路的短路及过载保护,电能表装在每用户进户点。

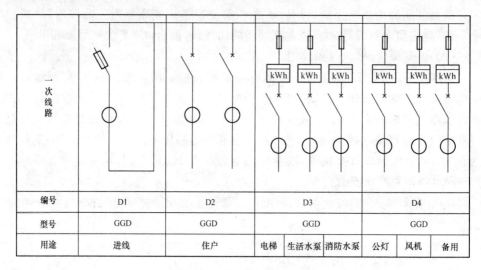

一次线路										
编号	D1	D2		D3			D4			
型号	GGD	GGD		GGD			GGD			
用途	进线	住户		电梯	生活水泵	消防水泵	公灯	风机	备用	

图 4-17　低压配电系统图

二、变配电设备布置图识读

1. 高压配电室的布置

高压配电室布置是在高压供电系统图(即主接线图)确定之后,根据高压开关柜的形式和台数、外形尺寸及维护操作通道宽度等来决定。高压配电室布置应注意的问题:

(1)高压开关柜宜装设在单独的高压配电室内。当高压开关柜和低压配电屏为单列布置时,两者的净距不应小于 2m。

(2)布置高压开关柜位置时,避免各高压出线互相交叉。对于经常需要操作、维护、监视或故障机会较多的回路的高压开关柜,最好布置在靠近值班桌的位置。

(3)高压配电室的长度由高压开关柜的台数和宽度而定。台数较少时一般采用单列布置,台数较多时可采用双列布置。

(4)高压配电室的宽度由高压开关柜的深度加操作通道和维护通道的宽度而定。

(5)高压开关柜靠墙安装时,柜后距墙净距不小于 25mm(一般为 50mm)。两头端柜与侧墙净距不小于 0.2m。

（6）架空进、出线时，进出线套管至室外地面距离不低于 4m，进、出线悬挂点对地距离一般不低于 4.5m。高压配电室的高度应根据室内外地面高差及满足上述距离而定。对固定式高压开关柜净空高度一般为 4.2～4.5m，手车式开关柜净高可以降低至 3.5m。

（7）高压配电室内应留有适当数量开关柜的备用位置。备用位置一般预留在配电装置的一端或两端。

（8）室内电力电缆沟底应有坡度和集水坑，以便排水，沟盖宜采用花纹钢板，相邻开关柜下面的检修坑之间应用砖墙隔开，电缆沟深一般为 1m。

（9）高压配电室内，不应有与配电装置无关的管道通过。

（10）长度大于 8m 的配电装置室，应有两个出口，并且布置在配电装置室的两端。长度大于 60m 时，宜增添一个出口；当配电装置室有楼层时，一个出口可设在通往屋外楼梯的平台处。

（11）配电装置室一般设不能开启的采光窗，如设可开启的采光窗时，应采取防止雨、雪、小动物、风沙及污秽尘埃进入的措施。

（12）高压配电室的耐火等级不应低于二级。

2. 低压配电室的布置

低压配电室的布置是在低压供电系统图确定之后，根据低压配电屏的形式和台数，外形尺寸及维护操作通道宽度等来决定。低压配电室布置应注意的问题：

（1）成排布置的配电屏，长度大于 6m 时，屏后通道应有两个出口，两个出口间距不宜大于 15m，当超过 15m 时，其间还应增加出口。

（2）低压配电室的长度由低压配电屏的宽度和台数而定，双面维护时边屏一端距离墙 0.8m，另一端要考虑人行通道的宽度。低压配电室的宽度由低压配电屏的深度、维护及操作通道宽度和布置形式而定。并考虑预留适当数量配电屏的位置。

（3）低压配电室兼作值班室时，配电屏的正面离墙距离不宜小于 3m。

（4）低压配电室应尽量靠近负荷中心。并尽量设在导电灰尘少，腐蚀介质少、干燥、无振动或振动轻微的地方。

（5）低压配电屏的布置应考虑出线方便，尤其当有架空出线时，应避免架空出线的交叉。

（6）当低压静电电容器屏与低压配电屏并列安装时，其位置最好安装于低压配电屏的一端或两端。

（7）低压配电屏下或屏后的电缆沟深度一般为 600mm。当有户外电缆出线时，注意电缆出口处的电缆沟深度要与室外电缆沟深度相衔接，并采取防水措施。

（8）低压配电室内不应通过与配电装置无关的管道。室内如采暖，则暖气管道上不应有阀门和中间接头，管道与散热器的连接应采用焊接。

（9）低压配电室的高度应和变压器室综合考虑，一般可参考下列尺寸：

1）与地坪抬高变压器室相邻时，高度为 4～4.5m；

2）与地坪不抬高变压器室相邻时，高度为 3.5～4m；

3)低压配电室为电缆进线时,高度可降至 3m。

(10)当低压配电室长度为 8m 以上时,应设两个出口,并应尽量布置在两端。当低压配电室只设一个出口时,此出口不应通向高压配电室。当楼上、楼下均为配电室时,位于楼上的配电室至少设一个通向走廊或楼梯间的出口。门应向外开,并装有弹簧锁。相邻配电室之间如有门时,则应能向两个方向开启。搬运设备的门宽最少为 1m。

(11)低压配电室可设能开启的采光窗。但应有防止雨、雪和小动物进入屋内的措施。窗户下边距离室外地面的高度为 1m 以上。

(12)配电室内电缆沟盖板,一般采用花纹钢板盖板或钢筋混凝土盖板。

(13)有人值班的低压配电室的休息间,宜设有上、下水设施,在南方地区还应设有纱窗。

(14)低压配电室的耐火等级不应低于三级。

3. 变压器室的布置

(1)宽面推进的变压器,低压侧宜向外;窄面推进的变压器,油枕宜向外,便于油表泊位的观察。

(2)变压器室内可安装与变压器有关的负荷开关、隔离开关、熔断器和避雷器。在考虑变压器室的布置及高低压进出线位置时,应尽量使其操动机构安装于近门处。

(3)每台油量为 100kg 及以上的变压器应安装在单独的变压器室内。下列场所的变压器室,应设置能容纳 100% 油量的挡油设施或设置:

1)位于容易沉积可燃粉尘、可燃纤维的场所;

2)附近有易燃物大量堆积的露天场所;

3)变压器下面有地下室,这些挡油设施或设置能将油排到安全处所。

若油浸式变压器位于建筑物的两层或更高层时,应设置能将油排到安全处所的设施。在高层民用主体建筑中,设置在底层的变压器不宜选用油浸变压器,设置在其他层的变压器严禁用油浸变压器。

4. 电容器室的布置

高压电容器组一般装设在电容器室内。当容量较小时可装设在高压配电室内。但与高压配电装置的距离应不小于 1.5m。如采用有防火及防爆措施的电容器,也可与高压配电装置并列。低压电容器组一般装设在低压配电室内或车间内。当电容器容量较大时,宜装设在电容器室内。

(1)高压电容器室应有良好的自然通风。如自然通风不能保证室内温度低于 40℃ 时,应增设机械通风装置。为利于通风,高压电容器室地坪一般抬高 0.8m。

(2)进、出风处应设有网孔不大于 10mm×10mm 的钢丝网,以防小动物进入室内。

(3)自行设计安装室内装配式高压电容器组时,电容器可分层安装,一般不超过三层,层间不应加隔板,层间距离不应小于 1m,下层电容器的底部高出地面 0.2m 以上,上层电容器的底部距离地面不宜大于 2.5m。对低压电容器只需满足上、下层电容器底部距地的规定,对层数没有要求。

（4）电容器外壳之间（宽面）的净距不宜小于 0.1m。

（5）电容器室尽可能避免朝西。

（6）电容器室（指室内装设可燃性介质电容器）与高低压配电室相毗连时，中间应有防火隔墙隔开；如分开时，电容器室与建筑物的防火净距不应小于 10m。高压电容器室建筑物的耐火等级不应低于二级，低压电容器室的耐火等级不应低于三级。

（7）室内长度超过 8m 应开两个门，并布置在两端，门应向外开启。

5. 常用 6～10kV 室内变电所的布置形式

6～10kV 室内变电所高压配电室、低压配电室、变压器室的基本布置形式，见表 4-1。

表 4-1 常用 6～10kV 室内变电所的布置形式

类 型		有值班室	无值班室
独立式	一台变压器	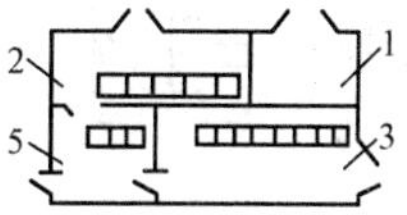	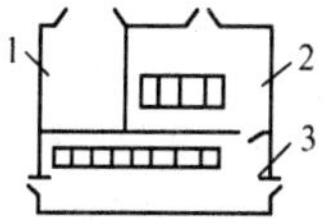
		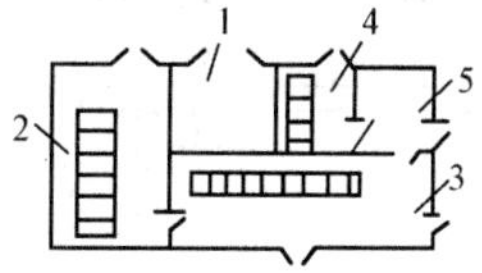	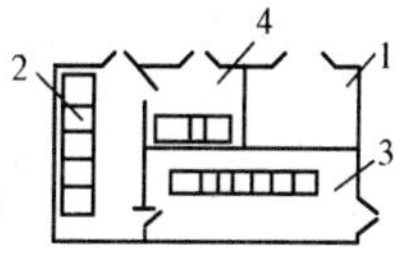
	两台变压器	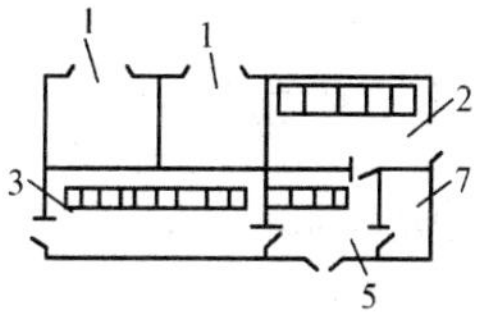	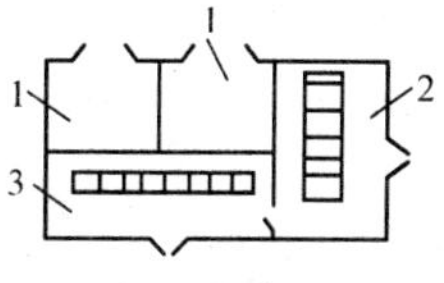
		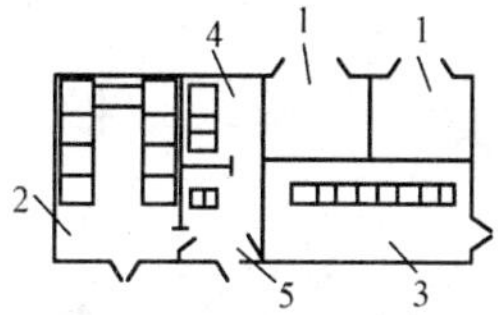	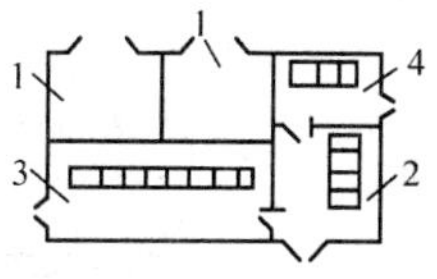
	高压配电所	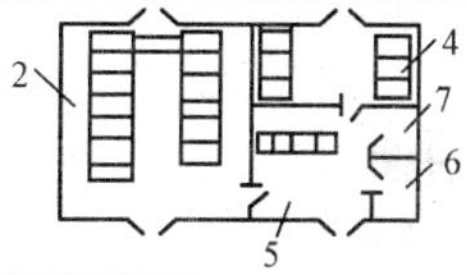	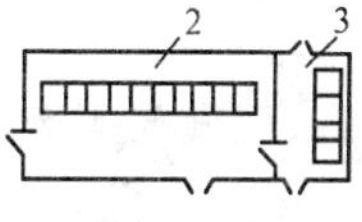
		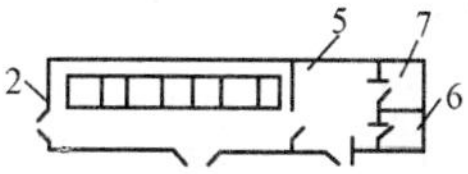	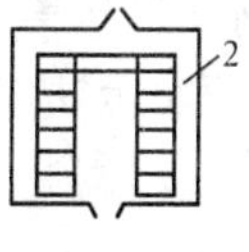

续表

类　型		有值班室	无值班室
附设式	内附式		
	外附式		
	外附露天式		

注:1—变压器室;2—高压配电室;3—低压配电室;4—电容器室;5—控制室或值班室;6—辅助房间;
7—厕所。

三、变配电系统二次电路图识读

二次电路图是用来反映变配电系统中二次设备的继电保护、电气测量、信号报警、控制及操作等系统工作原理的图样。二次电路图的绘制方法,通常有集中表示法和展开表示法,见表 4-2。

表 4-2　二次电路图的绘制方法

项　目	内　　容
集中表示法	绘制的原理图中,仪表、继电器、开关等电器在图中以整体绘出,各个回路(电流回路、电压回路、信号回路等)都综合地绘制在一起,使看图者对整个装置的构成有一个明确的整体概念
展开表示法	将整套装置中的各个环节(电压环节、电流环节、保护环节、信号环节等)分开表示,独立绘制,而仪表、继电器等的触点、线圈分别画在各自所属的环节中,同时在每个环节旁标注功能、特征和作用等,便于分析电气原理图

1. 原理图的形式

(1)集中式原理图(整体式)。

集中式原理图中电器的各个元件都是集中绘制的,如图 4-18 为 10kV 线路的定时限过电流保护集中式原理图。

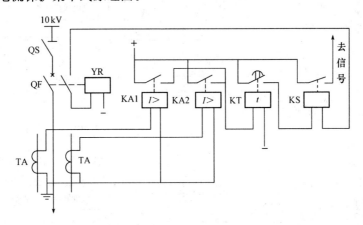

图 4-18　10kV 线路定时限过电流保护集中式原理图

集中式原理图具有以下特点:

1)集中式二次原理图是以器件、元件为中心绘制的图,图中器件、元件都以集中的形式表示,如图中的线圈与触点绘制在一起。设备和元件之间的连接关系比较形象直观,使看图者对二次系统有一个明确的整体概念。

2)为了更好地说明二次线路对一次线路的测量、监视和保护功能,在绘制二次线路时要将有关的一次线路、一次设备绘出。为了区别一次线路和二次线路,一般一次线路用粗实线表示,二次线路用细实线表示,使图面更加清晰、具体。

3)所有的器件和元件都用统一的图形符号表示,并标注统一的文字符号说明。所有电器的触点均以原始状态绘出,即电器均不带电、不激励、不工作状态。如继电器的线圈不通电,铁心未吸合;手动开关均处于断开位置,操作手柄置零位,无外力时的触点的状态。

4)为了突出表现二次系统的工作原理,图中没有给出二次元件的内部接线图,引出线的编号和接线端子的编号也可省略;控制电源只标出"+、-"极性,没有具体表示从何引来,信号部分也只标出去信号,没有画出具体接线,简化电路,突出重点。但这种图还不具备完整的使用功能,尤其不能按这样的图去接线、查线,特别是对于复杂的二次系统,设备、元件的连接线很多,用集中式表示,对绘制和阅读都比较困难。因此,在二次原理图的绘制中,较少采用集中表示法,而是用展开法来绘制。

(2)展开式原理图。

将电器的各个元件按分开式方法表示,每个元件分别绘制在所属电路中,并可按回路的作用,电压性质、高低等组成各个回路(交流回路、直流回路、跳闸回路、信号回路等)。如图 4-19 所示。

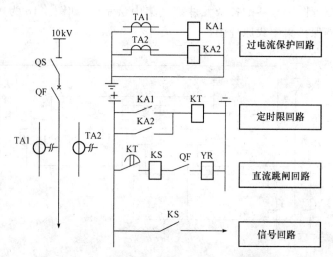

图 4-19　定时限过电流保护展开式原理图

展开式原理图一般按动作顺序从上到下水平布置,并在线路旁注明功能、作用,使线路清晰,易于阅读,便于了解整套装置的动作顺序和工作原理。在一些复杂的图纸中,展开式原理图的优点更为突出。展开式原理图的特点如下所述:

1)展开式原理图是以回路为中心,同一电器的各个元件按作用分别绘制在不同的回路中。如电流继电器 KA 的线圈串联在电流回路中,其触点绘制在时间继电器回路中。

2)同一个电器的各个元件应标注同一个文字符号,对于同一个电器的各个触点也可用数字来区分,如 KM:1、KM:2 等。

3)展开式原理图可按不同的功能、作用、电压高低等划分为各个独立回路,并在每个回路的右侧注有简单的文字说明,分别说明各个电路及主要元件的功能、作用等。

4)线路可按动作顺序,从上到下,从左到右平行排列。线路可以编号,用数字或文字符号加数字表示,变配电系统中线路有专用的数字符号表示。

2.二次原理图的分析方法

二次原理图可以参照以下几点进行分析:

(1)首先要了解本套原理图的作用,把握住图样所表现的主题。例如,定时限过电流保护原理图,这个线路的作用是过电流保护和定时限跳闸。明确这两个作用后,就可很快地理解电流继电器和时间继电器的作用和动作原理。

(2)要熟悉国家规定的图形符号和文字符号,了解这些符号所代表的具体意义。可对照这些符号查对设备明细表,弄清其名称、型号、规格、性能和特点,将图纸上抽象的图形符号转化为具体的设备,有助于对电路的理解。

(3)原理图中的各个触点都是按原始状态(线圈未通电、手柄置零位、开关未合闸、按钮未按下)绘出,但看图时不能按原始状态分析。因原理图很难理解,所以要选择某一状态来分析。如定时限过电流保护线路的跳闸过程的分析,一定要在工作状态,即断路器 QF 的辅助触点在闭合状态下,线路发生过电流,跳闸线圈才能通电跳闸。

(4)电器的各个元件在线路中是按动作顺序从上到下,从左到右布置的,分析时,可按这一顺序进行。

(5)任何一个复杂的线路都是由若干个基本电路、基本环节组成的。看图时应分成若干个环节,一个环节一个环节地分析,即化整为零看环节,最后结合各个环节的作用,综合起来分析整个电路的作用,即积零为整看电路。

3.测量电路图

为了解变配电设备的运行情况和特征,需要对电气设备进行各种测量,如电压、电流、功率、电能等的测量。

(1)电流测量线路。

在 6～10kV 高压变配电线路、380V/220V 低压配电线路中测量电流,一般要装接电流互感器。常用的测量方法如图 4-20 所示。

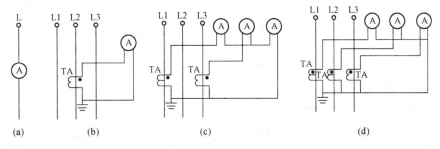

图 4-20　电流测量线路

　　1)一相电流测量线路。当线路电流比较小时,可将电流表直接串入线路,如图4-20(a)所示;在电流较大时,一般在线路中安装电流互感器,电流表串接在电流互感器的二次侧,通过电流互感器测量线路电流,如图4-20(b)所示。

　　2)两相V形联结测量线路。如图4-20(c)所示,在两相线路中接有两个电流互感器,组成V形联结,在两个电流互感器的二次侧接有三个电流表(三表二元件)。两个电流表与两个电流互感器二次侧直接连接,测量这两相线路的电流,另一个电流表所测的电流是两个电流互感器二次测电流之和,正好是未接电流互感器那相的二次电流(数值)。三个电流表通过两个电流互感器测量三相电流。这种接线适用于三相平衡的线路中。

　　3)三相联结测量线路。图4-20(d)为三表三元件电流测量电路,三个电流表分别与三个电流互感器的二次侧连接,分别测量三相电流,这种接法广泛用于负荷不论平衡与否的三相电路中。

　　(2)电压测量线路。

　　低压线路电压的测量,可将电压表直接并接在线路中,如图4-21(a)所示。高压配电线路电压的测量,一般要加装电压互感器,电压表通过电压互感器来测量线路电压。

　　1)单相电压互感器测量线路。图4-21(b)为单相电压测量线路,电压表接在单相电压互感器的二次测,通过电压互感器测量线路间的电压,适用于高压线路的测量。

　　2)三相联结电压测量线路图。图4-21(c)为三相联结电压测量线路,三只电压表分别与三台单相电压互感器二次侧连接,分别测量三相电压,适用于三相电路的电压测量和绝缘监视。

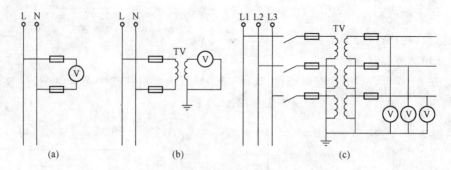

图 4-21　电压测量线路

　　(3)功率、电能测量线路。

　　为了掌握线路的负荷情况,还要测量有功、无功功率,有功、无功电能。常用的测量线路有以下两种:

　　1)单相功率测量线路。单相功率测量线路如图4-22所示,图4-22(a)是直接测量线路,电流线圈串入被测电路,电压线圈并入被测电路。"＊"为同名端;图4-22(b)是单相功率表的电压线圈和电流线圈分别经电压互感器和电流互感器接入。

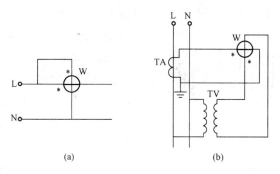

(a)　　　　　　　　　　　(b)

图 4-22　单相功率表测量线路

2)三相有功电能表的测量线路。图 4-23 是三相二元件有功电能表线路,表头的电压线圈和电流线圈经电压互感器和电流互感器接入。图 4-23(a)为集中表示法,图 4-23(b)为分开表示法。

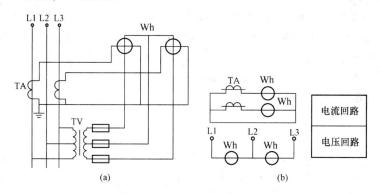

(a)　　　　　　　　　　　(b)

图 4-23　三相有功电流表测量线路

4.继电保护电路图

常用的保护有过电流保护、差动保护、定时限过电流保护、低电压保护、绝缘监视装置等。

(1)定时限过电流保护装置。

定时限过电流保护装置是指电流继电器的动作时限是固定的,与通过它的电流的大小无关,其接线如图 4-24 所示。

电流继电器 KA1、KA2 是保护装置的测量元件,用来鉴别线路的电流是否超过整定值;时间继电器 KT 是保护装置的延时元件,用延长的时间来保证装置的选择性,控制装置的动作;信号继电器 KS 是保护装置的显示元件,显示装置动作与否和发出报警信号;KM 中间继电器是保护装置的动作执行元件,直接驱动断路器跳闸。

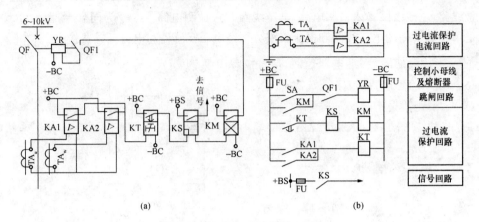

图 4-24　定时限过电流保护装置

正常运行时,过电流继电器不动作,KA1、KA2、KT、KS、KM 的触点都是断开的。断路器跳闸线圈 YR 电源断路,断路器 QF 处在合闸状态。当在保护范围内发生故障或过电流时,电流继电器 KA1、KA2 动作,触点闭合,启动时间继电器 KT,经过 KT 的预定延时后,其触点启动信号继电器 KS 和中间继电器 KM,接通 YR 电源,断路器 QF 跳闸,同时信号继电器 KS 触点闭合,发出动作和报警信号。

(2)反时限过电流保护。

反时限过电流保护装置是指电流继电器的动作时限与通过它的电流的大小成反比。其接线如图 4-25 所示。

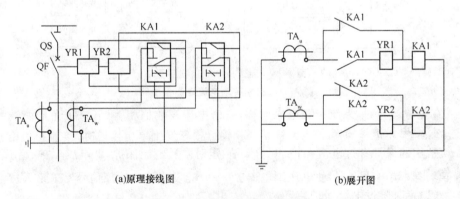

图 4-25　反时限过电流保护装置

反时限过电流保护装置采用感应型继电器 KA1、KA2 就可以实现。由于 GL型电流继电器本身具有时限、掉牌、功率大、触点数量多等特点,可以省下时间继电器、信号继电器、中间继电器。正常运行时,过电流继电器不动作,KA1、KA2 的触点都是断开的。断路器跳闸线圈 YR1、YR2 断路,断路器 QF 处在合闸状态。当在保护范围内发生故障或过电流时,电流继电器 KA1、KA2 动作,经一定时限后先常开触点闭合,后常闭触点打开,跳闸线圈 YR1、YR2 的短路分流支路被常闭触点断开,操作电源被常开触点接通,断路器 QF 跳闸,其信号牌自动掉落,显示继电器动作,当故障切除后,继电器返回,信号掉牌用手动复位。

（3）电流速断保护。

电流速断保护是一种瞬时动作的过电流保护,其动作时限仅仅为继电器本身固有的动作时间,它的选择性不是依靠时限,而是依靠选择适当的动作电流来解决。电流速断保护装置同定时限过电流保护装置相比,少一组时间继电器。

（4）单相接地保护。

1)无选择绝缘监视装置。图 4-26 是无选择绝缘监视装置的接线。在变电所母线上装一套三相五柱式电压互感器。电压互感器二次侧有两组线圈,一组接成星形,在它的引出线上接三个电压表,反映各相电压。另一组接成开口三角形,并在开口处接一过电压继电器 KV,反映接地时出现的零序过电压。

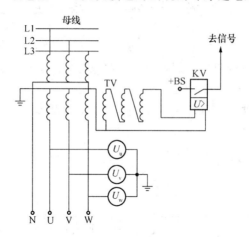

图 4-26　无选择绝缘监视装置

在正常运行时,系统三相电压对称,三个电压表数值相等,开口三角形两端的电压为零,继电器不动作。当系统某一相绝缘损坏发生单相接地时,接地相的相电压变为零,电压表指示零;其他两相的对地电压升高 3 倍,电压表数值升高,同时开口三角形两端电压很高,使电压继电器 KV 动作,发出接地故障信号。值班人员可以根据故障相指示,逐一断开出线的故障相上的开关,当系统接地消失（三相电压表指示相同）,则被断开的线路就是故障线路。该装置只适用于线路数目不多,并且允许短时停电的电网中。

2)有选择性的零序电流保护。有选择性的零序电流保护是一种利用零序电流使继电器动作来指示接地故障线路的保护装置。

①架空线路一般采取由三个电流互感器接成零序电流滤过器的接线方式,如图 4-27 所示。三相电流互感器的二次电流相量相加后流入继电器。

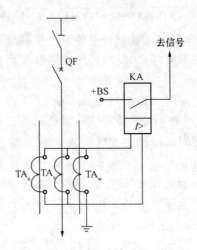

图 4-27　零序电流滤过器的接线方式

　　当系统正常及三相对称运行时,三相电流的相量和为零,故流入继电器的电流为零,一旦系统发生单相接地故障,三个继电器分别流入零序电流 I_0,故检测出 $3I_0$,大于继电器的动作电流,继电器动作并发出信号。

　　②电缆线路一般采用零序变流器(零序电流互感器)保护的接线方式,如图 4-28所示。

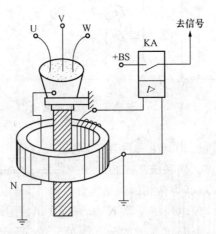

图 4-28　零序电流互感器的接线方式

　　当系统正常及三相对称短路时,变流器中没有感应出零序电流,继电器不动。一旦系统发生单相接地故障,有接地电容电流通过,此电流在二次侧感应出零序电流,使继电器动作并发出信号。需注意的是,电缆头的接地引线必须穿过零序电流互感器后再实行接地,否则保护装置不起作用。

(5)变压器保护。

变压器的内部故障主要有线圈对铁壳绝缘击穿(接地短路)、匝间或层间短路、高低压各相线圈短路。变压器的外部故障主要有各相出线套管间短路(相间短路)、接地短路等。不正常运行方式有由外部短路和过负荷引起的过电流、不允许的油面降低、温度升高。

1)瓦斯保护。

当变压器内部故障时,短路电流所产生的电弧将使绝缘物和变压器油分解而产生大量的气体,利用这种气体来实现的保护装置叫瓦斯保护。配电变压器容量在 800kV·A,车间变压器容量在 400kV·A 以上的变压器应设置瓦斯保护。图 4-29 为瓦斯保护的原理接线图,瓦斯保护主要由瓦斯继电器构成,安装在变压器油箱和油枕之间,如图 4-30 所示。

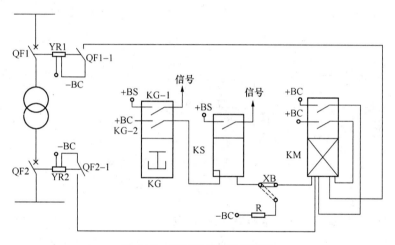

图 4-29 瓦斯保护的原理接线

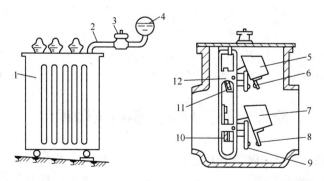

图 4-30 瓦斯保护

1—变压器;2—连通管;3—瓦斯气体继电器;4—油枕;5—上油杯;6—上动触点;7—下油杯;
8—下动触点;9—下静触点;10—下油杯平衡锤;11—上油杯平衡锤;12—支架

瓦斯继电器触点 KG-1 由开口杯控制,构成轻瓦斯保护,其继电器动作后发出报警信号,但不跳闸。瓦斯继电器的另一触点 KG-2 由挡板控制,构成重瓦斯保护,其动作后经信号继电器 KS 启动中间继电器 KM,KM 的两个触点分别使断路器 QF1、QF2 跳闸。为了防止变压器内严重故障时油流速不稳定,造成重瓦斯触点时断时通的不可靠动作的情况,必须选用具有自保持电流线圈的出口中间继电器 KM。在保护动作后,借助断路器的辅助触点 QF1-1、QF2-1 来解除出口回路的自保持。在变压器加油或换油后,以及瓦斯继电器试验时,为防止重瓦斯保护误动作,可以利用切换片 XB,使重瓦斯保护暂时接到信号位置。

瓦斯保护可以用做防御变压器油箱内部故障和油面降低的主保护,瞬时给出信号或控制跳闸。瓦斯保护的灵敏性比差动保护要好。

2)差动保护。

差动保护是反映变压器两侧电流差值而动作的保护装置,如图 4-31 所示。

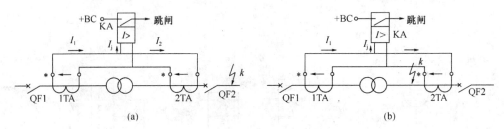

图 4-31　变压器差动保护的原理接线
(a)外部故障,保护不动作;(b)内部故障,保护动作

将变压器两侧的电流互感器串联起来,接成环路,电流继电器并联在环路上,流入继电器的电流等于两侧电流互感器二次侧电流之差,即 $\dot{I}_j = \dot{I}_1 - \dot{I}_2$。适当选择变压器两侧电流互感器的变比和联结,使系统在正常运行和外部短路时,$\dot{I}_j = \dot{I}_1 - \dot{I}_2 = 0$,保护装置不动。当保护区内部发生短路时,对于单电源供电的变压器 $\dot{I}_2 = 0, \dot{I}_j = \dot{I}_1 - \dot{I}_2 = \dot{I}_1$,继电器保护动作,瞬时将变压器两侧的断路器跳开。

差动保护装置的范围是变压器两侧电流互感器安装地点之间的区域。差动保护可以防御变压器油箱内部故障和引出线的相间短路、接地短路,瞬时作用于跳闸。

第二节　动力及照明施工图识读

一、居民住宅配电及照明施工图识读

1.配电系统图的识读

图 4-32 为一栋居民住宅楼照明配电线路的系统图。该住宅楼共六层,分五个单元,砖混结构,电源为三相四线 380/220V 引入,采用 TN-C-S,电源在进户总箱重复接地。

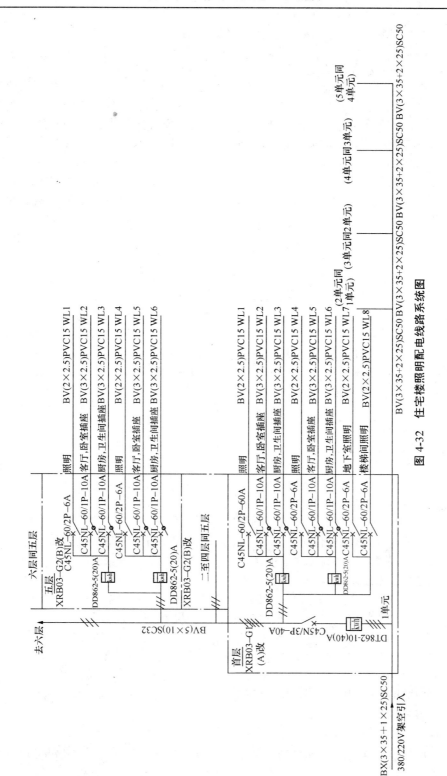

图 4-32　住宅楼照明配电线路系统图

(1)系统特点。

系统采用三相四线制,架空引入,导线为三根 35mm² 加一根 25mm² 的橡皮绝缘铜线(BX),引入后穿直径为 50mm 的焊接钢管(SC)埋地(FC),引入到第一单元的总配电箱。第二单元总配电箱的电源是由第一单元总配电箱经导线穿管埋地引入的,导线为三根 35mm² 加两根 25mm² 的塑料绝缘铜线(BV),35mm² 的导线为相线,25mm² 的导线一根为 N 线,一根为 PE 线。穿管均为直径 50mm 的焊接钢管。其他三个单元总配电箱电源的取得与上述相同。

(2)照明配电箱。

照明配电箱分两种,首层采用 XRB03-G1(A)型改制,其他层采用 XRB03-G2(B)型改制,其主要区别是前者有单元的总计量电能表,并增加了地下室照明和楼梯间照明回路。

XRB03-G1(A)型配电箱配备三相四线总电能表一块,型号 DT862-10(40)A,额定电流 10A,最大负载 40A;配备总控三极低压断路器,型号 C45N/3P-40 A,整定电流 40A。该箱有三个回路,其中两个配备电能表的回路分别是供首层两个住户使用的,另一个没有配备电能表的回路是供该单元各层楼梯间及地下室公用照明使用的。其中供住户使用的回路,配备单相电能表一块,型号 DD862-5(20)A,额定电流 5A,最大负载 20A,不设总开关。每个回路又分三个支路,分别供照明、客厅及卧室插座、厨房及卫生间插座,支路标号为 WL1～WL6。照明支路设双极低压断路器作为控制和保护用,型号 C45NL-60/2P,整定电流 6A;另外两个插座支路均设单极漏电开关作为控制和保护用,型号 C45NL-60/1P,整定电流 10A。公用照明回路分两个支路,分别供地下室和楼梯间照明用,支路标号为 WL7 和 WL8。每个支路均设双极低压断路器作为控制和保护,型号为 C45NL-60/2P,整定电流 6A。从配电箱引自各个支路的导线均采用塑料绝缘铜线穿阻燃塑料管(PVC),保护管径 15mm,其中照明支路均为两根 2.5mm² 的导线(一零一相),而插座支路均为三根 2.5mm² 的导线,即相线、N 线、PE 线各一根。XRB03-G2(B)型配电箱不设总电能表,只分两个回路,供每层的两个住户使用,每个回路又分三个支路,其他内容与 XRB03-G1(A)型相同。

该住宅为 6 层,相序分配上 A 相一至二层,B 相三至四层,C 相五至六层,因此由一层至六层竖直管路内导线是这样分配的:

1)进户四根线,三根相线一根 N 线;

2)一至二层管内五根线,三根相线,一根 N 线,一根 PE 线;

3)二至三层管内四根线,二根相线(B、C),一根 N 线,一根 PE 线;

4)三至四层管内四根线,二根相线(B、C),一根 N 线,一根 PE 线;

5)四至五层管内三根线,一根相线(C),一根 N 线,一根 PE 线;

6)五至六层管内三根线,一根相线(C),一根 N 线,一根 PE 线。

需注意的是,如果支路采用金属保护管,管内的 PE 线可以省掉,而利用金属管路作为 PE 线。

2. 标准层照明平面图

以某住宅楼标准电气层照明平面布置图 4-33 中①～④轴为例,对图中相关知识点进行讲解。

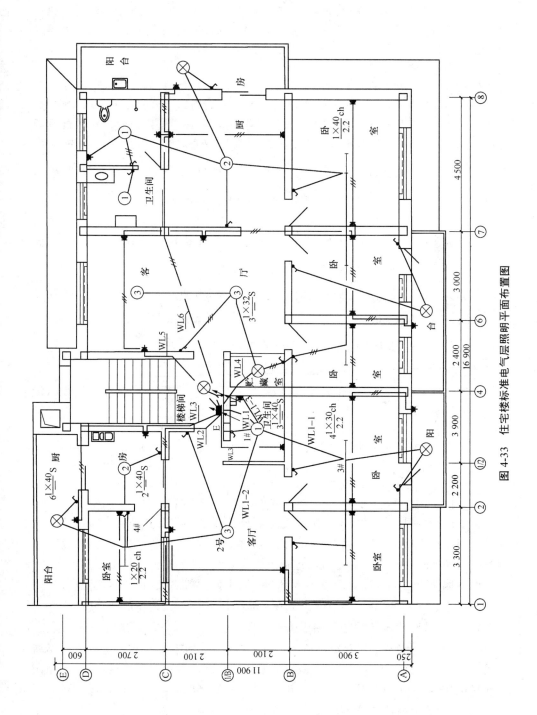

图 4-33　住宅楼标准电气层照明平面布置图

（1）根据设计说明中的要求，图中所有管线均采用焊接钢管或 PVC 阻燃塑料管沿墙或楼板内敷设，管径 15mm，采用塑料绝缘铜线，截面积 2.5mm²，管内导线根数按图中标注，在黑线（表示管线）上没有标注的均为两根导线，凡用斜线标注的应按斜线标注的根数计。

（2）电源是从楼梯间的照明配电箱 E 引入的，分为左、右两户，共引出 WL1～WL6 六条支路，为避免重复，可从左户的三条支路看起。其中 WL1 是照明支路，共带有 8 盏灯，分别画有①、②、③及⊗的符号，表示四种不同的灯具。每种灯具旁均有标注，分别标出了灯具的功率、安装方式等信息。以阳台灯为例，标注为 $6\dfrac{1\times40}{}S$，表示此灯为平灯口，吸顶安装，每盏灯泡的功率为 40W，这里的"6"表明共有这种灯 6 盏，分别安装于四个阳台，以及贮藏室和楼梯间。

（3）从图中还能了解以下信息：

1）标为①的灯具安装在卫生间，标注为 $3\dfrac{1\times40}{}S$，表明共有这种灯 3 盏，玻璃灯罩，吸顶安装，每盏灯泡的功率为 40W。

2）标为②的灯具安装在厨房，标注为 $2\dfrac{1\times40}{}S$，表明共有这种灯 2 盏，吸顶安装，每盏灯泡的功率为 40W。

3）标为③的灯具为环形荧光灯，安装在客厅，标注为 $3\dfrac{1\times32}{}S$，表明共有这种灯 3 盏，吸顶安装，每盏灯泡的功率为 32W。

4）卧室照明的灯具均为单管荧光灯，链吊安装（ch），灯距地的高度为 2.2m，每盏灯的功率各不相同，有 20W、30W、40W 3 种，共 6 盏。

5）灯的开关均为单联单控翘板开关。WL2、WL3 支路为插座支路，共有 13 个两用插座，通常安装高度为距地 0.3m，若是空调插座则距地 1.8m。

6）图中标有 1 号、2 号、3 号、4 号处，应注意安装分线盒。图中楼道配电盘 E 旁有立管，里面的电线来自总盘，并送往上面各楼层以及为楼梯间各灯送电。

7）WL4、WL5、WL6 是送往右户的三条支路，其中 WL4 是照明支路。

需要注意的是，标注在同一张图样上的管线，凡是照明及其开关的管线均是由照明箱引出后上翻至该层顶板上敷设安装，并由顶板再引下至开关上；而插座的管线均是由照明箱引出后下翻至该层地板上敷设安装，并由地板上翻引至插座上，只有从照明回路引出的插座才从顶板上引下至插座处。需要说明的是，按照要求，照明和插座平面图应分别绘制，不允许放在一张图样上，真正绘制时需要分开。

二、办公楼动力及照明施工图识读

图 4-34 办公楼为七层框架结构，一层层高 4.2m，地下车库和二层至七层层高均为 3.9m，建筑面积 8 000m²。电源以地下电缆直埋方式引自院内变电站，三相四线制供电，为确保部分重要负荷的供电可靠性，另从变电站内不同母线段引来一路备用电源，备用电源在本楼配电室内手动切换。

1. 配电系统图的识读

以办公楼首层配电室低压配电系统图 4-34 为例，对图中相关知识点进行讲解。

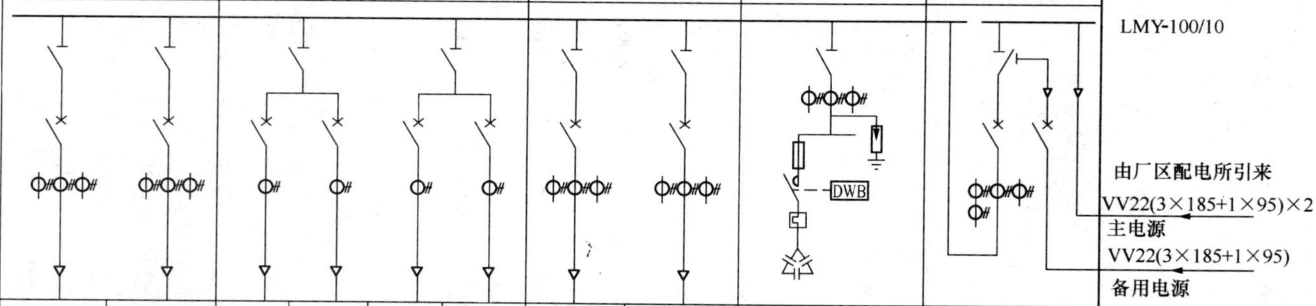

由厂区配电所引来
VV22(3×185+1×95)×2 主电源
VV22(3×185+1×95) 备用电源
LMY-100/10

编号	AA5		AA4				AA3		AA2	AA1
型号	GGD2-38-0502D		GGD2-39C-0513D				GGD2-38B-0502D		GGJ2-01-0801D	GGD2-15-0108D
主电路方案										
设备回路编号	WLM1	备用	WPM3	WLM2	备用	WPM4	WPM2	WPM1	无功补偿	引入线 总柜
用途	照明干线	备用	水泵房	消防中心	备用	电梯	动力干线	空调机房	无功补偿	
容量/kW	153.5		66.9			18.5	113	156	160kvar	507.9
刀开关(HD13BX-)	600/31		400/31				600/31		400/31	HSBX-1 000/31
断路器(DWX15-)	400/3						400/3		400/3	1 000/3
断路器(DWX10-)			200	100	200	100				
脱扣器额定电流/A	300	400	140	60	200	60	250	300		600
主要设备 接触器									CJ16-32×10	
热继电器									JR16-60/32×10	
电流互感器(LMZ0.66-)	300/5		200/5	50/5	200/5	100/5	300/5	300/5	400/5×3	800/5
熔断器									aM3-32×30	
避雷器									FYS-0.22×3	
电容器									BCMJ 0.4-16-3×10	
管线电缆VV-0.6kV	(4×150+1×75)		(3×70+2×35)	(5×6)		(5×10)	(3×150+2×70)	(3×120+2×70)		
备注(柜宽)/mm	800		800		800		800		1 000	1 000

图 4-34　某办公楼低压配电系统图

　　结合文字叙述和图可知,这是一个低压供电的配电系统,容量较大、回路较多。由系统图可以看出,系统有 5 台低压开关柜,采用 GGD2 系列,电源引入为两个回路,有一个为备用电源,系统送出 6 个回路,另有备用回路两个,无功补偿回路一个,总容量 507.9kW,无功补偿容量 160kvar。

　　(1)进户电源两路,主电源采用两根聚氯乙烯绝缘钢带铠装聚氯乙烯护套电力电缆进户,这两根电缆型号为 VV22(3×185＋1×95),经断路器引至进线柜(AA1)中的隔离刀闸上闸口;备用电源用 1 根电缆进户,这根电缆型号为 VV22(3×185＋1×95),经断路器倒送引至 AA1 的傍路隔离刀闸上闸口。这 3 根电缆均为四芯铜芯电缆,相线 185mm²,零线 95mm²,由厂区配电所引来。

　　(2)进线柜型号为 GGD2-15-0108D,进线开关隔离刀开关型号为 HSBX-1 000/31,断路器型号为 DWX15-1 000/3,额定电流 1 000A,电流互感器型号为 LMZ-0.66-800/5,即电流互感器一次进线电流为 800A,二次电流 5A。母线采用铝母线,型号 LMY-100/10,L 表示铝制,M 表示母线,Y 表示硬母线,100 表示母线宽 100mm,10 表示母线厚 10mm。

　　(3)低压出线柜共 3 台,其中 AA3 型号为 GGD2-38B-0502D,AA4 型号为 GGD2-39C-0513D,AA 5 型号为 GGD2-38-0502D。

　　1)低压柜 AA3 共两个出线回路,即 WPM1 和 WPM2。WPM1 为空调机房专用回路,容量 156kW,其中隔离刀开关型号为 HD13BX-600/31,额定电流 600A;断路器型号为 DWX15-400/3,额定电流 400A;脱扣器额定电流 300A;电流互感器 3 只,型号均为 LMZ-0.66-300/5;引出线型号为 VV22(3×150＋2×70)铜芯塑电缆,即 3 根相线均为 150mm²,N 线和 PE 线均为 70mm²。WPM2 为系统动力干线回路,供 1～6 层动力用,容量 113kW,其中隔离刀开关型号为 HD13BX-600/31;断路器型号为 DWX15-400/3,额定电流 400A;脱扣器额定电流 250A;电流互感器 3 只,型号均为 LMZ-0.66-300/5;引出线型号为 VV22(3×120＋2×70)铜芯塑电缆。

　　2)低压柜 AA4 共 4 个出线回路,其中有一路备用。WPM3 为水泵房专用回路,容量 66.9kW,隔离刀开关型号为 HD13BX-400/31;断路器型号为 DZX10-200,额定电流 200A;脱扣器额定电流 140A;电流互感器一只,型号为 LMZ-0.66-200/5;引出线型号为 VV22(3×70＋2×35)铜芯电缆。WLM2 为消防中心专用回路,与 WPM3 共用一只刀开关;断路器型号为 DZX10-100,额定电流 100A,脱扣器额定电流 60A;电流互感器一台,型号为 LMZ-0.66-50/5;引出线型号 VV22(5×6)铜芯电缆。WPM4 为电梯专用回路,容量 18.5kW,与备用回路共用一只刀开关,型号为 HD13BX-400/31;断路器型号为 DZX10-100,额定电流 100A,脱扣器额定电流 60A;电流互感器一只,型号为 LMZ-0.66-100/5;出线型号为 VV22(5×10)铜芯电缆。备用回路断路器型号为 DZX10-200,额定电流 200A,脱扣器额定电流 200A;电流互感器型号为 LMZ0.66-200/5 型。

　　3)低压柜 AA5 引出两个回路,有一路备用,WLM1 为系统照明干线回路,与 AA3 引出回路基本相同,可自行分析。

　　(4)低压配电室设置一台无功补偿柜,型号为 GGJ2-01-0801D,编号 AA2,容量 160kvar,隔离刀开关型号为 HD13BX-400/31,3 只电流互感器,型号为 LMZ-0.66-400/5。共有 10 个投切回路,每个回路熔断器 3 只,型号均为 aM3-32,接触器型号为 CJ16-32;热继电器型号为 JR16-60/32 型,额定电流 60A,热元件额定电流 32A;电容器型号为 BCMJ0.4-16-3,B 表示并联,C 表示蓖麻油,MJ 表示金属化膜,0.4 表示耐压 0.4kV,容量 16kvar。刀开关下闸口设低压避雷器 3 只,型号为 FYS-0.22,是配电所用阀型避雷器,额定电压 0.22kV。DWB 为功率因数自动调节器。

2. 电力配电系统图的识读

办公楼的动力设备包括电梯、空调、水泵以及消防设备等,根据图了解电力配电系统图的识读方法。

以一至七层动力配电系统图 4-35 为例,对图中相关知识点进行讲解。

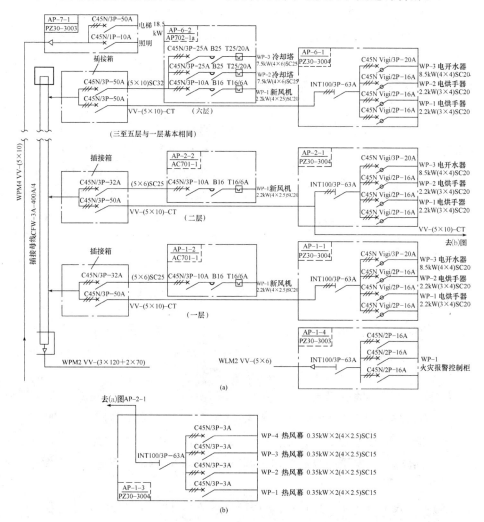

图 4-35　一至七层动力配电系统图

图 4-35 是一至七层的动力配电系统图,设备包括电梯和各层动力装置,其中电梯动力较简单,由低压配电室 AA4 的 WPM4 回路用电缆经竖井引至七层电梯机房,接至 AP-7-1 号箱上,箱型号为 PZ30-3003,电缆型号为 VV(5×10)铜芯塑电缆。该箱输出两个回路,电梯动力 18.5kW,主开关为 C45N/3P-50A 低压断路器,照明回路主开关为 C45N/1P-10A。

(1)动力母线是用安装在电气竖井内的插接母线完成的,母线型号为 CFW-3A-400A/4,额定容量 400A,三相加一根保护线。母线的电源是用电缆从低压配电室 AA3 的 WPM2 回路引入的,电缆型号为 VV(3×120+2×70)铜芯塑电缆。

(2)各层的动力电源是经插接箱取得的,插接箱与母线成套供应,箱内设两种 C45N/3P-32A、45N/3P-50A 低压断路器,括号内数值为电流整定值,将电源分为两路。

(3)以一层为例。电源分为两路,其中一路是用电缆桥架(CT)将电缆 VV(5×10)铜芯电缆引至 AP-1-1 号配电箱,型号为 PZ30-3004。另一路是用 5 根每根是 6mm² 导线穿管径 25mm 的钢管将铜芯导线引至 AP-1-2 号配电箱,型号为 AC701-1。

AP-1-1 号配电箱分为四路,其中有一备用回路,箱内有 C45N/3P-10A 的低压断路器,整定电流 10A,B16 交流接触器,额定电流 16A,以及 T16/6A 热继电器,额定电流为 16A,热元件额定电流为 6A。总开关为隔离刀开关,型号 INT100/3P-63A,第一分路 WP-1 为新水机 2.2kW,用铜芯塑线(3×4)SC20 引出到电烘手器上,开关采用 C45N Vigi/2P-16A,有漏电报警功能;第二分路 WP-2 为电烘手器,同上;第三分路为电开水器 8.5kW,用铜芯塑线(4×4)SC20 连接,采用 C45N Vigi/3P-20A,有漏电报警功能。

AP-1-2 号配电箱为一路 WP-1,新风机 2.2kW,用铜芯塑线(4×2.5)SC20 连接。

二至六层与一层基本相同,但 AP-2-1 号箱增了一个回路,这个回路是为一层设置的,编号 AP-1-3,型号为 PZ30-3004,如图 4-35(b)所示,四路热风幕,0.35kW×2,铜线穿管(4×2.5)SC15 连接。

(4)六层与一层略有不同,其中 AP-6-1 号与一层相同,而 AP-6-2 号增加了两个回路,即两个冷却塔 7.5kW,用铜塑线(4×6)SC25 连接,主开关为 C45N/3P-25A 低压断路器,接触器 B25 直接启动,热继电器 T25/20 A 作为过载及断相保护。增加回路后,插接箱的容量也作了调整,两路均为 C45N/3P-50A,连接线变为(5×10)SC32。

(5)一层除了上述回路外,还从低压配电室 AA4 的 WPM2 引入消防中心火灾报警控制柜一路电源,编号 AP-1-4,箱型号为 PZ30-3003,总开关为 INT100/3P

（63A）刀开关，分 3 路，型号均为 C45N/2P(16A)。

3. 照明配电系统图的识读

以一至七层照明配电系统示意图 4-36 为例，对图中相关知识点进行讲解。

一至七层的照明母线同样采用竖井内插接母线 CFW-3A-400A，母线电源由低压配电室 AA5 的 WLM1 回路电缆引出，电缆型号为 VV(4×150＋1×75)铜芯塑电缆，照明配电系统图如图 4-36 所示。

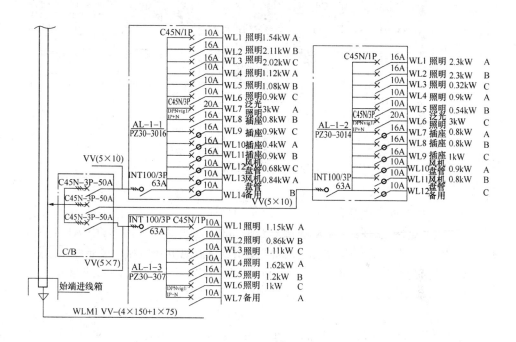

(a)

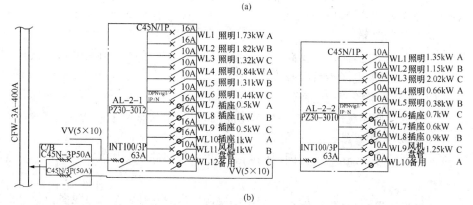

(b)

图 4-36

（a）一层照明配电系统示意图；（b）二至五层照明配电系统示意图

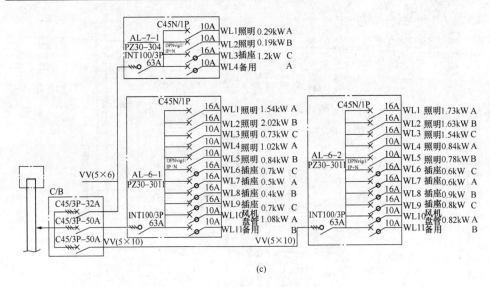

图 4-36　一至七层照明配电系统示意图

(c)六层照明配电系统示意图

(1)一层照明配电系统图。

一层照明电源是经插接箱从插接母线取得的,插箱共分 3 路,其中 AL-1-1 号和 AL-1-2 号是供一层照明回路的,而 AL-1-3 号是供地下一层和二层照明回路的。

插接箱内的 3 路均采用 C45N/3P-50A 低压断路器作为总开关,三相供电引入配电箱,配电箱均为 PZ30-30□(方框内数字为回路数),用 INT100/3P-63A 隔离刀开关为分路总开关。配电箱照明支路采用单极低压断路器,型号为 C45N/1P-10A,泛光照明采用三极低压断路器,型号为 C45N/3P-20A,插座及风机盘管支路采用双极报警开关,型号为 DPN Vigi/IP+N—$^{10}_{16}$A,备用回路也采用 DPN Vigi/1P+N-10 型低压断路器。

因为三相供电,所以各支路均标出电源的相序,从插接箱到配电箱均采用 VV(5×10)五芯铜塑电缆沿桥架敷设。

(2)二至五层照明配电系统。

二至五层照明配电系统与一层基本相同,但每层只有两个回路。

(3)六层照明系统。

六层照明系统与一层相同,插接箱引出 3 个回路,其中 AL-7-1 为七层照明回路。

经过识读,我们可以掌握系统的概况,电源引入后直到各个用电设备及器具的来龙去脉,层与层的供电关系,系统各个用电单位的名称、用途、容量、器件的规格型号及整定数值、控制方式及保护功能、回路个数、材料的规格型号及安装方式等内容。

4. 照明平面图的识读

(1)照明电路识读应注意的问题。

1)照明电路的管线敷设基本与一至六层动力管线的敷设相同,其中干线(引入配电箱的电源线)已于动力电路中敷设在竖井或电缆桥架内,其余管线均采用焊接钢管内穿 BV 铜塑线在现浇板内或吊顶内暗设。其中插座回路管线型号为 BV(3×4)SC20,其余未注明处管线型号为 BV(2×2.5)SC15、BV(3×2.5)515、BV(4×2.5)SC15、BV(5×2.5)SC20、BV(6×2.5)SC20。开关全部暗装,距地 1.4m。

2)灯具的安装分为顶板上吊装或吸顶装、吊顶嵌入式装或吸顶安装、壁装等,因此应与土建图样相对应。该楼地下室不吊顶,七层不吊顶,一至六层均吊顶,因此管线敷设应适应灯具安装方式,凡吊顶处管线应与动力线路中的风机盘管的管线敷设相同。

3)注意管线敷设的穿上或引下,要对应上层与下层的具体位置。开关及其规格型号应与所控灯具的回路相对应。

4)与系统图对照读图。

(2)照明平面图识读。

1)以首层照明平面图 4-37 为例,对图中相关知识点进行讲解。

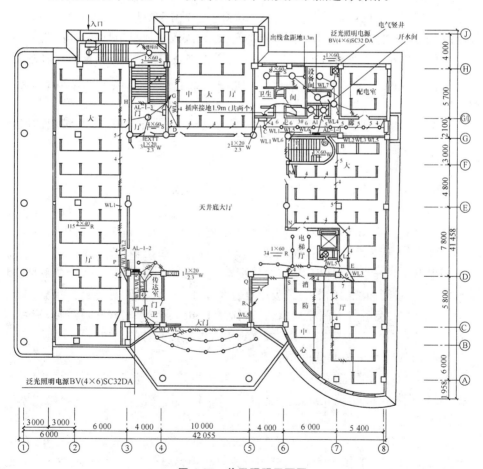

图 4-37　首层照明平面图

　　首层照明平面图共设三个配电箱,其中 AL-1-1 号供楼梯间中大厅、卫生间、开水间、配电室、右大厅及消防中心、圆形楼梯间照明电源。AL-1-2 号供左大厅、大门及大门楼梯间照明电源。AL-1-3 号供地下室照明电源。另外 AL-1-2 号和 AL-1-1 号还要供楼体室外泛光照明。

　　①AL-1-1 号配电箱共分出 7 个回路。

　　由配电箱到 A 点(A 点为一走廊用筒灯,吊顶内安装)为四根线,三相一零共 3 路,即 WL1、WL5(部分)和 WL6。

　　走廊的筒灯、疏导指示灯及由 3 号筒灯分至圆形楼梯间 E 点的电源为 WL5(部分,另部分在电梯厅内)回路。其中筒灯为两地控制,采用单联双极开关(/)控制,疏导指示灯单独控制。E 点电源由此引下至地下一层开关处,并经地板引至 F 点,使壁灯形成两地控制。

　　C 点将 WL1 引至中大厅,将 WL6 引至 D 点,大厅内设四组荧光灯,由多联开关单独分组控制。从 D 点将 WL6 引至 G 点,G 点一是将电源穿上引下作为二层及以上楼梯间照明的电源;二是将管线引至 H 点并引至二层作为两地控制开关的控制线;三是将管线经④轴引至本层楼梯间吸顶灯、入口处吸顶灯及疏导灯。入口处和本层楼梯间的吸顶灯、疏导灯均为双联开关单独控制;四是引至门厅吸顶灯、疏导灯,单联单控。其中荧光灯的标注为共同标注 $115\dfrac{2\times40}{}R$,双管 40W,顶篷内嵌入式安装。楼梯间吸顶灯为 $2\dfrac{1\times60}{}S$,门厅为 $1\dfrac{4\times60}{}S$,4 只 60W 灯泡的吸顶灯,疏导灯为 $3\dfrac{1\times20}{2.3}W$,壁装。

　　由配电箱到 B 点也为四根导线,即 3 个回路 WL2、WL3 和 WL5(部分)。右大厅上半部为 WL2 路,设在 M、N、L 点的双联单极开关将荧光灯分为 6 路控制。

　　从 E 点将线路引至右大厅下半部和电梯间,下半部为 WL3 路,其中消防中心为 3 路控制,大厅为 5 路控制,WL5 路为 3 路控制,均采用多联开关。

　　由配电箱到开水间为 WL4 路,包括配电室、开水间、设备间、卫生间的照明,其中配电室、设备间和卫生间的一只吸顶灯及预留 1.3m 处的照明装置为双联控制,其余均为单控。另外卫生间设插座两只,标高 1.9m。由配电箱经地板预埋管线至室外为泛光照明电源,BV(4×6)SC32DA,引入点到投光灯处。

　　②AL-1-2 号配电箱共分出 6 个回路。

　　其中 WL6 为室外泛光照明的电源。由配电箱到左大厅 P 点引出 WL1 和 WL2 两个回路共 12 组荧光灯,上半部为 WL1,下半部为 WL2,各分 6 路均由两只三联开关单控。

　　由配电箱引至传达室荧光灯有 3 个回路:WL3、WL4 和 WL5。传达室、门卫室及传达室门口筒灯为 WL3 路。其中荧光灯单控,筒灯与疏导灯由两联开关分两路控制。

由门卫室引至大门筒灯为 WL4 路,配电箱集中控制,通过筒灯回路将电源由 WL5 路引至楼梯间的 Q 点上,并设单极双联开关完成该楼梯间照明的两地控制,同时经地板将管线引至 S 点并在此点将管线上引至二层该位置。⑤轴 R 点由二层引来管线并在此设三联单极开关,完成二层前门庭筒灯的 3 路控制。

2)二层照明平面图,如图 4-38 所示。

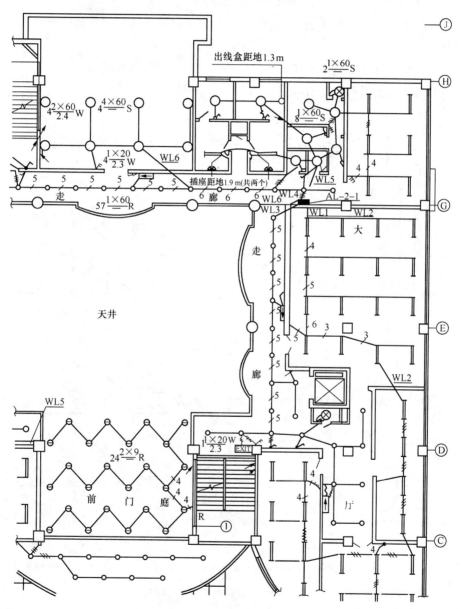

图 4-38　二层照明平面图

二层的照明平面布置与首层有很多相同之处,主要不同之处及注意事项有以下几点:

①天井四周的走廊和前门庭设置了筒灯,其中走廊筒灯为单联双极开关两地控制,而回路中引出的疏导指示灯则为单独控制。前门庭的筒灯则由⑤轴R点引下,由首层同位置设三联单极开关分3路控制;

②图中的大厅荧光灯、中大厅吸顶灯、除走廊以外的筒灯均采用多联开关分路控制;

③楼梯间有穿上引下的管线,控制方式为两地控制,同首层。

3)三至六层照明平面图,如图4-39、图4-40所示。

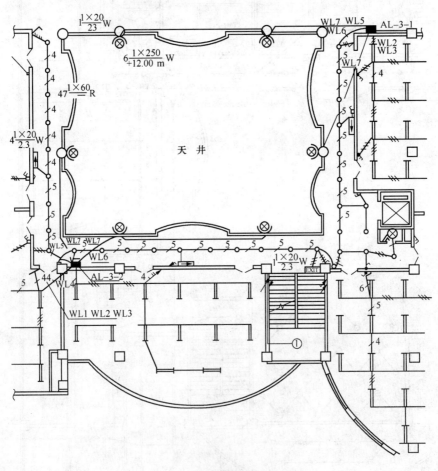

图 4-39　三层照明平面图(局部)

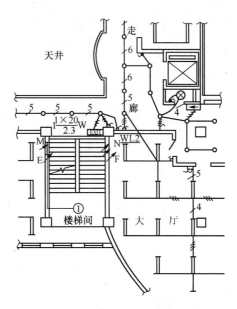

图 4-40　六层照明平面图(局部)

三至六层照明平面图基本相同,并与二层及首层有相似之处,读图时应注意以下几点:

①三层在天井的柱子上增设了 6 只金属卤化物灯,标注为 $6\,\dfrac{1\times250}{+12.00\text{m}}\text{W}$,每只250W,安装标高 12m,壁装式,由 AL-3-1 号和 AL-3-2 号配电箱分两路集中控制;

②除楼梯间外没有穿上引下的管线;

③注意多联单极开关的使用及其对应的回路,以及开电箱的位置变化和房间的开间变化;

④四层左大厅部分改为单管荧光灯;

⑤六层⑤至⑥轴楼梯间除楼梯间照明控制的由下引来管线外,在⑤和⑥轴的 E 点和 F 点向七层引去管线作为楼梯间壁灯的电源;

⑥分析平面图时应与系统图对照。

三、民用建筑锅炉房电气线路施工图识读

民用建筑中的锅炉房主要以热水锅炉为主,蒸汽锅炉为辅,用于民用建筑中的采暖、生活用气或小型工业用气等。其锅炉的容量及工作压力较小,电气线路也较简单,是民用建筑中常用的配套装置。这里以某小型锅炉房的电气线路为例,介绍民用建筑锅炉房的电气线路的识读方法。

1.电气系统图的识读

以某小型锅炉房的电气系统图 4-41 为例,对图中相关知识点进行讲解。设备材料表和设计说明见表 4-3。

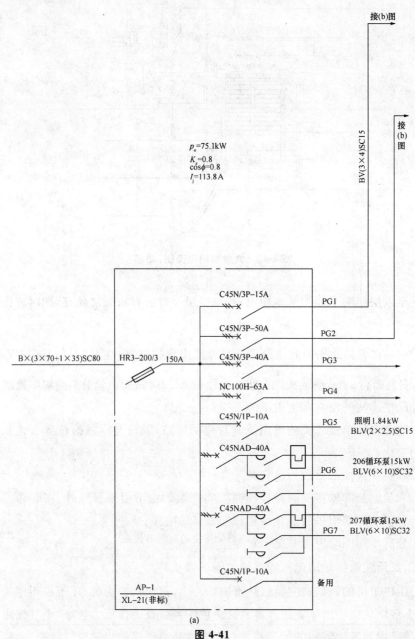

图 **4-41**

(a)总动力配电柜系统

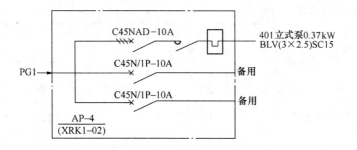

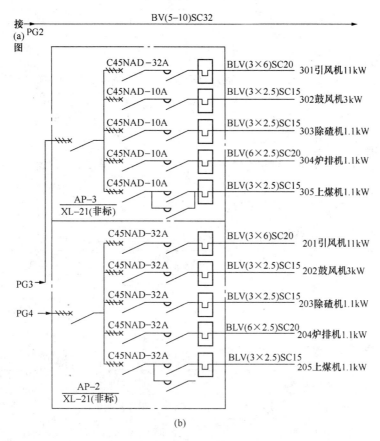

图 4-41 某小型锅炉房的电气系统图

（b）动力系统

读图 4-41 可知，该系统包括以下内容。

表 4-3 设备材料表 （mm）

图 例	设备名称	设备型号	备 注
▭	动力配电柜	XL—21（非标）	落地安装
▭	锅炉电控柜	XL—21（非标）	落地安装

续表

图 例	设备名称	设备型号	备 注
▬▬	动力配电箱	XRK1—02	底距地 1.4m 暗装
▬▬	照明配电箱	XRM301—06—2B(H)	底距地 1.4m 暗装
▬▬	照明配电箱	XRM302(非标)	底距地 1.4m 暗装
⊢—⊣	荧光灯	YYG205—1 1×40W	顶下吊装
⑫	马路弯灯	YGD7228 1×100W	距地 3.0m 壁装
①	平盘吊线灯	GC3 1×100W	顶下吊装
②	吸顶灯	YGD7259 1×60W	吸顶安装
③	防水灯	GC33 1×100W	顶下吊装
④	吸顶灯	YXD2236 5×60W	吸顶安装
	二 三 极 扁 圆 两 用插座	A86Z223A—10	除注明外距地 0.3m暗装
▣	插座箱	XRZ303—6—10	距地 1.2m 暗装
↗	单联单控翘板开关	A86K11—10	距地 1.4m 暗装
↗	双联单控翘板开关	A86K21—10	距地 1.4m 暗装
୦	拉线开关	250 V—10 A	距地 3.0m 暗装
▢••	按钮箱	ANX—12	距地 1.2m 暗装
—╱—○—╱—	接地极	ϕ25mm 镀锌圆钢 $L=2\,500$mm	—
—╱—·—╱—·—╱—	接地母线	—40mm×4mm 镀锌扁钢	—
	管内导线	B×70mm² B×35mm²	—
		BV1.5mm² BV4mm² BV10mm²	—
		BLV2.5mm² BLV6mm² BLV10mm²	—
	焊接钢管	SC80 SC32 SC20 SC15	—
	避雷针	ϕ2.5mm 镀锌圆钢 $L=1\,000$mm	—
	引下线	ϕ8mm 镀锌圆钢	—

（1）系统共分 8 个回路。其中 PG1 是一小动力配电箱 AP-4 供电回路，PG2 是食堂照明配电箱 AL-1 供电回路，PG3、PG4 是两台小型锅炉的电控柜 AP-3、AP-2 供电回路，PG5 为锅炉房照明回路，PG6、PG7 为两台循环泵的启动电路，另外一回路为备用。

（2）AP-4 动力配电箱分三路，两路备用，一路为立式泵的启动电路，因容量很小，直接启动，低压断路器 C45NAD-10A 带有短路保护，热继电器保护过载，接触器控制启动。

（3）AL-1 照明配电箱有 3 个作用：

1）作为食堂照明及单相插座的电源；

2）作为食堂三相动力插座的电源，并由此分出两个插座箱；

3）作为浴室照明的电源，并由此分出一小照明配电箱 AL-2。

（4）AP-2、AP-3 两台锅炉控制柜回路相同，因容量较小，均采用接触器直接启动，低压断路器 C45NAD 保护短路，热继电器保护过载。其中炉排机为双速电动机，因此为 6 根 2.5mm² 的导线。这里需要说明一点，图 4-41 中 11kW 的引风机也采用了直接启动，这是设计者的失误，一般风机类负载应采用减压启动，对于 11kW 的电动机至少应采用Ｙ—△启动，否则将会给运行带来很多麻烦，因为风机往往是重载启动。上煤机为正反转控制，用两只接触器。

（5）两台 15kW 循环泵均采用了Ｙ—△启动，减小了启动冲击电流，这是正确的。循环泵虽为轻载启动，但容量偏大，启动电流达 180A，Ｙ—△启动的启动电流可降至 100A 左右。

（6）该小型锅炉房电气系统的设计说明。

1）本工程设计依据为甲方要求及有关国家规范。

2）本工程装机容量为 90.1kW，额定负荷为 75.1kW（循环水泵按一备一用计算），采用三相四线制 380/220V 供电，引入线采用架空方式。

3）本工程接地系统为 TN-C-S 系统，电源引入线在总箱做重复接地，接地电阻不得大于 4Ω。本工程所有电气设备金属外壳及穿线钢管均应可靠接地。

4）本工程所有烟囱均设避雷针并经引下线与接地极可靠连接。

5）本工程电控柜其二次系统水泵及引风、鼓风机为两地控制并在泵房及风机房设就地控制按钮箱。

6）室内电气线路均为钢管暗配线，未注明导线均为 BLV2.5mm² 导线，未注明标高的地面出线口均为 0.3m 标高。

7）本工程施工应与土建及设备安装工种密切配合，并应严格遵照有关施工规范。

2. 动力平面图的识读

以某小型锅炉房的动力平面图 4-42 为例，对图中相关知识点进行讲解。

(1)AP-1、AP-2、AP-3 三台柜设在控制室内，落地安装，电源 BX(3×70＋1×35)穿直径 80mm 的钢管，埋地经锅炉房由室外引来，引入 AP-1。同时，在引入点处⑬轴[图 4-42(b)]设置了接线盒，见图中——●——符号。

(2)两台循环泵、每台锅炉的引风、送风、出渣、炉排、上炉 5 台电动机的负荷管线均由控制室的 AP-1 埋地引出至电动机接线盒处，导线规格、根数、管径见图中标注。其中有三根管线在⑫轴[图 4-42(b)]设置了接线盒，见图中——●——符号。

(3)循环泵房、锅炉房引风机室设按钮箱各一个，分别控制循环泵以及引风机、鼓风机，标高 1.2m，墙上明装。其控制管线也由 AP-1 埋地引出，控制线为 1.5mm² 塑料绝缘铜线，穿管直径 15mm。按钮箱的箱门布置如图 4-42(c)所示。

(4)AP-4 动力箱暗装于立式小锅炉房的墙上，距地 1.4m，电源管由 AP-1 埋地引入。立式 0.37kW 泵的负荷管由 AP-4 箱埋地引至电动机接线盒处。

(5)AL-1 照明箱暗装于食堂(E)轴的墙上，距地 1.4m，电源 BV(5×10)穿直径 32mm 钢管埋地经浴室由 AP-1 引来，并且在图中标出了各种插座的安装位置，均为暗装，除注明标高外，均为 0.3m 标高，管路全部埋地上翻至元件处，导线标注如图 4-41 所示。

(6)接地极采用 φ25mm×2 500mm 镀锌圆钢，接地母线采用 40mm×4mm 镀锌扁钢，埋设于锅炉房前侧并经⑫轴埋地引入控制室于柜体上。

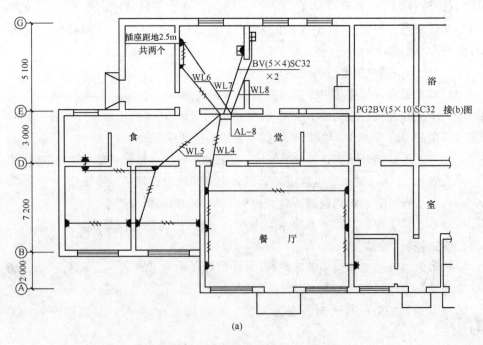

(a)

图 4-42

(a)生活区动力

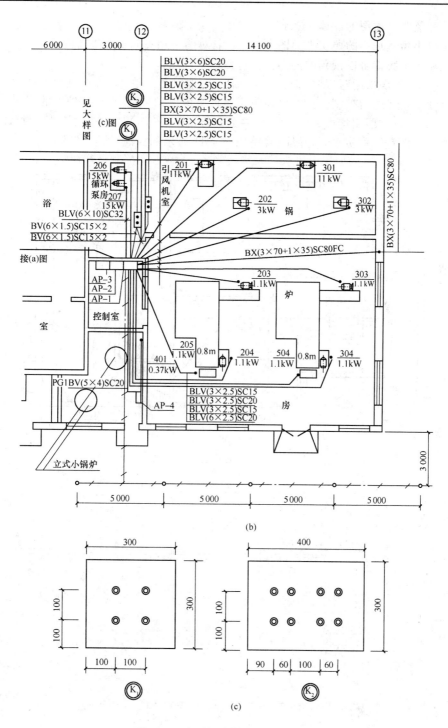

图 4-42 小型锅炉房的动力平面图

(b)锅炉房动力;(c)按钮箱门大样图

3. 照明平面图的识读

以小型锅炉房的照明平面图 4-43 为例,对图中相关知识点进行讲解。

从图中我们可以读到的内容主要包括以下几点:

(1)锅炉房采用弯灯照明,管路由 AP-1 埋地引至⑫轴 3m 标高处沿墙暗设,灯头单独由拉线电门控制。该回路还包括循环泵房、控制室及小型立炉室的照明。

(2)食堂的照明均由 AL-1 引出,共分 3 路,其中一路 WL1 是浴室照明箱 AL-2 的电源。浴室采用防水灯,导线、管路如图 4-41 所示的标注。

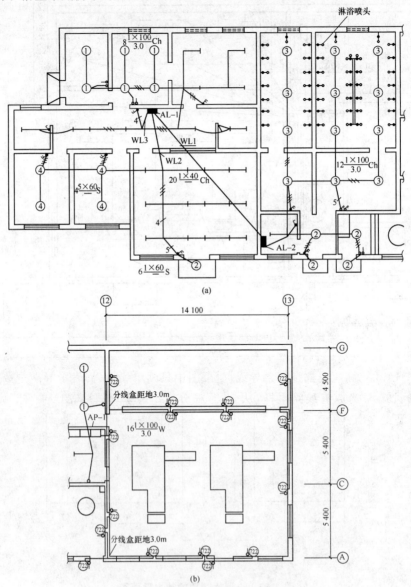

图 4-43　小型锅炉房的照明平面图

(a)生活区照明;(b)锅炉房照明

第三节　送电线路施工图识读

一、架空电力线路施工图识读

1. 架空电力线路施工图

(1)高压架空电力线路工程平面图识读。

以 10kV 高压架空电力线路工程平面图 4-44 为例,对图中相关知识点进行讲解。

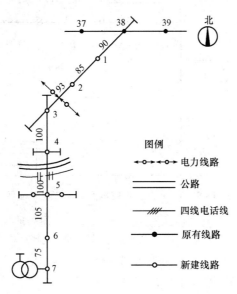

图 4-44　10kV 高压架空电力线路工程平面图

由于 10kV 高压线都是三条导线,所以图中只画单线,不需表示导线根数。图中 37、38、39 号为原有线路电杆,从 38 号杆分支出一条新线路,自 1 号杆到 7 号杆,7 号杆处装有一台变压器。数字 90、85、93 等是电杆间距,高压架空线路的杆距一般为 100m 左右。新线路上 2、3 杆之间有一条电力线路,4、5 杆之间有一条公路和路边的四线电话线路,跨越公路的两根电杆为跨越杆,杆上加双向拉线加固。5 号杆上安装的是高桩拉线。在分支杆 38 号杆、转角杆 3 号杆和终端杆 7 号杆上均装有普通拉线,其中转角杆 3 号杆在两边线路延长线方向装了一组拉线和一组撑杆。

(2)低压架空电力线路工程平面图识读。

以 380V 低压架空电力线路工程平面图 4-45 为例,对图中相关知识点进行讲解。

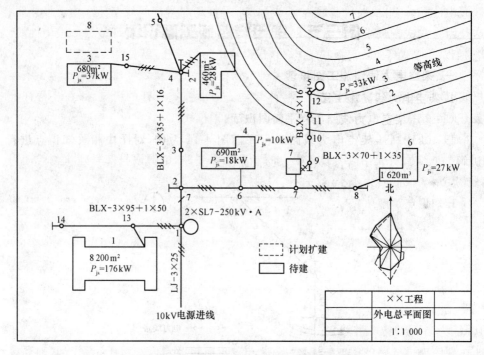

图 4-45　380V 低压架空电力线路工程平面图

　　这是一个建筑工地的施工用电总平面图,它是在施工总平面图上绘制的。低压电力线路为配电线路,要把电能输送到各个不同的用电场所,各段线路的导线根数和截面积均不相同,需在图上标注清楚。

　　图 4-45 中待建建筑为工程中将要施工的建筑,计划扩建建筑是准备将来建设的建筑。每个待建建筑上都标有建筑面积和用电量,如 1 号建筑的建筑面积为 8 200m²,用电量为 176kW,P_{js} 表示计算功率。图右上角是一个小山坡,画有山坡的等高线。

　　电源进线为 10kV 架空线,从场外高压线路引来。电源进线使用铝绞线(LJ),LJ-3×25 为 3 根 25mm² 导线,接至 1 号杆。在 1 号杆处为两台变压器,图中 2×SL7-250kV·A 是变压器的型号,SL7 表示 7 系列三相油浸自冷式铝绕组变压器,额定容量为 250kV·A。

　　从 1 号杆到 14 号杆为 4 根 BLX 型导线(BLX-3×95+1×50),其中 BLX 表示橡胶绝缘铝导线,其中 3 根导线的截面为 95mm²,1 根导线的截面为 50mm²。14 号杆为终端杆,装一根拉线。从 13 号杆向 1 号建筑做架空接户线。

　　1 号杆到 2 号杆上为两层线路,一路为到 5 号杆的线路,4 根 BLX 型导线(BLX-3×35+1×16),其中 3 根导线截面为 35mm²,1 根导线截面为 16mm²;另一路为横向到 8 号杆的线路,4 根 BLX 型导线(BLX-3×70+1×35),其中 3 根导线截面为 70mm²,1 根导线截面为 35mm²。1 号杆到 2 号杆间线路标注为 7 根导线,这是因为在这一段线路上两层线路共用 1 根中性线,在 2 号杆处分为 2 根中性线。2 号杆为分杆,要加装二组拉线,5 号杆、8 号杆为终端杆,也要加装拉线。

线路在 4 号杆分为三路:第一路到 5 号杆;第二路到 2 号建筑物,要做 1 条接户线;最后一路经 15 号杆接入 3 号建筑物。为加强 4 号杆的稳定性,在 4 号杆上装有两组拉线。5 号杆为线路终端,同样安装了拉线。

在 2 号杆到 8 号杆的线路上,从 6 号杆、7 号杆和 8 号杆处均做接户线。从 9 号杆到 12 号杆是给 5 号设备供电的专用动力线路,电源取自 7 号建筑物。动力线路使用 3 根截面为 16mm² 的 BLX 型导线(BLX-3×16)。

2.知识点讲解

架空电力线路工程。

电力网中的线路可分为送电线路(又称输电线路)和配电线路。架设在升压变电站与降压变电站之间的线路,称为送电线路,是专门用于输送电能的。从降压变电站至各用户之间的 10kV 及以下线路,称为配电线路,是用于分配电能的。配电线路又分为高压配电线路和低压配电线路。1kV 以下线路为低压架空线路,1～10kV 为高压架空线路。

架空电力线路的组成主要有:导线、电杆、横担、金具、绝缘子、导线、基础及接地装置等,如图 4-46 所示。架空电力线路的造价低、架设方便、便于检修,所以使用广泛。目前工厂、建筑工地、由公用变压器供电的居民小区的低压输电线路很多采用架空电力线路。

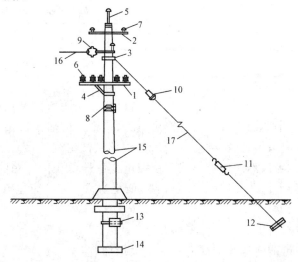

图 4-46　架空电力线路的组成

1—低压横担;2—高压横担;3—拉线抱箍;4—横担支撑;5—高压杆头;6—低压针式绝缘子;
7—高压针式绝缘子;8—低压碟式绝缘子;9—悬式碟式绝缘子;10—拉紧绝缘子;11—花篮螺栓;
12—地锚(拉线盒);13—卡盘;14—底盘;15—电杆;16—导线;17—拉线

1)导线。

导线的主要作用是传导电流,还要承受正常的拉力和气候影响(风、雨、雪、冰等)。架空导线结构上可分为三大类:单股导线、多股导线和复合材料多股绞线。单股导线直径最大为4mm,截面一般在10mm²以下。架空线常用的导线是铝绞线、钢芯铝绞线等,铝绞线用于低压线路,钢芯铝绞线用于高压线路,低压线路也常用绝缘铜导线作架空线路。在35kV以上的高压线路中,还要架装避雷线,常用的避雷线为镀锌钢绞线。

架空导线型号由汉语拼音字母和数字两部分组成,字母在前,数字在后。L——铝导线,T——铜导线,G——钢导线,GL——钢芯铝导线;后面再加字母时,J——多股绞线,不加字母J表示单股导线。字母后面的数字表示导线的标称截面积,单位是平方米。钢芯铝绞线字母后面有两个数字,斜线前的数字为铝线部分的标称截面积,斜线下面为钢芯的标称截面。各种导线型号表示方法见表4-4。

表4-4　导线型号表示方法举例

导线种类	代表符号	导线型号举例	型号含义
单股铝线	L	L—10	标称截面10mm²的单股铝线
多股绞铝线	LJ	LJ—16	标称截面16mm²的多股铝绞线
钢芯铝绞线	LGJ	LGJ—35/6	铝线部分标称截面35mm²、钢芯部分标称截面6mm²的钢芯铝绞线
单股铜线	T	T—6	标称截面6mm²的单股铜线
多股铜绞线	TJ	TJ—50	标称截面50mm²的多股铜绞线
钢绞线	GJ	GJ—25	标称截面25mm²的钢绞线

架空线路的导线一般采用铝绞线。当高压线路挡距或交叉挡距较长,杆位高差较大时,宜采用钢芯铝绞线。为了安全,在人口密集的居民区街道、厂区内部和建筑物稠密地区应采用绝缘导线。从10kV线路到配电变压器高压侧套管的高压引下线应用绝缘导线,不能用裸导线。由配电变压器低压配电箱(盘)引到低压架空线路上的低压引上线采用硬绝缘导线,低压进户、接户线也必须采用硬绝缘导线。

架空导线在运行中除了受自身重力的荷载以外,还承受温度变化及冰、风等外荷载。这些荷载可能使导线承受的拉力大大增加,甚至造成断线事故。导线截面越小,承受外荷载的能力越低。为保证安全,我国有关规程和国家标准规定了架空导线最小允许截面,见表4-5。

表 4-5　架空导线的最小允许截面　　　　　　　（mm²）

导线种类	3～10 kV 线路		0.4 kV 线路	接 户 线
	居民区	非居民区		
铝绞线及铝合金线	35	25	16	绝缘线 4.0
钢芯铝绞线	25	16	16	—
铜线	16	16	3.2	绝缘铜线 2.5

　　3～10kV 架空配电线路的导线,一般采用三角或水平排列;多回路线路的导线,宜采用三角、水平混合排列或垂直排列。低压配电线路架空导线,一般采用水平排列。对于高压架空配电线路导线的排列顺序,城镇:从靠建筑物一侧向马路侧依次为 L1 相、L2 相、L3 相;野外:一般面向负荷侧从左向右依次排列为 L1 相、L2相、L3 相。对于低压架空配电线路导线的排列顺序,城镇:若采用二线供电方式时,应把零线安装在靠建筑物一侧,若采用三相四线制供电方式时,则从靠近建筑物一侧向马路侧依次排列为 L1 相、L2 相、L3 相;野外:面向负荷侧从左向右依次排列为 L1 相、L2 相、L3 相、零线,零线不应高于相线。

　　架空配电线路的线间距离,应根据运行经验确定。如无可靠运行资料时,不应小于表 4-6 中所列数值。

表 4-6　架空配电线路线间的最小距离　　　　　　　（m）

导线排列方式	挡　距								
	40 及以下	50	60	70	80	90	100	110	120
采用针式绝缘子或瓷横担的 3～10kV 线路,不论导线的排列形式	0.6	0.65	0.7	0.75	0.85	0.9	1.0	1.05	1.15
采用针式绝缘子的 3kV 以下线路,不论导线排列形式	0.3	0.4	0.45	0.5	—	—	—	—	—

　　10kV 绝缘线主要采用交联聚乙烯绝缘,有两种型号:一种是铜芯交联聚乙烯绝缘线;另一种是铝芯交联聚乙烯绝缘线。低压塑料绝缘线有以下几种:JV 型和JY 型(铜芯聚乙烯绝缘线)、JLV 型和 JLY 型(铝芯聚乙烯绝缘线)、JYJ 型(铜芯交联聚乙烯绝缘线)、JLYJ 型(铝芯交联聚乙烯绝缘线)等。

　　2)电杆。

　　电杆按材质分为木电杆、铁塔和钢筋混凝土电杆三种。

木电杆运输和施工方便,价格便宜,绝缘性能较好,但是机械强度较低,使用年限较短,日常的维修工作量偏大。目前除在建筑施工现场作为临时用电架空线路外,其他施工场所中用木电杆的不多。

铁塔一般用于35kV以上架空线路的重要位置上。

钢筋混凝土电杆是用水泥、砂、石子和钢筋浇制而成。钢筋混凝土电杆的使用年限长,维护费用小,节约木材,是目前我国城乡35kV及以下架空线路应用最广泛的一种。钢筋混凝土电杆多为环形电杆,分为环形钢筋混凝土电杆和环形预应力混凝土电杆两种。环形预应力电杆由于使用钢筋截面小,杆身壁薄,节约钢材,减小杆的质量,造价也相应降低。因此在城乡及工矿企业中广泛应用。

低压线路混凝土电杆,绝大部分是用机械化成批生产的拔梢杆,梢径一般是150mm,拔梢度是1/75,杆高8~10m。

高压线路电杆大部分也用拔梢杆,梢径一般是190mm,也有230mm的,拔梢度是1/75,杆高有10m、11m、12m、13m、15m几种。13m及以下的电杆不分段,15m的电杆可以分段,超过15m的电杆一般都分段。钢筋混凝土电杆如图4-47所示,其规格见表4-7。

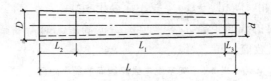

图 4-47　钢筋混凝土电杆

表 4-7　钢筋混凝土电杆规格

电杆长/mm			梢径/mm			
L	L_1	L_2	$\phi150$	$\phi170$	$\phi190$	$\phi310$
8	6.45	1.30	√	√	√	√
9	7.25	1.50	√	√	√	√
10	8.05	1.70	√	√	√	√
11	8.85	1.90	—	√	√	√
12	9.75	2.00	—	√	√	√
13	10.55	2.20	—	—	√	√
15	12.25	2.50	—	—	—	√

电杆按其在线路中的作用和地位一般可分为六种结构形式,见表4-8。

表 4-8　电杆的结构形式

项　目	内　容
直线杆（中间杆）	位于线路的直线段上,只承受导线的垂直荷重和侧向的风力,不承受沿线路方向的拉力。线路中的电线杆大多数为直线杆,约占全部电杆数的 80％,如图 4-48 所示 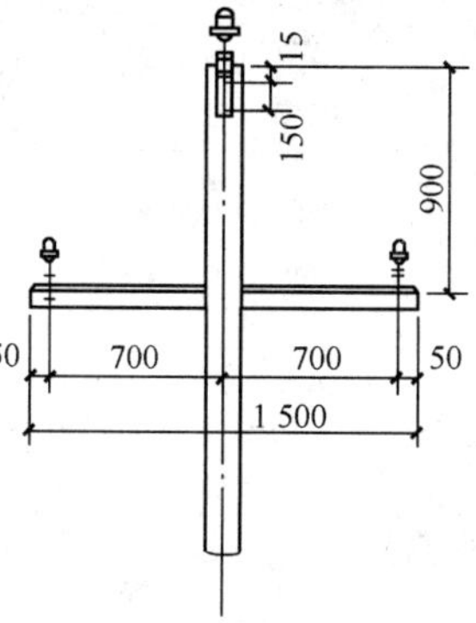 图 4-48　直线杆结构示意图
耐张杆（承力杆）	位于线路直线段上的数根直线杆之间,或位于有特殊要求的地方（架空线路需分段架设处）,这种电杆在断线事故和架线紧线时,能承受一侧导线的拉力,将断线故障限制在两个耐张杆之间,并且能够给分段施工紧线带来方便。所以耐张杆的机械强度（杆内铁筋）比直线杆要大得多,如图 4-49 所示 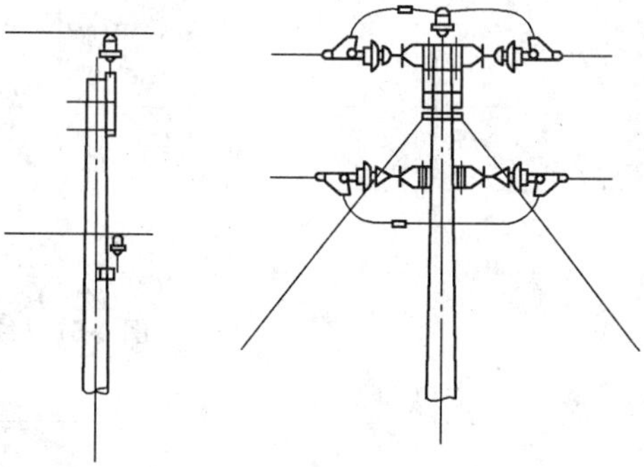 图 4-49　耐张杆结构示意图

项　目	内　　容
转角杆	用于线路改变方向的地方,它的结构应根据转角的大小而定,转角的角度有 15°、30°、60°、90°。转角杆可以是直线杆型的,也可以是耐张杆型的,要在拉线不平衡的反方向一面装设拉力,如图 4-50所示 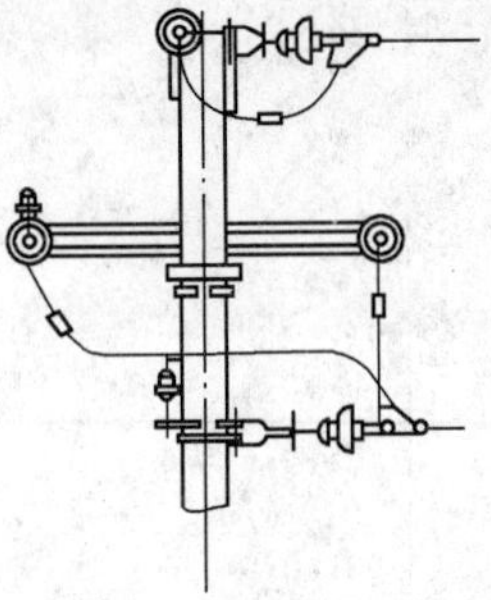 图 4-50　转角杆结构示意图
终端杆	位于线路的终端与始端,在正常情况下,除了受到导线的自重和风力外,还要承受单方向的不平衡力,如图 4-51 所示 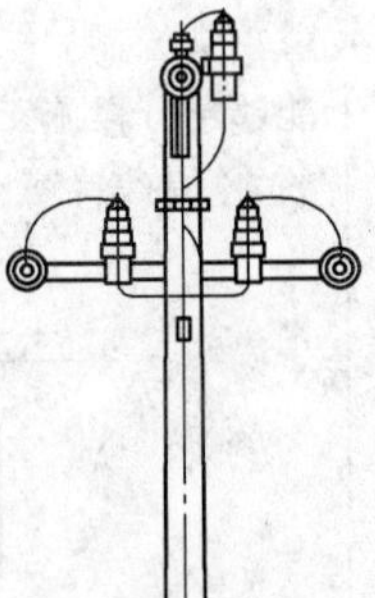 图 4-51　终端杆结构示意图
跨越杆	用于铁道、河流、道路和电力线路等交叉跨越处的两侧。由于它比普通电线杆高,承受力较大,故一般要加人字或十字拉线补充加强

项　目	内　容
分支杆	位于干线与分支线相连处,在主干线路方向上有直线杆和耐张杆型;在分支方向侧则为耐张杆型,能承受分支线路导线的全部拉力,如图 4-52 所示 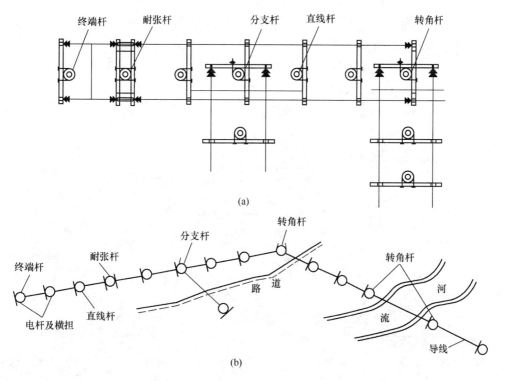 图 4-52　分支杆结构示意图

各种杆型在线路中的特征及应用如图 4-53 所示。

终端杆　　　耐张杆　　　　　分支杆　　　直线杆　　　　转角杆

(a)

终端杆　　耐张杆　　　分支杆　　　转角杆

电杆及横担　　　　直线杆　　　　路　道　　　　转角杆　　　河　流　　　导线

(b)

图 4-53　各种杆型在线路中的特征及应用

(a)各种电杆的特征;(b)各种杆型在线路中应用

3)绝缘子。

绝缘子用来固定导线,并使导线对地绝缘,此外绝缘子还要承受导线的垂直荷重和水平拉力,所以绝缘子应有良好的电气绝缘性能和足够的机械强度。

架空线路常用的绝缘子有针式绝缘子、碟式绝缘子、悬式绝缘子及瓷横担等,见表4-9。绝缘子有高压(6kV、10kV、35kV)和低压(1kV以下)之分。

表 4-9　绝缘子的种类

项　目	内　容
针式绝缘子	针式绝缘子的基本型号为P,主要用在直线杆上。例如P-10T代表针式、10kV,T代表铁横担用
碟式绝缘子	碟式绝缘子的基本型号为E,主要用在耐张杆上
悬式绝缘子	悬式绝缘子(代号X)可串起来,成为绝缘子串,用在耐张杆上呈悬吊式,电压越高,绝缘子的片数越多
瓷横担	瓷横担(代号CD)近年来较常用于10～35kV线路,它的优点是电气绝缘性能较好,运行可靠,结构简单,安装维护方便;缺点是机械强度低,从而影响了它的使用范围

常用的绝缘子为图4-54所示的低压绝缘子、图4-55所示的高压绝缘子、图4-56所示的耐张杆用绝缘子。

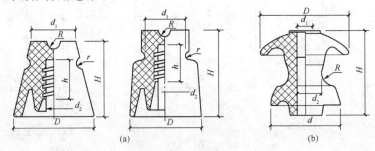

(a)　　　　　　　　　　　(b)

图 4-54　低压绝缘子

(a)低压针式绝缘子;(b)低压碟式绝缘子

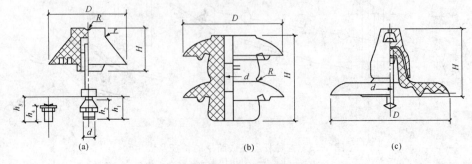

(a)　　　　　　　　　(b)　　　　　　　　　(c)

图 4-55　高压绝缘子

(a)高压针式绝缘子;(b)高压碟式绝缘子;(c)高压悬式绝缘子

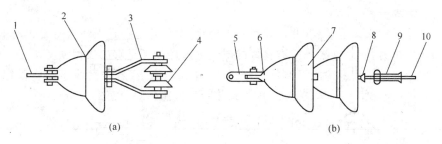

图 4-56　耐张杆用绝缘子

（a）一个碟式和一个悬式；（b）二片悬式绝缘子串

1—平行挂板；2—槽型高压悬式绝缘子（XP-4C 或 X-3C）；3—大曲挂板 S；

4—高压碟式绝缘子（E-10 或 E-6）；5—直角挂板；6—球头挂环；

7—球型连接高压悬式绝缘子（两个 XP-4C）；8—碗头挂板；9—耐张线夹；10—导线

4）金具。

在敷设架空线路中，横担的组装、绝缘子的安装、导线的架设及电杆拉线的制作等都需要一些金属附件，这些金属附件统称为线路金具。常用的线路金具有横担固定金具（穿心螺栓、环形抱箍等）、线路金具（挂板、线夹等）、拉线金具（心形环、花篮螺栓等），如图 4-57、图 4-58 所示。

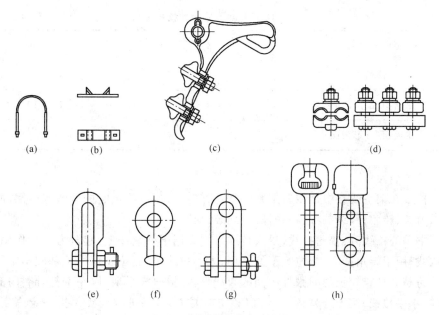

图 4-57　架空线路常用金具

（a）抱箍；（b）M 形抱铁；（c）耐张线夹；（d）并沟线夹；（e）U 形挂环；

（f）球头挂环；（g）直角挂板；（h）碗头挂板

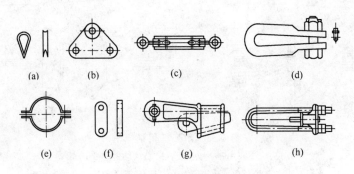

图 4-58 拉线金具

(a)心形环;(b)双拉线连板;(c)花篮螺栓;(d)U 形拉线挂环;
(e)拉线抱箍;(f)双眼板;(g)楔形线夹;(h)可调式 UT 线夹

5)横担。

横担是装在电杆上端,用来固定绝缘子架设导线的,有时也用来固定开关设备或避雷器等,并使导线间有一定的距离,因此横担要有一定的强度和长度。高、低压架空配电线路的横担主要是角钢横担、木横担和瓷横担三种,常用的钢横担和木横担的规格见表 4-10。

表 4-10 配电线路常用的横担规格　　　　　　　　（mm）

横担种类	高　压	低　压
铁横担	小于 63×5	小于 50×5
木横担(圆形截面)	直径 120	直径 100
木横担(方形截面)	100×100	80×80

6)拉线。

拉线在架空线路中是用来平衡电杆各方向的拉力,防止电杆弯曲或倾倒,所以在承力杆(转角杆、终端杆、耐张杆)上均装设拉线。

常用的拉线有:普通拉线(尽头拉线),主要用于终端杆上,起拉力平衡作用;转角拉线,用于转角杆上,起拉力平衡作用;人字拉线(二侧拉线),用于基础不牢固和交叉跨越高杆或较长的耐张杆中间的直线杆,保持电杆平衡,以免倒杆、断杆;高桩拉线(水平拉线)用于跨越道路、河道和交通要道处,高桩拉线要保持一定高度,以免妨碍交通;自身拉线(弓形拉线),为了防止电杆受力不平衡或防止电杆弯曲,因地形限制不能安装普通拉线,可采用自身拉线。各种拉线如图 4-59 所示。

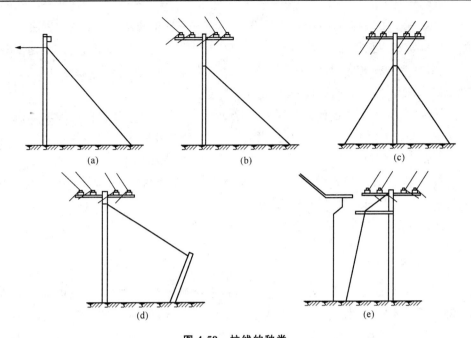

图 4-59　拉线的种类

(a)普通拉线；(b)转角拉线；(c)人字拉线；(d)高桩拉线；(e)自身拉线

二、电力电缆线路工程图识读

1. 电力电缆线路工程图识读

以 10kV 电缆线路工程的平面图 4-60 为例,对图中相关知识点进行讲解。

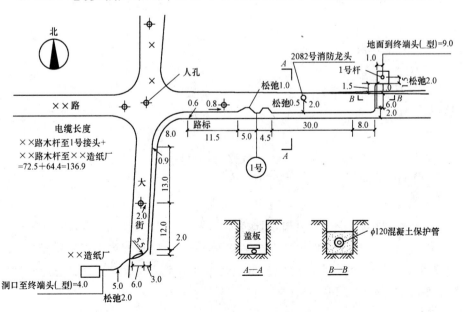

图 4-60　电缆线路工程平面图

图中标出了电缆线路的走向、敷设方法、各段线路的长度及局部处理方法。

电缆采用直接埋地敷设，电缆从××路北侧1号电杆引下，穿过道路沿路南侧敷设，到××大街转向南，沿街东侧敷设，终点为造纸厂，在造纸厂处穿过大街，按规范要求在穿过道路的位置要穿混凝土管保护。

图4-60右下角为电缆敷设方法的断面图。剖面$A—A$是整条电缆埋地敷设的情况，采用铺沙子盖保护板的敷设方法，剖切位置在图中1号位置右侧。剖面$B—B$是电缆穿过道路时加保护管的情况，剖切位置在图中1号杆下方路面上。这里电缆横穿道路时使用的是直径120mm的混凝土保护管，每段管长6m，在图右上角电缆起点处和左下角电缆终点处各有一根保护管。

电缆全长136.9m，其中包含了在电缆两端和电缆中间接头处必须预留的松弛长度。

图4-60中间标有1号的位置为电缆中间接头位置，1号点向右直线长度4.5m内做了一段弧线，这里要有松弛量0.5m，这个松弛量是为了将来此处电缆头损坏修复时所需要的长度。向右直线段30m＋8m＝38m，转向穿过公路，路宽2m＋6m＝8m，电杆距路边1.5m＋1.5m＝3m，这里有两段松弛量共2m（两段弧线）。电缆终端头距地面为9m。电缆敷设时距路边0.6m，这段电缆总长度为64.4m。

从1号位置向左5m内做一段弧线，松弛量为1m。再向左经11.5m直线段进入转弯向下，弯长8m。向下直线段13m＋12m＋2m＝27m后，穿过大街，街宽9m。造纸厂距路边5m，留有2m松弛量，进厂后到终端头长度为4m。这一段电缆总长为72.5m，电缆敷设距路边的0.9m与穿过道路的斜向增加长度相抵不再计算。

2. 知识点讲解

(1)电力电缆。

1)电力电缆的种类。

按绝缘材料的不同，常用电力电缆有以下几类：

①油浸纸绝缘电缆；

②聚氯乙烯绝缘、聚氯乙烯护套电缆，即全塑电缆；

③交联聚乙烯绝缘、聚氯乙烯护套电缆；

④橡皮绝缘、聚氯乙烯护套电缆，即橡皮电缆；

⑤橡皮绝缘、橡皮护套电缆，即橡套软电缆。

除了电力电缆，常用电缆还有控制电缆、信号电缆、电视射频同轴电缆、电话电缆、光缆、移动式软电缆等。电缆的型号是由许多字母和数字排列组合而成的，型号中字母的排列顺序和字符含义见表4-11和表4-12。

表 4-11　电缆型号字母含义

类　别	导　体	绝　缘	内　护　套	特　征
电力电缆(省略不表示)	T:铜线(可省)	Z:油浸纸	Q:铅套	D:不滴油
		X:天然橡胶	L:铝套	F:分相
K:控制电缆	L:铝线	(X)D:丁基橡胶	H:橡套	CY:充油
P:信号电缆		(X)E:乙丙橡胶	(H)F:非燃性	P:屏蔽
YT:电梯电缆		V:聚氯乙烯	HP:氯丁胶	C:滤尘用或重型
U:矿用电缆		Y:聚乙烯	V:聚氯乙烯护套	G:高压
Y:移动式软缆		YJ:交联聚乙烯	Y:聚乙烯护套	
H:市内电话缆		E:乙丙胶	VF:复合物	
UZ:电钻电缆			HD:耐寒橡胶	
DC:电气化车辆用电缆				

表 4-12　外护层代号含义

第一个数字		第二个数字	
代　号	铠装层类型	代　号	外护层类型
0	无	0	无
1	钢带	1	纤维线包
2	双钢带	2	聚氯乙烯护套
3	细圆钢丝	3	聚乙烯护套
4	粗圆钢丝	4	—

例如:VV22 型电缆表示铜芯、聚氯乙烯绝缘、聚氯乙烯护套、双钢带铠装电缆。

电缆线芯按截面形状可分为圆形、半圆形和扇形三种,如图 4-61 所示。圆形和半圆形的用得较少,扇形芯大量使用于 1～10kV 三芯和四芯电缆。根据电缆的品种与规格,线芯可以制成实体,也可以制成绞合线芯。绞合线芯是由圆单线和成型单线绞合而成。图 4-62 为各种电力电缆的截面。

(a)　　　　　　　　　　(b)　　　　　　　　　　(c)

图 4-61　电缆线芯截面形状

(a)圆形;(b)半圆形;(c)扇形

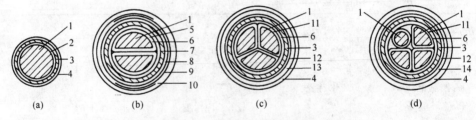

图 4-62　各种电力电缆的截面

(a)单芯纸绝缘铅包电力电缆；(b)双芯电缆结构示意图；

(c)三芯纸绝缘铅包钢丝铝装电力电缆；(d)3＋1 芯纸绝缘铅包钢带铠装电力电缆

1—线芯；2—绝缘；3—铅层；4—护套；5—相绝缘；6—带绝缘；7—金属护套；8—内垫层；

9—钢带铠装；10—外护层；11—芯绝缘；12—衬层；13—钢丝层；14—钢带层

2)电力电缆的基本结构。

电力电缆是在绝缘导线的外面加上增强绝缘层和防护层的导线，一般由许多层构成。一根电缆内可以有若干根芯线，电力电缆一般为单芯、双芯、三芯、四芯和五芯，控制电缆为多芯。线芯的外部是绝缘层。多芯电缆的线芯之间加填料（黄麻或塑料），多线芯合并后外面再加一层绝缘层，其绝缘层外是铝或铅保护层，保护层外面是绝缘护套，护套外有些还要加钢铠防护层，以增加电缆的抗拉和抗压强度，钢铠层外还要加绝缘层。由于电缆具有较好的绝缘层和防护层，敷设时不需要再另外采用其他绝缘措施。

电缆的线芯结构及绞线的单线数分别见表 4-13 及表 4-14。

表 4-13　线芯结构

标称截面 /mm²	线芯材料	各种类型（额定电压 1～3kV）	额定电压 6～10kV	
			黏性浸渍电缆	不滴油电缆
16 及以下	铝	单根圆形硬铝线	单根圆形硬铝线	
	铜	单根圆形软铜线	单根圆形软铜线	
25～50	铝	单根软铝线或 绞合线芯	单根软铝线或绞合线芯	
25～35	铜	单根软铜线或 绞合线芯	绞合线芯	绞合线芯 单根软铜线芯
70 及以上	铝	绞合线芯	绞合线芯	
50 及以上	铜			

表 4-14　绞线的单线根数

标称截面 /mm²	圆形线芯根数（不少于）	扇形或半圆形线芯根数（不少于）	标称截面 /mm²	圆形线芯根数（不少于）	扇形或半圆形线芯根数（不少于）
25 及 35	7	12	240	37	36
50 及 70	19	15	300	37	—
95	19	18	400	37	—
120	19	24	500	37	—
150	19	30	630	61	—
185	37	36	800	61	—

3)电力电缆的选择。

电力电缆线芯截面的选择应满足以下基本要求：

①最大工作电流作用下的线芯温度不得超过按电缆使用寿命确定的允许值，持续工作回路的线芯工作温度，应符合表 4-15 的规定。

表 4-15　常用电力电缆最高允许温度

电缆类型	电压/kV	最高允许温度/℃	
		额定负荷时	短路时
黏性浸渍纸绝缘	1～3	80	250
	6	65	
	10	60	175
	35	50	
不滴流纸绝缘	1～6	80	250
	10	65	
	35	65	175
交联聚乙烯绝缘	≤10	90	250
	>10	80	
聚氯乙烯绝缘	—	70	160
自容式充油	63～500	75	160

注：1. 对发电厂、变电站以及大型联合企业等重要回路铝芯电缆，短路最高允许温度为 200℃。

2. 含有锡焊中间接头的电缆，短路最高允许温度为 160℃。

②最大短路电流作用时间产生的热效应,应满足热稳定条件。对非熔断器保护的回路,满足热稳定条件可按短路电流作用下线芯温度不超过表 4-15 规定的允许值。

③连接回路在最大工作电流作用下的电压降,不得超过该回路允许值。

④较长距离的大电流回路或 35kV 以上高压电缆还应按"年费用支出最小"原则选择经济截面。

⑤铝芯电缆截面不宜小于 $4mm^2$。

⑥水下电缆敷设当线芯承受拉力且较合理时,可按抗拉要求选用截面。

⑦对于干线或某些场所的电缆支线规格,应考虑发展的需要,同时要与保护装置相配合。若选出的电缆截面为非标准截面时,应按上限选择。

⑧电力电缆型号的选择,应根据环境条件、敷设方式、用电设备的要求和产品技术数据等因素来确定,以保证电缆的使用寿命。一般应按下列原则考虑:

a. 在一般环境和场所内宜采用铝芯电缆;在振动剧烈和有特殊要求的场所,应采用铜芯电缆;规模较大的重要公共建筑宜采用铜芯电缆。

b. 埋地敷设的电缆,宜采用有外护层的铠装电缆;在无机械损伤可能的场所,也可采用塑料护套电缆或带外护层的铅(铝)包电缆。

c. 在可能发生位移的土壤中(如沼泽地、流砂、大型建筑物附近)埋地敷设电缆时,应采用钢丝铠装电缆,或采取措施(如预留电缆长度,用板桩或排桩加固土壤等)消除因电缆位移作用在电缆上的应力。

d. 在有化学腐蚀或杂散电流腐蚀的土壤中,不宜采用埋地敷设电缆。如果必须埋地时,应采用防腐型电缆或采取防止杂散电流腐蚀电缆的措施。

e. 敷设在管内或排管内,宜采用塑料护套电缆,也可采用裸铠装电缆或采用特殊加厚的裸铅包电缆。

f. 在电缆沟或电缆隧道内敷设的电缆,不应采用有易燃和延燃的外护层,宜用裸铠装电缆、裸铅(铝)包电缆或阻燃塑料护套电缆。

g. 架空电缆宜采用有外被层的电缆或全塑电缆。

h. 当电缆敷设在较大高差的场所时,宜采用塑料绝缘电缆、不滴流电缆或干绝缘电缆。

i. 靠近有抗电磁干扰要求的设备及设施的线路或自身有防外界电磁干扰要求的线路,可采用非铠装电缆。

j. 室内明敷的电缆,宜采用裸铠装电缆;当敷设于无机械损伤及无鼠害的场所,允许采用非铠装电缆。

k. 沿高层或大型民用建筑的电缆沟道、隧道、夹层、竖井、室内桥架和吊顶敷设的电缆,其绝缘或护套应具有非延燃性。

l. 三相四线制系统中应采用四芯电力电缆,不应采用三芯电缆另加一根单芯电缆或以导线、电缆金属护套作中性线。如用三芯电缆另加一根导线,当三相负荷不平衡时,相当于单芯电缆的运行状态,容易引起工频干扰,在金属护套和铠装中,由于电磁感应将产生电压和感应电流而发热,造成电能损失。对于裸铠装电缆,还会加速金属护套和铠装层的腐蚀。

m.在三相系统中,不得将三芯电缆中的一芯接地。

(2)电力电缆的敷设方法。

常用的电缆敷设方式有直埋地敷设、电缆沟敷设、电缆隧道敷设、排管敷设、室内外支架明敷和桥架线槽敷设等。

同一路由少于 6 根的 35kV 及以下电力电缆,在不易有经常性开挖的地段及城镇道路边沿宜采用直埋敷设。

在有爆炸危险场所明敷的电缆、露出地坪上需加以保护的电缆及地下电缆与公路、铁路交叉时,应采用穿管敷设;地下电缆通过房屋、广场及规划将作为道路的地段,宜采用穿管敷设。

在厂区、建筑物内地下电缆数量较多但不需采用隧道时,城镇人行道开挖不便且电缆需分期敷设时,同时又不属于有化学腐蚀液体或高温熔化金属溢流的场所,或在载重车辆频繁经过的地段,或经常有工业水溢流、可燃粉尘弥漫的厂房内等情况下,宜用电缆沟。

同一通道的地下电缆数量众多,电缆沟不足以容纳时应采用隧道。同一通道的地下电缆数量众多,且位于有腐蚀性液体或经常有地面水流溢的场所,或含有 35kV 以上高压电缆,或穿越公路、铁道等地段,宜用隧道。

垂直走向的电缆,宜沿墙、柱敷设,当数量较多,或含有 35kV 以上高压电缆时,应采用竖井。在地下水位较高的地方、化学腐蚀液体溢流的场所,厂房内应采用支持式架空敷设;建筑物或厂区不适于地下敷设时,可用架空敷设。

电缆敷设要符合施工规范要求。电缆型号、电压和规格应符合设计;电缆绝缘良好;对油浸纸电缆应进行潮湿判断;直埋电缆与水底电缆应经直流耐压试验。电缆敷设时,在电缆终端头与电缆接头附近应留有备用长度。直埋电缆还应在全长上留少量裕度,并作波浪型敷设。在转弯处敷设时,不应小于电缆最小允许弯曲半径,见表 4-16。

表 4-16　电缆最小允许弯曲半径

电缆种类	最小允许弯曲半径	电缆种类	最小允许弯曲半径
无铅包钢铠护套的橡胶绝缘电力电缆	10D	有钢铠护套的橡胶绝缘电力电缆	20D
聚氯乙烯绝缘电力电缆	10D	交联聚氯乙烯绝缘电力电缆	15D
多芯控制电缆	16D	—	—

敷设电缆时,如电缆存放地点在敷设前 24h 内的平均温度以及敷设现场的温度低于表 4-17 的数值时,应采取措施,否则不宜敷设。

表 4-17 电缆最低允许敷设温度

电缆类型	电缆结构	最低允许敷设温度/℃
油浸纸绝缘电力电缆	充油电缆	-10
	其他油纸电缆	0
橡胶绝缘电力电缆	橡胶或聚氯乙烯护套	-15
	裸铅套	-20
	铅护套钢带铠装	-7
塑料绝缘电力电缆	—	0
控制电缆	耐寒护套	-20
	橡胶绝缘聚氯乙烯护套	-15
	聚氯乙烯绝缘聚氯乙烯护套	-10

1)电缆直接埋地敷设。

电缆直接埋地敷设,是电缆敷设方法中应用最广泛的一种。

当沿同一路径敷设的室外电缆根数为 8 根及以下,且场地有条件时,电缆宜采用直接埋地敷设。电缆直埋地敷设无需复杂的结构设施,既简单又经济,电缆散热也好,适用于电力电缆敷设距离较长的场所。但采用直埋敷设时应避开含有酸、碱强腐蚀或杂散电流电化学腐蚀严重影响地段。电缆直接埋地的做法如图 4-63 所示,其中电缆沟最大边坡坡度比 $(H : L_3)$ 见表 4-18。

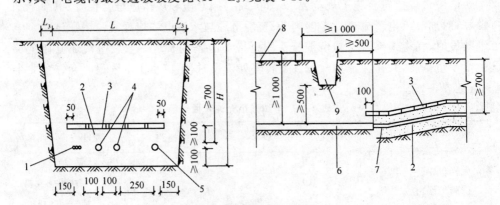

图 4-63 电缆直接埋地敷设

1—控制电缆;2—砂或软土;3—保护板;4—10kV 及以下电力电缆;5—35kV 电力电缆;
6—保护管;7—电缆;8—公路;9—排水沟

表 4-18　电缆沟最大边坡坡度比($H : L_3$)

土壤名称	边坡坡度	土壤名称	边坡坡度	土壤名称	边坡坡度
砂土	1 : 1	黏土	1 : 0.33	干黄土	1 : 0 : 25
粉质砂土	1 : 0.67	含砾石卵石土	1 : 0.67	—	—
粉质黏土	1 : 0.50	泥炭岩白垩土	1 : 0.33	—	—

　　直接埋地电缆,一般应使用铠装电缆。

　　电缆埋入深度一般为电缆外皮至地面不小于 0.7m,农田中不小于 1m,电缆外皮至地下构筑物的基础不小于 0.3m。

　　直埋敷设于冻土地区时,宜埋入冻土层以下,当无法深埋时可在土壤排水性好的干燥冻土层或回填土中埋设,也可采取其他防止电缆受到损伤的措施。直埋敷设的电缆,严禁位于地下管道的正上方或下方。电缆与电缆或管道、道路、构筑物等相互间容许最小距离见表 4-19。

表 4-19　电缆之间,电缆与管道、道路、建筑物之间平行交叉时的最小净距

项　目		最小净距/m	
		平　行	交　叉
电力电缆间及其与控制电缆间	10kV 及以下	0.10	0.50
	10kV 以上	0.25	0.50
控制电缆间		—	0.50
不同使用部门的电缆间		0.50	0.50
热管道(管沟)及热力设备		2.00	0.50
油管道(管沟)		1.00	0.50
可燃气体及易燃液体管道(沟)		1.00	0.50
其他管道(管沟)		0.50	0.50
铁路路轨		3.00	1.00
电气化铁路路轨	交流	3.00	1.00
	直流	10.00	1.00
公路		1.50	1.00
城市街道路面		1.00	0.70
杆基础(边线)		1.00	—
建筑物基础(边线)		0.60	—
排水沟		1.00	0.50

　　注:1.电缆与公路平行的净距,当情况特殊时可酌减。

　　　　2.当电缆穿管或者其他管道有保温层等防护设施时,表中净距应从管壁中防护设施的外壁算起。

　　直埋敷设的电缆与铁路、公路或街道交叉时,应穿保护管,且保护范围超出路基、街道路面两边以及排水沟边 0.5m 以上。直埋敷设的电缆引入构筑物,在贯穿墙孔处应设置保护管,且对管口实施阻水。

　　电缆铅包皮对大地电位不宜大于 1V,并作适当防蚀处理。

　　电缆直埋敷设时,电缆沟底必须具有良好的土层,不应有石块或其他硬质杂物,否则应铺以 100mm 厚的软土或砂层。电缆敷设好后,上面应铺以 100mm 厚的软土或砂层,然后盖以混凝土保护板,覆盖宽度应超出电缆直径两侧各 50mm。电缆从地下或电缆沟引出地面时,地面上 2m 的一段应用金属管或罩加以保护,其根部应伸入地面下 0.1m。敷设在郊区及空旷地带的电缆线路,在沿电缆路径的直线间隔约 100m、转弯处或接头部位,应竖立明显的方位标志或标桩。

　　2)电缆排管敷设。

　　按照一定的孔数和排列预制好的水泥管块,再用水泥砂浆浇注成一个整体,然后将电缆穿入管中,这种敷设方法就称为电缆排管敷设,如图 4-64 所示。

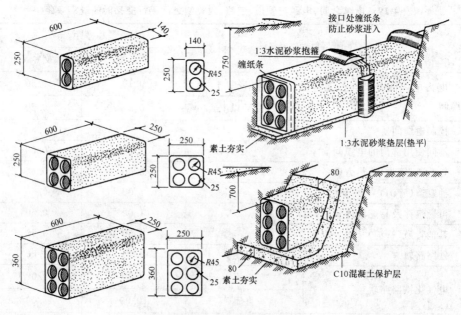

图 4-64　电缆排管敷设示意图

　　电缆排管敷设方式适用于电缆数量不多,但道路交叉较多、路径拥挤,且不宜采用直埋或电缆沟敷设的地段。电缆排管可采用钢管、硬质聚氯乙烯管、石棉水泥管和混凝土管块等。

　　3)电缆沟敷设。

　　当平行敷设电缆根数较多时,可采用在电缆沟或电缆隧道内敷设的方式。这种方式一般用于工厂厂区内。电缆隧道可以说是尺寸较大的电缆沟,是用砖砌或用混凝土浇灌而成的,沟顶部用钢筋混凝土盖板盖住。沟内装有电缆支架,电缆均挂在支架上如图 4-65 所示,支架可以为单侧也可为双侧。电缆沟尺寸见表 4-20,电缆支架的布置要符合表 4-21 的要求。电缆沟和电缆隧道内要设电缆井,便于电缆接头施工及维修。有些小电缆沟就在地面下,沟底距离地面 500mm,电缆直接摆放在沟底,维修时可以不下到电缆井内进行操作,只要把手伸入电缆井中,这种井叫手孔井。

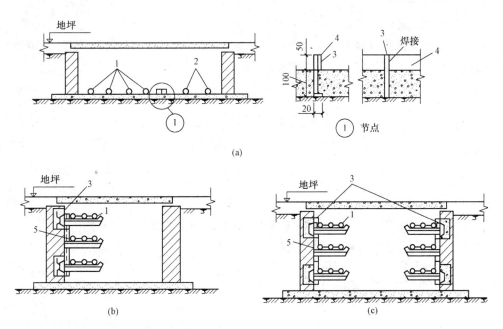

图 4-65 电缆在电缆沟(隧道)内敷设示意图

(a)无支架;(b)单侧支架;(c)双侧支架

1—电力电缆;2—控制电缆;3—接地线;4—接地线支持件;5—支架

表 4-20 电缆沟尺寸   (mm)

沟宽 L	层架 a	通道 A	沟深 h
1 000	200/300	500	700
1 000	200	600	900
1 200	300	600	1 100
1 200	200/300	700	1 300

表 4-21 电缆支架的允许跨距   （m）

电缆特征	敷设方式	
	水　平	垂　直
未含金属套、铠装的全塑小截面电缆	0.4[①]	1.0
除上述情况外的中、低压电缆	0.8	1.5
35kV 以上高压电缆	1.5	3.0

①能维持电缆较平直时该值可增加 1 倍。

4）电缆明敷设。

电缆明敷设是直接敷设在构架上，可以像在电缆沟中一样，使用支架，也可以使用钢索悬挂或用挂勾悬挂，分别如图 4-66～图 4-68 所示。

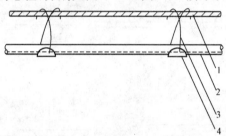

图 4-66 电缆在钢索上悬挂敷设示意图

1—钢索；2—电缆；3—钢索挂钩；4—铁托片

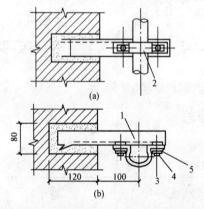

图 4-67 电缆在角钢支架上敷设示意图

（a）垂直敷设；（b）水平敷设

1—角钢支架；2—夹头（卡子）；

3—六角螺栓；4—六角螺母；5—垫圈

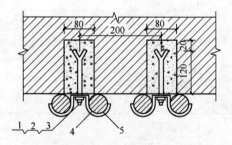

图 4-68 电缆在墙上敷设示意图

1—地角螺栓；2—六角螺母；

3—垫圈；4—电缆；5—夹头（卡子）

电缆桥架敷设。电缆桥架分为梯阶式、托盘式和槽式，如图 4-69 所示。电缆桥架的安装方式，如图 4-70 所示。托盘式桥架空间布置，如图 4-71 所示。槽式电缆桥架的敷设是在专用支架上先放电缆槽，放入电缆后可以在上面加盖板，既美观又清洁。

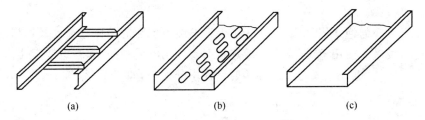

图 4-69　电缆桥架

(a)梯阶式；(b)托盘式；(c)槽式

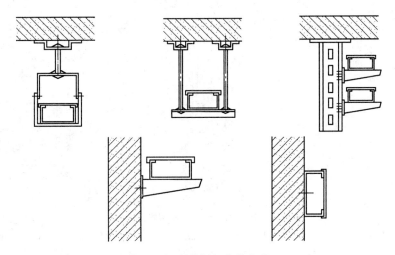

图 4-70　电缆桥架安装方式

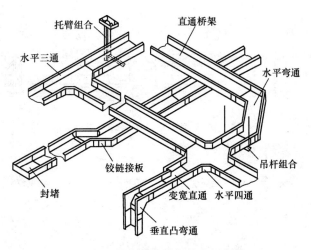

图 4-71　托盘式电缆桥架空间布置

　　5)电缆头。

　　由于电缆的绝缘层结构复杂,为了保证电缆连接后的整体绝缘性及机械强度,在电缆敷设时要使用电缆头,在电缆连接时要使用电缆中间头,在电缆起止点要使用电缆终端头,电缆干线与直线连接时要使用分支头,如图 4-72、图 4-73 所示。

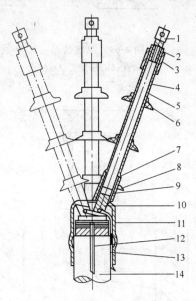

图 4-72　10kV 交联电缆热缩式终端头局部解剖

1—接线端子;2—密封管;3—填充胶;4—主绝缘层;5—热缩绝缘管;6—单孔雨裙;7—应力管;

8—三孔雨裙;9—外半导电层;10—铜屏蔽带;11—分支套;12—铠装地线;

13—铜屏蔽地线;14—外护层

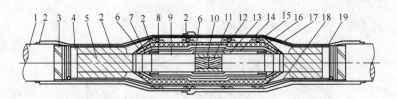

图 4-73　10kV 交联电缆热缩式中间接头解剖

1—外护层;2—绝缘带;3—铠装;4—内衬层;5—铜屏蔽带;6—半导电带;7—外半导电层;

8—应力带;9—主绝缘层;10—线芯导体;11—连接管;12—内半导电管;

13—内绝缘管;14—外绝缘管;15—外半导电管;16—铜网;17—铜屏蔽地线;

18—铠装地线;19—外护套管

第四节　防雷接地施工图识读

一、建筑物防雷等级及措施

1.建筑物的防雷等级

建筑物应根据建筑物重要性、使用性质、发生雷电事故的可能性和后果,按防雷要求分为三类,具体见表 4-22。

表 4-22　建筑物防雷分类

项　目	内　容
第一类 防雷建筑物	(1)凡制造、使用或贮存火炸药及其制品的危险建筑物,因电火花而引起爆炸、爆轰,会造成巨大破坏和人身伤亡者。 (2)具有 0 区或 20 区爆炸危险场所的建筑物。 (3)具有 1 区或 21 区爆炸危险场所的建筑物,因电火花而引起爆炸,会造成巨大破坏和人身伤亡者
第二类 防雷建筑物	(1)国家级重点文物保护的建筑物。 (2)国家级的会堂、办公建筑物、大型展览和博览建筑物、大型火车站和飞机场、国宾馆,国家级档案馆,大型城市的重要给水泵房等特别重要的建筑物(飞机场不含停放飞机的露天场所和跑道)。 (3)国家级计算中心、国际通信枢纽等对国民经济有重要意义的建筑物。 (4)国家特级和甲级大型体育馆。 (5)制造、使用或贮存火炸药及其制品的危险建筑物,且电火花不易引起爆炸或不致造成巨大破坏和人身伤亡者。 (6)具有 1 区或 21 区爆炸危险场所的建筑物,且电火花不易引起爆炸或不致造成巨大破坏和人身伤亡者。 (7)具有 2 区或 22 区爆炸危险场所的建筑物。 (8)有爆炸危险的露天钢质封闭气罐。 (9)预计雷击次数大于 0.05 次/a 的部、省级办公建筑物和其他重要或人员密集的公共建筑物以及火灾危险场所。 (10)预计雷击次数大于 0.5 次/a 的住宅、办公楼等一般性民用建筑物或一般性工业建筑物
第三类 防雷建筑物	(1)省级重点文物保护的建筑物及省级档案馆。 (2)预计雷击次数大于或等于 0.01 次/a,且小于或等于 0.05 次/a 的部、省级办公建筑物和其他重要或人员密集的公共建筑物,以及火灾危险场所。 (3)预计雷击次数大于或等于 0.05 次/a,且小于或等于 0.25 次/a 的住宅、办公楼等一般性民用建筑物或一般性工业建筑物。 (4)在平均雷暴日大于 15d/a 的地区,高度在 15m 及以上的烟囱、水塔等孤立的高耸建筑物;在平均雷暴日小于或等于 15d/a 的地区,高度在 20m 及以上的烟囱、水塔等孤立的高耸建筑物

2. 建筑物的防雷设置

(1)接闪器。

1)接闪器的材料、结构和最小截面见表 4-23。

表 4-23　接闪线(带)、接闪杆和引下线的材料、结构与最小截面

材　料	结　构	最小截面/mm² [⑩]	备　注
铜、镀锡铜 [①]	单根扁铜	50	厚度 2mm
	单根圆铜 [⑦]	50	直径 8mm
	铜绞线	50	每股线直径 1.7mm
	单根圆铜 [③④]	176	直径 15mm
铝	单根扁铝	70	厚度 3mm
	单根圆铝	50	直径 8mm
	铝绞线	50	每股线直径 1.7mm
铝合金	单根扁形导体	50	厚度 2.5mm
	单根圆形导体 [③]	50	直径 8mm
	绞线	50	每股线直径 1.7mm
	单根圆形导体	176	直径 15mm
	外表面镀铜的单根圆形导体	50	直径 8mm,径向镀铜厚度至少 70μm,铜纯度 99.9%
热浸镀锌钢 [②]	单根扁钢	50	厚度 2.5mm
	单根圆钢 [⑨]	50	直径 8mm
	绞线	50	每股线直径 1.7mm
	单根圆钢 [③④]	176	直径 15mm
不锈钢 [⑤]	单根扁钢 [⑥]	50 [⑧]	厚度 2mm
	单根圆钢 [⑥]	50 [⑧]	直径 8mm
	绞线	70	每股线直径 1.7mm
	单根圆钢 [③④]	176	直径 15mm
外表面镀铜的钢	单根圆钢(直径 8mm)	50	镀铜厚度至少 70μm,铜纯度 99.9%
	单根扁钢(厚 2.5mm)		

注:①热浸或电镀锡的锡层最小厚度为 1μm。

　②镀锌层宜光滑连贯、无焊剂斑点,镀锌层圆钢至少 22.7g/m²、扁钢至少 32.4g/m²。

　③仅应用于接闪杆。当应用于机械应力没达到临界值之处,可采用直径 10mm、最长 1m 的接闪杆,并增加固定。

　④仅应用于入地之处。

⑤不锈钢中,铬的含量等于或大于16%,镍的含量等于或大于8%,碳的含量等于或小于0.08%。

⑥对埋于混凝土中以及与可燃材料直接接触的不锈钢,其最小尺寸宜增大至直径10mm的78mm²(单根圆钢)和最小厚度3mm的75mm²(单根扁钢)。

⑦在机械强度没有重要要求之处,50mm²(直径8mm)可减为28mm²(直径6mm)。并应减小固定支架间的间距。

⑧当温升和机械受力是重点考虑之处,50mm²加大至75mm²。

⑨避免在单位能量10MJ/Ω下熔化的最小截面是铜为16mm²、铝为25mm²、钢为50mm²、不锈钢为50mm²。

⑩截面积允许误差为-3%。

2)接闪杆宜采用热镀锌圆钢或钢管制成时,其直径应符合下列规定:

①杆长1m以下时,圆钢不应小于12mm,钢管不应小于为20mm;杆长1~2m时,圆钢不应小于16mm,钢管不应小于25mm。独立烟囱顶上的杆,圆钢不应小于20mm,钢管不应小于40mm。

②接闪杆的接闪端宜做成半球状,其弯曲半径最小宜为4.8mm,最大宜为12.7mm。

③当独立烟囱上采用热镀锌接闪环时,其圆钢直径不应小于12mm;扁钢截面不应小于100mm²,其厚度不应小于4mm。

④架空接闪线和接闪网宜采用截面不小于50mm²热镀锌钢绞线或铜绞线。

⑤明敷接闪导体固定支架的间距不宜大于表4-24的规定。固定支架的高度不宜小于150mm。

表4-24　明敷接闪导体和引下线固定支架的间距

布置方式	扁形导体和绞线固定支架的间距/mm	单根圆形导体固定支架的间距/mm
安装于水平面上的水平导体	500	1 000
安装于垂直面上的水平导体	500	1 000
安装于从地面至高20m垂直面上的垂直导体	1 000	1 000
安装在高于20m垂直面上的垂直导体	500	1 000

⑥除第一类防雷建筑物外,金属屋面的建筑物宜利用其屋面作为接闪器,并应符合下列规定:

a.板间的连接应是持久的电气贯通,可采用铜锌合金焊、熔焊、卷边压接、缝接、螺钉或螺栓连接;

b.金属板下面无易燃物品时,铅板的厚度不应小于2mm,不锈钢、热镀锌钢、钛和铜板的厚度不应小于0.5mm,铝板的厚度不应小于0.65mm,锌板的厚度不应小于0.7mm;

　　c.金属板下面有易燃物品时,不锈钢、热镀锌钢和钛板的厚度不应小于 4mm,铜板的厚度不应小于 5mm,铝板的厚度不应小于 7mm;

　　d.金属板无绝缘被覆层(薄的油漆保护层或 1mm 厚沥青层或 0.5mm 厚聚氯乙烯层均不属于绝缘被覆层)。

　　⑦除利用混凝土构件钢筋或在混凝土内专设钢材作接闪器外,钢质接闪器应热镀锌。在腐蚀性较强的场所,尚应采取加大其截面或其他防腐措施。

　　⑧不得利用安装在接收无线电视广播天线杆顶上的接闪器保护建筑物。

　　⑨专门敷设的接闪器应由下列的一种或多种组成:独立接闪杆;架空接闪线或架空接闪网;直接装设在建筑物上的接闪杆、接闪带或接闪网。

　　⑩专门敷设的接闪器,其布置见表 4-25。布置接闪器时,可单独或任意组合采用接闪杆、接闪带、接闪网。

表 4-25　接闪器布置

建筑物防雷类别	滚球半径 h_r/m	接闪网网格尺寸/m
第一类防雷建筑物	30	≤5×5 或≤ 6×4
第二类防雷建筑物	45	≤10×10 或≤ 12×8
第三类防雷建筑物	60	≤20×20 或≤ 24×16

　　(2)引下线。

　　1)引下线宜采用热镀锌圆钢或扁钢,宜优先采用圆钢。当独立烟囱上的引下线采用圆钢时,其直径不应小于 12mm;采用扁钢时,其截面不应小于 $100mm^2$,厚度不应小于 4mm。

　　2)线应沿建筑物外墙外表面明敷,并经最短路径接地;建筑外观要求较高者可暗敷,但其圆钢直径不应小于 10mm,扁钢截面不应小于 $80mm^2$。

　　3)建筑物的钢梁、钢柱、消防梯等金属构件以及幕墙的金属立柱宜作为引下线,但其各部件之间均应连成电气贯通,可采用铜锌合金焊、熔焊、卷边压接、缝接、螺钉或螺栓连接;各金属构件可被覆有绝缘材料。

　　4)采用多根专设引下线时,应在各引下线上于距地面 0.3～1.8m 之间装设断接卡。当利用混凝土内钢筋、钢柱作为自然引下线并同时采用基础接地体时,可不设断接卡,但利用钢筋作引下线时应在室内外的适当地点设若干连接板。当仅利用钢筋作引下线并采用埋于土壤中的人工接地体时,应在每根引下线上于距地面不低于 0.3m 处设接地体连接板。采用埋于土壤中的人工接地体时应设断接卡,其上端应与连接板或钢柱焊接。连接板处宜有明显标志。

　　5)在易受机械损伤之处,地面上 1.7m 至地面下 0.3m 的一段接地线应采用暗敷或采用镀锌角钢、改性塑料管或橡胶管等加以保护。

　　6)第二类防雷建筑物或第三类防雷建筑物为钢结构或钢筋混凝土建筑物时,在其钢构件或钢筋之间的连接满足规范规定并利用其作为引下线的条件下,当其垂直支柱均起到引下线的作用时,可不要求满足专设引下线之间的间距。

（3）接地装置。

1）接地体的材料、结构和最小尺寸见表 4-26。

表 4-26 接地体的材料、结构和最小尺寸

材　料	结　构	最小尺寸			备　注
		垂直接地体直径/mm	水平接地体截面/mm²	接地板厚度/mm	
铜、镀锡铜	铜绞线	—	50	—	每股直径 1.7mm
	单根圆铜	15	50	—	—
	单根扁铜	—	50	—	厚度 2mm
	铜管	20	—	—	壁厚 2mm
	整块铜板	—	—	500×500	厚度 2mm
	网格铜板	—	—	600×600	各网格边截面 25mm×2mm，网格网边总长度不少于 4.8m
热镀锌钢	圆钢	14	78	—	—
	钢管	20	—	—	壁厚 2mm
	扁钢	—	90	—	厚度 3mm
	钢板	—	—	500×500	厚度 3mm
	网格钢板	—	—	600×600	各网格边截面 30mm×3mm，网格网边总长度不少于 4.8m
	型钢	注3	—	—	—
裸钢	钢绞线	—	70	—	每股直径 1.7mm
	圆钢	—	78	—	—
	扁钢	—	75	—	厚度 3mm
外表面镀铜的钢	圆钢	14	50	—	镀铜厚度至少 250μm，铜纯度 99.9%
	扁钢	—	90（厚 3mm）	—	

材　料	结　构	最小尺寸			备　注
		垂直接地体直径/mm	水平接地体截面/mm²	接地板厚度/mm	
不锈钢	圆形导体	15	78	—	—
	扁形导体	—	100	—	厚度 2mm

注：1.热镀锌层应光滑连贯、无焊剂斑点，镀锌层圆钢至少 22.7g/m²、扁钢至少 32.4g/m²。

2.热镀锌之前螺纹应先加工好。

3.不同截面的型钢，其截面不小于 290mm²，最小厚度 3mm，可采用 50mm×50mm×3mm 角钢。

4.当完全埋在混凝土中时才可采用裸钢。

5.外表面镀铜的钢，铜应与钢结合良好。

6.不锈钢中，铬的含量等于或大于 16%，镍的含量等于或大于 5%，钼的含量等于或大于 2%，碳的含量等于或小于 0.08%。

7.截面积允许误差为 -3%。

2）人工钢质垂直接地体的长度宜为 2.5m。其间距以及人工水平接地体的间距均宜为 5m，当受地方限制时可适当减小。

3）人工接地体在土壤中的埋设深度不应小于 0.5m，并宜敷设在当地冻土层以下，其距墙或基础不宜小于 1m。接地体宜远离由于烧窑、烟道等高温影响使土壤电阻率升高的地方。

4）在敷设于土壤中的接地体连接到混凝土基础内起基础接地体作用的钢筋或钢材的情况下，土壤中的接地体宜采用铜质或镀铜或不锈钢导体。

5）在高土壤电阻率的场地，降低防直击雷冲击接地电阻宜采用下列方法：

①采用多支线外引接地装置，外引长度不应大于有效长度，有效长度应符合《建筑物防雷设计规范》(GB 50057—2010)附录 C 的规定；

②接地体埋于较深的低电阻率土壤中；

③换土；

④采用降阻剂；

⑤防直击雷的专设引下线距出入口或人行道边沿不宜小于 3m；

⑥接地装置埋在土壤中的部分，其连接宜采用放热焊接；当采用通常的焊接方法时，应在焊接处做防腐处理。

二、接地施工图识读

1.接地施工图识读

以某厂房的防雷平面图 4-74 为例，对图中相关知识点进行讲解。

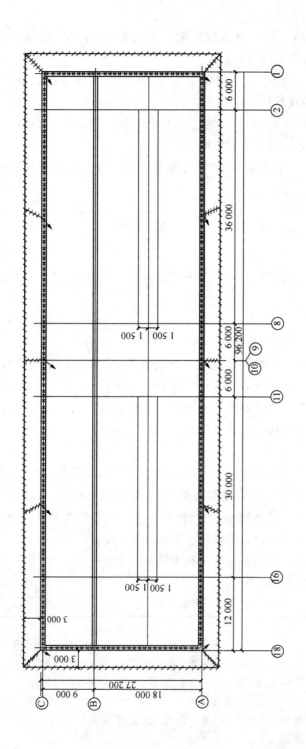

防雷平面图

图 4-74 某厂房防雷平面图

(1)本工程为三级防雷建筑。

(2)本建筑为金属屋面,按照《建筑物防雷设计规范》(GB 50057—2010)要求,将屋顶贯通连接,利用其作为接闪器。

(3)共做 10 根避雷引下线,引下线采用 $\phi8$ 镀锌圆钢,在距屋顶 1.8m 以下做绝缘保护、上端与金属屋顶焊接或螺栓连接。

(4)人工接地极采用 4 组共计 12 根L 50×50×5 镀锌角铁;水平连接采用 40×4镀锌扁铁,与建筑物的墙体之间距离 3m。

(5)防雷接地共用综合接地装置,要求接地电阻不大于 4Ω,实测达不到要求时,补打接地极。

2. 知识点讲解

(1)防雷接地设计要点。

1)防雷设计。

①防雷的等级及相应措施涉及抗御雷电灾害的安全重任,必须严格按相应规范执行。

a.《建筑物防雷设计规范》(GB 50057—2010)。

b.《建筑物电子信息系统防雷技术措施》(GB 50343—2004)。

c. 其他相应规范。由于智能大厦、智能小区的普及,计算机信息系统的广泛应用,以及电视、电信等民用电子装置深入千家万户,"电子信息系统"的含义已极为广泛,所以《建筑物电子信息系统防雷技术措施》(GB 50343—2004)的执行已更为广泛地伴随《建筑物防雷设计规范》(GB 50057—2010)而执行。

②防雷电气工程图的种类。

a. 避雷器等类防侵入雷电波灾害的电气系统布置图中,间隔式、阀式及防浪涌式等避雷器的装置必须深入所针对电路方能表示,故多与系统图、电路图合并表达。此电气系统布置图主要表示防雷设备,故称为电气装置防雷电气工程图。它多针对关键、要害、易受侵入雷伤害的敏感电子设备和系统。

b. 建筑物防雷工程图是在建筑电气过程中最为普遍常见的。

2)接地设计,具体内容见表 4-27。

表 4-27　接地设计

项　目	内　容
接地设计 现行涉及的规范	(1)《建筑物电气装置》(GB 16895.3—2004)第 5-54 部分:电气设备的选择和安装—接地配置、保护导体和保护联结导体。 (2)《建筑物电气装置》(GB/T 16895.9—2000)第 7 部分:特殊装置或场所的要求,第 707 节:数据处理设备用电气装置的接地要求。

项　目	内　容
接地设计 现行涉及的规范	（3）《电气装置安装工程接地装置施工及验收规范》（GB 50169—2006）； （4）各通用和专项工程规范、规程中的接地及防雷的相关章节
工程接地 的种类	系统接地，电源系统的功能接地（如电源系统接地），多指发电机组、电力变压器等中性点的接地，亦称系统工作接地。主要目的如下： （1）为大气或操作过电压提供对地泄放的回路，避免电气设备绝缘被击穿。 （2）提供接地故障电流回路。当发生接地故障时，产生较大的接地故障电流，迅速切断故障回路。 （3）中性点不接地系统提供故障信号。此系统当发生接地故障时，虽供电连续，但非故障相对地电压升高 1.73 倍，系统中的设备及线路绝缘均较中性点接地系统绝缘水平要求高，增加投资费用。 保护接地是对电气装置平时不带电，故障时可能带电的外露导电部分起保护作用的接地。主要目的为： （1）降低预期接触电压； （2）提供工频或高频泄放回路； （3）为过电压保护装置提供放电回路； （4）等电位连接
建筑物 接地设计	（1）设计中防雷接地、变压器中性点接地、电气安全接地及其他需要接地设备的接地，多共用接地装置。 （2）接地电阻值。 1）高压与低压电力设备共用接地装置时，接地电阻不大于 4Ω。 2）仅用于高压电力设备的接地装置，接地电阻不大于 10Ω。 3）低压电力设备 TN-C 系统中电缆和架空线在建筑物的引入处，PEN 线应重复接地，其接地电阻不应大于 10Ω。 4）当火灾自动报警系统电子装置及系统与电力设备共用接地装置时，接地电阻不应大于 1Ω。 （3）多种接地系统共用接地装置时，接地电阻取最小值

（2）防雷接地工程图的内容。

1）"设计施工说明"中的表述内容。

①防雷等级。根据自然条件、当地雷电日数、建筑物的重要程度确定防雷等级（或类别）。

②防直击雷、防电磁感应、防侧击雷、防雷电波侵入和等电位的措施。

③当用钢筋混凝土内的钢筋做接闪器、引下线和接地装置时,应说明采取的措施和要求。

④防雷接地阻值的确定,如对接地装置作特殊处理时,应说明措施、方法和达到的阻值要求。当利用共用接地装置时,应明确阻值要求。

2)初步设计阶段。

此阶段,建筑防雷工程一般不绘图,特殊工程只出顶视平面图,画出接闪器,引下线和接地装置平面布置,并注明材料规格。

3)施工图设计阶段。

此阶段需绘制出建筑与构筑物防雷顶视平面图与接地平面图。小型建筑与构筑物仅绘顶视平面图,形状复杂的大型建筑宜加绘立面图,注明标高和主要尺寸。图中需绘出避雷针、避雷带、接地线和接地极、断接卡等的平面位置、标明材料规格、相对尺寸等。而利用建筑物与构筑物钢筋混凝土内的钢筋作防雷接闪器、引下线和接地装置时,应标出连接点、预埋件及敷设形式,特别要标出索引标准图编号、页次。

图中需说明的内容有防雷等级和采取的防雷措施(包括防雷电波侵入),以及接地装置形式、接地电阻值、接地极材料规格和埋设方法。利用桩基、钢筋混凝土基础内的钢筋作接地极时,说明应采取的措施。

第五节　　电气设备控制电路图识读

一、安装接线图识读

1. 互连接线图

一个电气装置或电气系统可由两三个甚至更多的电气控制箱和电气设备组成。为了便于施工,工程中必须绘制各电气设备之间连接关系的互连接线图。

互连接线图中,各电气单元(控制设备)用点划线或实线围框表示,各单元之间的连接线都必须通过接线端子,围框内要画出各单元的外接端子,并提供端子上所连导线的去向,而各单元内部导线的连接关系可不必绘出。互连接线图中导线连接的表示方法有 3 种:多线图表示法,如图 4-75 所示;单线图表示法,如图 4-76 所示;相对编号法,如图 4-77 所示。

2. 端子接线图

在工程设计和施工中,为了减少绘图工作量,便于安装接线,一般都绘制端子接线图来代替互连接线图。端子接线图中端子的位置一般与实际位置相对应,并且各单元的端子排按纵向绘制,如图 4-78 所示。这样安排给施工、读图带来方便。

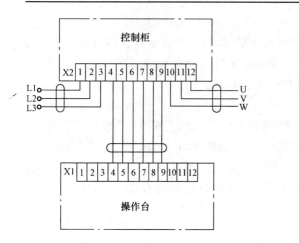

图 4-75　互连接线图多线图表示法

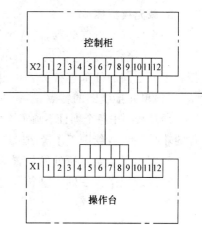

图 4-76　互连接线图单线图表示法

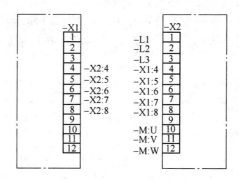

图 4-77　互连接线图相对编号法

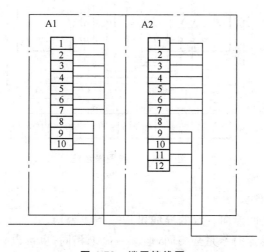

图 4-78　端子接线图

3. 单元接线图

一个成套的电气装置,由许多控制设备组成,每一个控制设备由许多电气元件组成,单元接线图就是提供每个单元内部各项目之间导线连接关系的一种简图。而各单元之间的外部连接关系可由互连接线图表示。

(1)单元接线图的特点。

1)接线图中各个项目不画实体,而用简化外形表示,用实线或点画线框表示电器元件的外形,为减少绘图工作量,框图中只绘出对应的端子,电器的内部、细节可省略。

2)图中每个电器所处的位置应与实际位置一致,给安装、配线、调试带来方便。

3)接线图中标注的文字符号、项目代号、导线标记等内容,应与电路图上的标注一致。

(2)导线连接表示方法。

1)多线图表示法。

多线图表示法就是将电气单元内部各项目之间的连接线全部如实画出来,即按照导线的实际走向一根一根地分别画出。如图 4-79 所示,图中每一条细实线代表一根导线。多线图表示法最接近实际,接线方便,但元件太多时,线条多而乱,不容易分辨清楚。

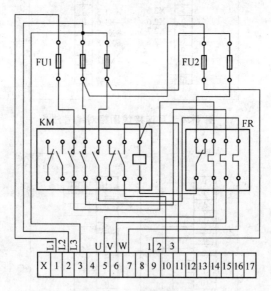

图 4-79　多线图表示法

2)单线图表示法。

图中各元件之间走向一致的导线可用一条线表示,即图上的一根线实际代表一束线。某些导线走向不完全相同,但某一段上相同,也可以合并成一根线,在走向变化时,再逐条分出去。所以用单线图绘制的线条,可从中途汇合进去,也可从中途分出去,最后到达各自的终点——相连元件的接线端子,如图 4-80 所示。

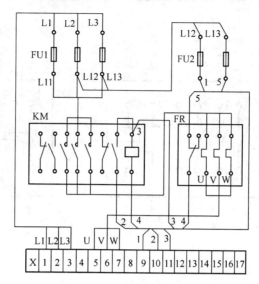

图 4-80　单线图表示法

　　单线法绘制的图中,容易在单线旁标注导线的型号、根数、截面积、敷设方法、穿管管径等,图面清晰,给施工准备材料带来方便,阅读方便。但施工技术人员如果水平不太高,在看接线图时会有一定困难,要对照原理图,才能接线。

　　3)相对编号法。

　　相对编号法是元件之间的连接不用线条表示,采用相对编号的方法表示出元件的连接关系。如图 4-81 所示,甲乙两个元件的连接,在甲元件的接线端子旁标注乙元件的文字符号或项目代号和端子代号。在乙元件的接线端子旁标注甲元件的文字符号或项目代号和端子代号。相对编号法绘制的单元接线图减少了绘图工作量,但增加了文字标注工作量。相对编号法在施工中给接线、查线带来方便,但不直观,对线路的走向没有明确表示,对敷设导线带来困难。

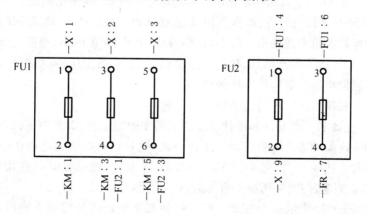

图 4-81

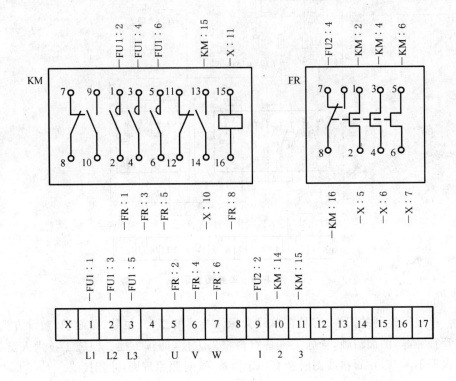

图 4-81　相对编号法

二、电气控制电路图识读

1. 电气控制电路图的特点

电路图分主电路和辅助电路两大部分,主电路是电动机拖动部分,是电气电路中强电流通过的部分。

如图 4-82 所示,C630 车床电气控制电路图所示,其主电路就是三相电源(L1、L2、L3)经刀开关 QS1、接触器 KM 主触点到电动机 M1、电动机 M2 通过 QS2 控制。主电路用粗实线画出。辅助电路有控制电路、保护电路、照明电路,由按钮、接触器线圈、接触器常开触点、热继电器常闭触点、照明变压器、照明灯、开关等元件组成。辅助电路一般用细实线画出。

电气控制电路图的特点包括以下内容:

(1)电器的各个元件和部件在控制电路图中的位置,根据便于阅读的原则来安排。同一电器的各个部件可以不画在一起,并且只画出控制电路图中所需要的元件和部件。图 4-82 中,接触器 KM 的线圈、主触点、辅助常开触点按展开绘制,接触器 KM 辅助常开、常闭触点有 4 对,图中只画出 1 对。

(2)图 4-82 中的每个电器元件和部件都用规定图形符号来表示,并在图形符号旁标注文字符号或项目代号,说明电器元件所在的层次、位置和种类。

| 总电源 | 主轴 | 冷却泵 | 起动停止 | 照明 |

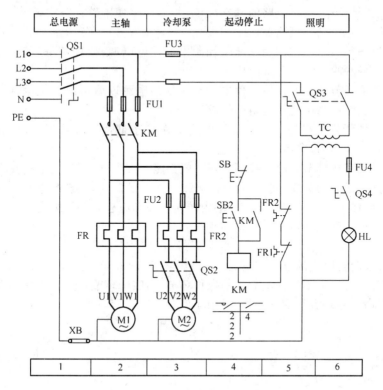

图 4-82　C630 车床电气控制电路

（3）图 4-82 中所有电器触点都按没有通电和没有外力作用时的开闭状态画出，即继电器、接触器的吸引线圈没有通电，控制器手柄处于零位，按钮、行程开关不受外力时的状态。

（4）线路应平行、垂直排列，各分支线路按动作顺序从左到右，从上到下排列；两根以上导线的电气连接处用圆黑点或圆圈标明。

（5）为了便于安装、接线、调试和检修，电器元件和连接线均可用标记编号，主回路用字母加数字，控制回路用数字从上到下编号。

2. 控制电路的基本环节

在一个控制电路中，能实现某项功能的若干电气元件的组合，称为一个控制环节，整个控制电路就是由这些控制环节有机地组合而成的。

控制电路一般包括以下基本环节：

（1）电源环节。包括主电路供电电源和辅助电路工作电源，由电源开关、电源变压器、整流装置、稳压装置、控制变压器、照明变压器等组成。

（2）保护环节。由对设备和线路进行保护的装置组成，如短路保护由熔断器完成，过载保护由热继电器完成，失电压、欠电压保护由失电压线圈（接触器）完成。另外，有时还使用各种保护继电器来完成各种专门的保护功能。

（3）启动环节。包括直接启动和减压启动，由接触器和各种开关组成。

（4）运行环节。它是电路的基本环节，其作用是使电路在需要的状态下运行，包括电动机的正反转、调速等。

（5）停止环节。它的作用是切断控制电路供电电源，使设备由运转变为停止。停止环节由控制按钮、开关等组成。

（6）制动环节。它的作用是使电动机在切断电源以后迅速停止运转。制动环节一般由制动电磁铁、能耗电阻等组成。

（7）信号环节。它是显示设备和电路工作状态是否正常的环节，一般由蜂鸣器、信号灯、音响设备等组成。

（8）手动工作环节。电气控制电路一般都能实现自动控制，为了提高电路工作的应用范围，适应设备安装完毕及事故处理后试车的需要，在控制电路中往往还设有手动工作环节。手动工作环节一般由转换开关和组合开关等组成。

（9）自锁及联锁环节。启动按钮松开后，电路保持通电，电气设备能继续工作的电气环节叫自锁环节，如接触器的常开触点串联在线圈电路中，如图 4-83（a）所示。两台或两台以上的电气装置、元件，为了保证设备运行的安全与可靠，只能一台通电启动，另一台不能通电启动的保护环节，叫联锁环节。如两个接触器的常闭触点分别串联在对方线圈电路中，如图 4-83（b）所示。

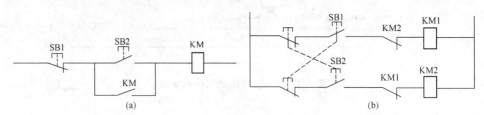

图 4-83　自锁及联锁环节

（a）自锁环节；（b）联锁环节

（10）顺序控制及优先启动环节。在一个控制系统中有多台电气设备，只能按一定的顺序启动，或某台电气设备具有优先启动权的控制环节，如图 4-84 所示。

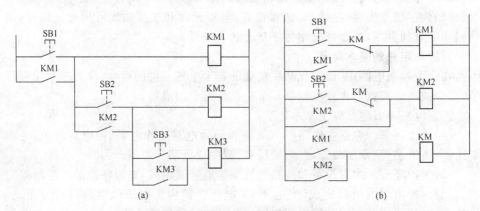

图 4-84　顺序控制及优先启动环节

（a）顺序控制环节；（b）优先启动环节

3.三相笼型异步电动机控制电路识读

在电气控制电路中,碰到最多的是电动机的控制电路。电气控制电路一般可分为电气原理部分和保护部分。

(1)点动控制电路。

三相笼型异步电动机点动控制电路如图 4-85 所示,它由电源开关 QF、点动按钮 SB、接触器 KM 等组成。工作时,合上电源开关 QF,为电路通电做好准备,启动时,按下点动按钮 SB,交流接触器 KM 的线圈流过电流,电磁机构产生电磁力将铁心吸合,使三对主触点闭合,电动机通电转动。松开按钮后,点动按钮在弹簧作用下复位断开,接触器线圈失电,三对主触点断开,电动机失电停止转动。这种一按按钮电动机就动,一松按钮电动机就停的控制方式称为点动控制。

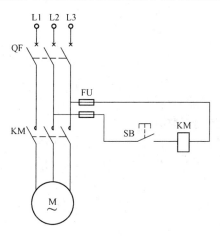

图 4-85　点动控制电路

(2)电动机直接启动控制电路。

图 4-86 是电动机直接启动控制电路。工作时,合上电源开关 QF,按下启动按钮 SB2,接触器线圈 KM 通电,接触器主触点闭合,接通主电路,电动机启动运转。此时并联在启动按钮 SB2 两端的接触器辅助动合触点闭合,保证 SB2 松开后,电流可以通过 KM 的辅助触点继续给 KM 的线圈供电,保持电动机运转。故这对并联在 SB2 两端的常开触点称为自锁触点(或自保持触点),这个环节称为自锁环节。

电路中的保护环节有:短路保护、过载保护、零电压保护。短路保护有带短路保护的断路器 QF 和 FU 熔断器,主电路发生短路时,QF 动作,断开电路,起到保护作用。FU 为控制电路的短路保护。热继电器 FR 是电动机的过载保护。电动机的零电压保护是由接触器 KM 的线圈和 KM 的自锁触点组成,KM 线圈的电流是通过自锁触点供电的,当线圈失去电压后,自锁触点断开,主触点断开,电动机停止转动。当恢复供电压,此时 KM 自锁触点不通,电动机不会自行启动(避免了电动机突然启动造成人身事故和设备损坏)。这种保护称为零电压保护(也叫欠电压保护或失电压保护)。若要电动机运行,必须重新按下 SB2 才能实现。

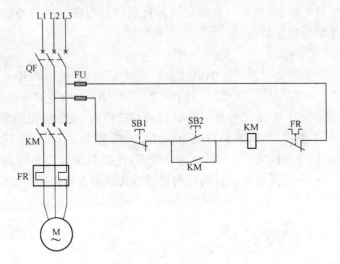

图 4-86 直接启动电路

(3)电动机正反转控制电路。

图 4-87 是电动机的正反转控制电路。电路中 QF 是断路器。电动机的正反转,只要将三相电源线的任意两相交换一下即可,在控制电路中是用两个接触器来完成两根相线的交换。若要电动机正转,只要按下正转按钮 SB2,使接触器 KM1 线圈通电,铁心吸合,主触点闭合(辅助动合触点闭合自锁),电动机正转。若要反转,应先按停止按钮 SB1,使 KM1 线圈失电触点复原后,才能使 KM2 线圈通电。因为正反转电路中,加了一个联锁环节,两个接触器线圈电路中分别串联了一个对

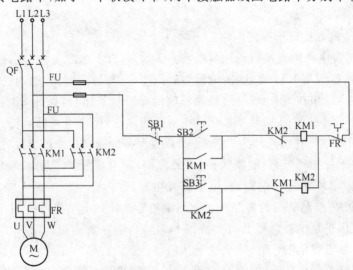

图 4-87 正反转控制电路

方接触器的常开辅助触点,相互锁住了对方的电路。这种正反转电路是接触器联锁电路。电动机停转后,按下 SB3,则接触器 KM2 线圈通电,铁心吸合,主触点闭合,使电动机的进线电源相序反相,电动机反转。

接触器联锁的电路,从正转到反转一定要先按停止按钮,使联锁触点复位,才能启动,使用时不太方便。这时可在控制电路中加上按钮联锁触点,称为复合联锁,如图 4-88 所示,复合联锁可逆电路可直接按正反转启动按钮,提高了工作效率。

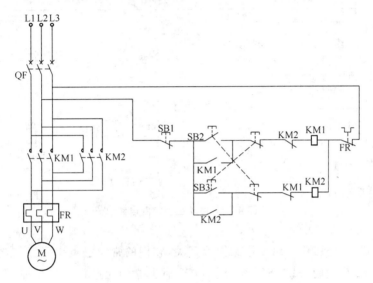

图 4-88　复合联锁可逆电路

控制电路的保护环节有短路保护 QF;过载保护 FR;零电压保护由接触器的线圈和自锁触点组成;联锁保护 KM1 和 KM2 分别将动断触点串联在对方线圈电路中,使两个接触器不可能同时通电,避免了 L1 和 L3 两相的短路故障。

(4)自动往复控制电路。

图 4-89 是行程开关(也称限位开关)控制的机床自动往复控制电路。自动往复信号由行程开关给出,当电动机正转时,挡铁撞到行程开关 ST1,ST1 发出电动机反转信号,使工作台后退(ST1 复位)。当工作台后退到挡铁压下时,ST2 发出电动机正转信号,使工作台前进,前进到再次压下 ST1,如此往复不断循环下去。SL1、SL2 是行程极限开关,防止 ST1、ST2 失灵时,当挡铁撞到 SL1 或 SL2,使电动机断电停车,避免工作台冲出行程的事故。

在控制电路图中,行程开关 ST1 的常闭触点与正转接触器 KM1 的线圈串联;ST1 的常开触点与反转启动按钮 SB2 并联。所以,挡铁压下 ST1 时,ST1 的常闭触点断开电动机的正转控制电路,使前进接触器线圈 KM1 失电,电动机停转,同时ST1 常开触点闭合,接通电动机反转电路,使后退接触器 KM2 通电,电动机反转,ST2 的工作原理与 ST1 相同,不再阐述。

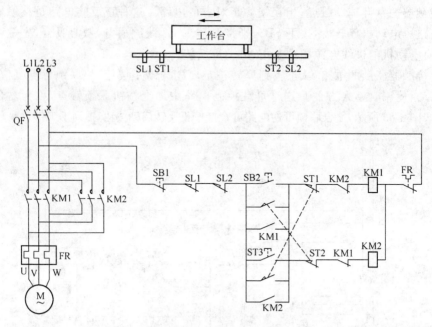

图 4-89　自动往复控制电路

行程极限开关 SL1、SL2 是保护用开关，它们的常闭触点串联在控制回路中。当 ST1、ST2 失效时，SL1、SL2 被挡铁压下，使其常闭触点断开电动机的控制回路，电动机停转。

（5）丫—△减压启动控制电路。

容量较小的电动机的启动可采用直接启动方式，但容量较大的电动机的启动常用减压启动方式，启动时可以减少对电网电压的冲击。最常用的方式之一是丫—△减压启动，它适用于运行时定子绕组接成三角形联结的三相笼型异步电动机。当动机绕组接成星形联结时，每相绕组承受电压为 220V 相电压。启动结束后再改成三角形联结，每相绕组承受 380V 线电压，实现了减压启动的目的。

图 4-90 为丫—△减压启动电路。图中 KM1 为启动接触器，KM2 为控制电动机绕组星形联结的接触器，KM3 为控制电动机绕组三角形联结的接触器。时间继电器 KT 用来控制电动机绕组星形联结的启动时间。

启动时先合上电源开关 QF，按下启动按钮 SB2，接触器 KM1、KM2 和时间继电器 KT 的线圈同时通电，KM1、KM2 铁心吸合，KM1、KM2 主触点闭合，电动机定子绕组联结启动。KM1 的常开触点闭合自锁，KM2 的常闭触点断开联锁。电动机在联结下启动，待延时一段时间后，时间继电器 KT 的常闭触点延时断开，KM2 线圈失电，铁心释放，触点还原；KT 的常开触点延时闭合，KM3 线圈通电，铁心吸合，KM3 主触点闭合，将电动机定子绕组接成三角形联结，电动机在全压状态下运行。同时 KM3 常开触点闭合自锁,KM3 常闭触点断开联锁,使 KT 失电还原。

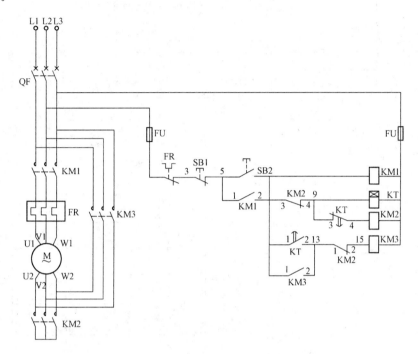

图 4-90　Ｙ—△减压启动电路

(6)自耦变压器减压启动电路。

另一种常用的减压启动方式是自耦变压器减压启动。自耦变压器减压启动电路由自耦变压器、交流接触器、中间继电器、热继电器、时间继电器和按钮等组成,可用于 14～300kW 三相异步电动机减压启动,其控制电路如图 4-91 所示。当三相交流电源接入,电源变压器 TD 有电,指示灯 HL1 亮,表示电源正常,电动机处于停止状态。

启动时,按下启动按钮 SB2,KM1 通电并自锁,HL1 指示灯断电,HL2 指示灯亮,电动机减压启动;同时 KM2 和 KT 通电,KT 常开延时闭合触点经延时后闭合,在未闭合前电动机处于减压启动过程;当 KT 延时终了,中间继电器 KA 通电并自锁,使 KM1 和 KM2 断电,随即 KM3 通电,HL2 指示灯断电,HL3 指示灯亮,电动机在全压下运转。所以 HL1 为电源指示灯,HL2 为电动机减压启动指示灯,HL3 为电动机正常运行指示灯。图中虚线框中的按钮为两地控制。

(7)反接制动控制电路。

图 4-92 是用速度继电器 KS 来控制的电动机反接制动电路。速度继电器 KS 与电动机同轴,R 是反接制动时的限流电阻。

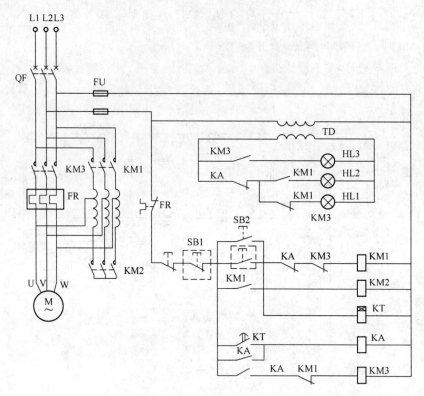

图 4-91　自耦变压器减压启动电路

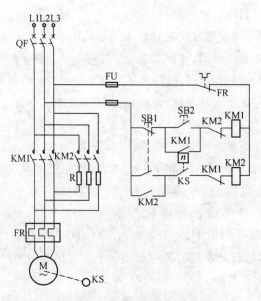

图 4-92　反接制动控制电路

启动时,合上电源开关 QF,按下启动按钮 SB2,KM1 线圈通电,铁心吸合,KM1 辅助常开触点闭合自锁,KM1 主触点闭合,电动机启动运行,在转速大于 120r/min 时,速度继电器 KS 常开触点闭合。

电动机停止时,按下停止按钮 SB1,KM1 线圈失电,铁心释放,所有触点还原,电动机失电,惯性转动。KM2 线圈通电,铁心吸合,KM2 主触点闭合,电动机串入电阻反接制动。当转速低于 100r/min 时,KS 触点断开,KM2 失电还原,制动结束。

(8)机械制动控制电路。

机械制动是利用各种电磁制动器使电动机迅速停转。电磁制动器控制电路如图 4-93 所示,这是一个直接启动控制电路,电磁制动器只有一个线圈符号,文字标注为 YB。制动器线圈并联在电动机主电路中,电动机启动,制动器线圈就通电,闸瓦松开;电动机停止,制动器线圈断电,闸瓦合紧把电动机刹住。

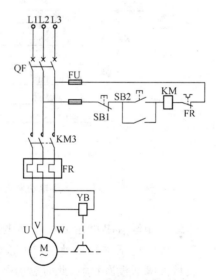

图 4-93　电磁制动器控制电路

4.三相绕线转子异步电动机控制电路识读

(1)时间继电器控制绕线转子电动机启动电路。

三相绕线转子异步电动机启动时,常采用转子串接分段电阻来减小启动电流,启动过程中逐级切除电阻,待全部切除后,启动结束。

图 4-94 是利用 3 个时间继电器依次自动切除转子电路中的三级电阻启动控制电路。电动机启动时,合上电源开关 QF,按下启动按钮 SB2,接触器 KM 通电并自锁,同时,时间继电器 KT1 通电,在其常开延时闭合触点动作前,电动机转子绕组串入全部电阻启动。当 KT1 延时终了,其常开延时闭合触点闭合,接触器 KM1 线圈通电动作,切除一段启动电阻 R1,同时接通时间继电器 KT2 线圈,经过整定

的延时后，KT2 的常开延时闭合触点闭合，接触器 KM2 通电，短接第二段启动电阻 R2，同时使时间继电器 KT3 通电，经过整定的延时后，KT3 的常开延时闭合触点闭合，接触器 KM3 通电动作，切除第三段转子启动电阻 R3，同时另一对 KM3 常开触点闭合自锁，另一对 KM3 常闭触点切断时间继电器 KT1 线圈电路，KT1 延时闭合常开触点瞬时还原，使 KM1、KT2、KM2、KT3 依次断电释放。唯独 KM3保持工作状态，电动机的启动过程全部结束。

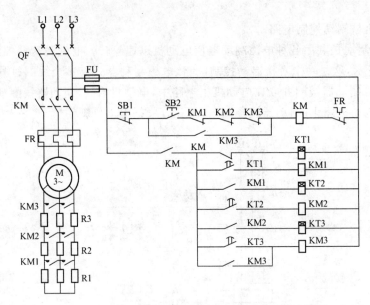

图 4-94　时间继电器控制绕线转子异步电动机启动电路

　　接触器 KM1、KM2、KM3 常闭触点串接在 KM 线圈电路中，其目的是为保证电动机在转子启动电阻全部接入情况下进行启动。如果接触器 KM1、KM2、KM3中任何一个触点因焊住或机械故障而没有释放，此时启动电阻就没有全部接入，若这样启动，启动电流将超过整定值，但由于在启动电路中设置了 KM1、KM2、KM3的常闭触点，只要其中任意一个接触器的主触点闭合，电动机就不能启动。

　　(2)转子绕组串频敏变阻器启动电路。

　　频敏变阻器启动控制电路，如图 4-95 所示，此电路可手动控制或自动控制。

　　采用自动控制时，将转换开关 SA 扳到自动位置 A，时间继电器 KT 将起作用，按下启动按钮 SB2，接触器 KM1 通电并自锁，电动机接通电源，转子串入频敏变阻器启动。同时，时间继电器 KT 通电，经过整定的时间后，KT 常开延时闭合触点闭合，中间继电器 KA 线圈通电并自锁，使接触器 KM2 线圈通电，铁心吸合，主触点闭合，将频敏变阻器短接，RF 短接，启动完毕。在启动过程中(KT 整定延时时间)，中间继电器 KA 的两对常闭触点将主电路中热继电器 FR 的发热元件短接，防止启动过长时热继电器误动作。在运行时，KA 常闭触点断开，热继电器的热元件才接入主电路,起过载保护。

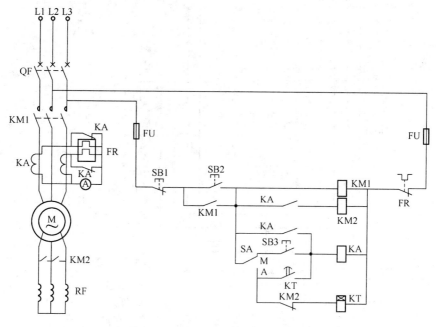

图 4-95　频敏变阻器启动控制电路

采用手动控制时,将转换开关扳到手动位置(M),此时 KT 不起作用,用按钮 SB3 控制中间继电器 KA 和接触器 KM2 的动作。其启动时间由按下 SB2 和按下 SB3 的时间间隔的长短来决定。

三、电气设备电路图识读

1. 双电源自动切换电路识读

图 4-96 为双电源自动切换电路,一路电源来自变压器,通过 QF1 断路器、KM1 接触器。QF3 断路器向负载供电,当变压器供电发生故障时,通过自动切换控制电路使 KM1 主触点断开,KM2 主触点闭合,将备用的发电机接入,保持供电。

供电时,合上 QF1、QF2,然后合上 S1、S2,因变压器供电回路接有 KM 继电器,保证了首先接通变压器供电回路,KM1 线圈通电,铁心吸合,KM1 主触点闭合,KM、KM1 联锁触点断开,使 KM2、KT 不能通电。

当变压器供电发生故障时,KM、KM1 线圈失电,触点还原。使 KT 时间继电器线圈通电,经延时后 KT 常开触点延时闭合,KM2 线圈通电自锁,KM2 主触点闭合,备用发电机供电。

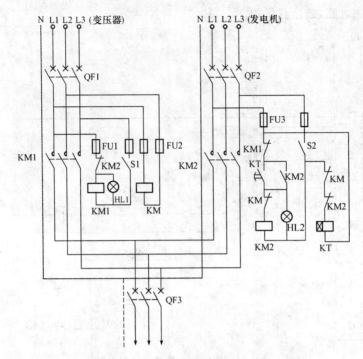

图 4-96　双电源自动切换电路

2. 给水泵控制电路识读

（1）水位控制器有干簧管式、水银开关式、电极式等多种类型。

图 4-97 中水位控制是采用干簧管式水位控制器。干簧管式水位控制器是由干簧管、永久磁钢、浮标和塑料管等组成。干簧管是用两片弹性好的坡莫合金放置在密封的玻璃管内组成，当永久磁钢套在干簧管上时，两个干簧片被磁化相互吸引或排斥，使其干簧触点接通或断开；当永久磁钢离开后，干簧管中的两个干簧片利用弹性恢复原状。干簧管有常开和常闭两种形式。

水位控制器的原理是在垂直的塑料管中装有上下水位的两个干簧管，塑料管外套有一个浮标，浮标中装有永久磁钢，当浮标移到上、下水位线时，对应的干簧管接收到磁信号而动作，发出水位状态的电信号，去启动或停止水泵。

（2）转换开关的接线方法。

在控制回路接线图中，转换开关通常有两种表示方法。一种为接点图表法，见表 4-28。转换开关在不同的位置上对应于不同的触点接通，在表 4-28 的接点栏中，"×"表示接通，"—"表示断开。表格一般附在图纸的某一位置上。另一种采用图形符号法，如图 4-98 所示，每对触点与相关回路相连，"0°"表示手柄的中间位置，有的图上标注手柄的转动角度，或各位置控制操作状态的文字符号，如"自动"、"手动"、"1 号"设备、"2 号"设备、"启动"、"停止"等。虚线表示手柄操作时接点开闭位置线,虚线上的实心圆点表示手柄在此位置时接通,此回路因此而接通。没有实心圆点表示接点断开。

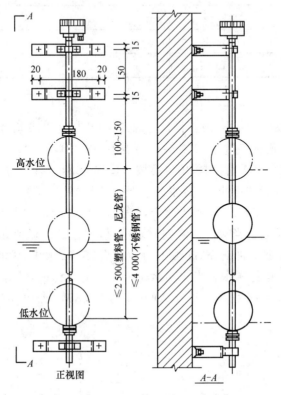

图 4-97　干簧管式水位控制器安装

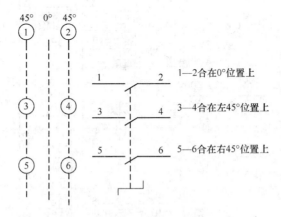

图 4-98　转换开关图形符号表示法

表 4-28　转换开关接点图表法

图　形	LW5—□	45°	0°	45°
⌐⌐⌐	1—2	—	×	—
⌐⌐⌐	3—4	×	—	—
⌐⌐⌐	5—6	—	—	×

(3)控制原理

如图 4-99 所示,水泵准备运行时,电源开关 QF1、QF2、S 均合上,SA 为转换开关,其手柄旋转位置有三挡,共 8 对触点。当手柄在中间位置时,(11-12)、(19-20)两对触点接通,水泵为手动控制,用启动按钮(SB2、SB4)和停止按钮(SB1、SB3)来控制两台水泵的运行和停止,两台水泵不受水位控制器控制。当 SA 手柄扳向左时,(15-16)、(7-8)、(9-10)三对触点闭合,1 号水泵为常用泵,2 号水泵为备用泵,电路受水位控制器控制。当水位下降到低水位时,浮标磁环降到 SL1 处,使 SL1 常开触点闭合,KA1 通电自锁,KA1 常开触点闭合,KM1 通电,铁心吸合,主触点闭合,1 号水泵启动,运行送水。当水箱水位上升到高水位时,浮标磁环上浮到 SL2 干簧管处,使 SL2 常闭触点断开,KA1 失电复原,KM1 断电还原,1 号水泵停止运行。

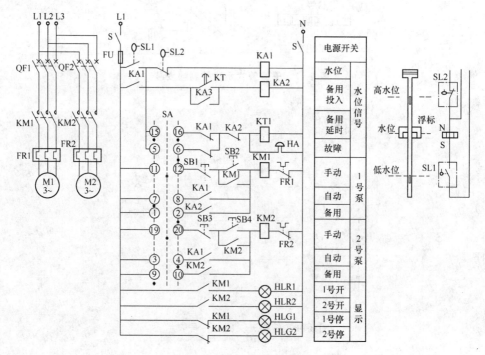

图 4-99　给水泵控制电路图

　　如果 1 号水泵在投入运行时,电动机堵转过载,使 FR1 动作断开,KM1 失电还原,时间继电器 KT 通电,警铃 HA 通电发出故障信号,延时一段时间后,KT 常开延时闭合,KA2 通电吸合,使 KM2 通电闭合,启动 2 号水泵,同时 KT1 和 HA 失电。

　　当 SA 手柄扳向右时,(5-6)、(1-2)、(3-4)触点闭合,此时为 2 号水泵常用,1 号水泵为备用,控制原理同上。

3. 排水泵控制电路

　　两台排水泵一用一备,是常见的形式之一。如图 4-100 所示是两台排水泵控制电路图。

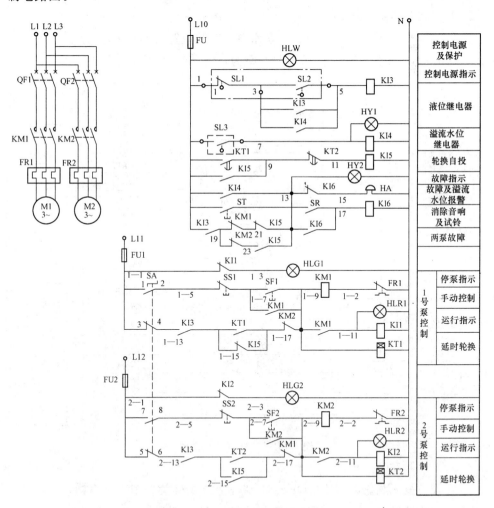

图 4-100　两台排水泵控制电路图

自动时：将 SA 置于"自动"位置，当集水池水位达到整定高水位时，SL2 闭合→KI3 通电吸合→KI5 常闭接点仍为常闭状态→KM1 通电吸合→1 号泵启动运转。1 号泵启动后，待 KI5 吸合并自保持，下次再需排水时，就是 2 号泵启动运转。这种两台泵互为备用，自动轮换工作的控制方式，使两台泵磨损均匀，水泵运行寿命长。

手动时：手动时不受液位控制器控制，1 号、2 号泵可以单独起停。该线路可以对溢流水位报警并启动水泵（若水位达到整定高水位，液位控制器故障，泵应该启动而没有启动时）。其报警回路设计为一台泵故障时，为短时报警，一旦备用水泵自投成功后，就停止报警；两台泵同时故障时，长时间报警，直到人为解除音响。

4. 消防泵控制电路

图 4-101 为消防泵启动电路，消防水泵一般都设置两台水泵，互为备用，如 1 号水泵为自动，2 号水泵为备用；或 2 号水泵为自动，则 1 号水泵为备用。

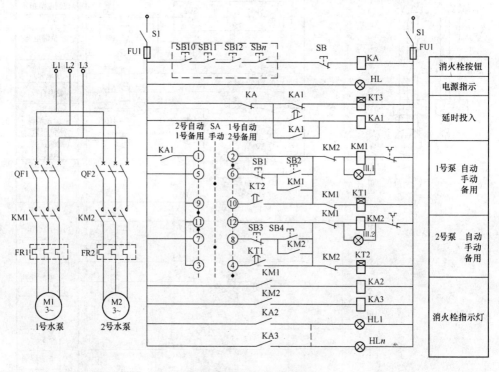

图 4-101　消防泵启动电路

在准备投入状态时，QF1、QF2、S1 都合上，SA 开关置于 1 号自动，2 号备用。因消火栓内按钮被玻璃压下，其常开触点处于闭合状态，继电器 KA 线圈通电吸合，KA 常闭触点断开，使水泵处于准备状态。

当有火灾时，只要敲碎消火栓内的按钮玻璃，使按钮弹出，KA 线圈失电，KA

常闭触点还原,时间继电器 KT3 线圈通电,铁心吸合,常开触点 KT3 延时闭合,继电器 KA1 通电自锁,KM1 接触器通电自锁,KM1 主触点闭合,启动 1 号水泵。如果 1 号水泵堵转,经过一定时间,热继电器 FR1 断开,KM1 失电还原,KT1 通电,KT1 常开触点延时闭合,使接触器 KM2 通电自锁,KM2 主触点闭合,启动 2 号水泵。

　　SA 为手动和自动选择开关。SB10～SBn 为消火栓按钮,采用串联接法(正常时被玻璃压下),实现断路启动,SB 可放置消防中心,作为消防泵启动按钮。SB1～SB4 为手动状态时的启动停止按钮。HL1、HL2 分别为 1 号、2 号水泵启动指示灯。HL1～HLn 为消火栓内指示灯,由 KA2 和 KA3 触点控制。

5. 自动喷淋泵控制电路

　　自动喷淋泵控制线路如图 4-102 所示。

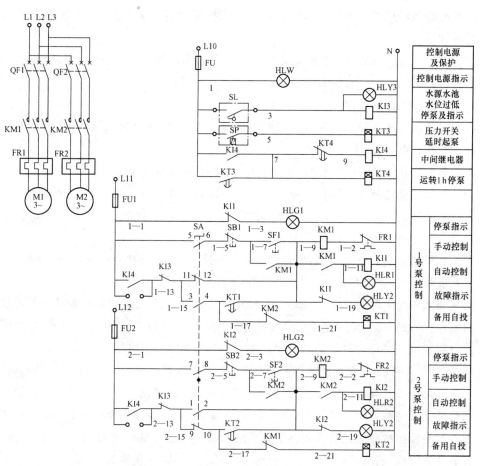

图 4-102　两台自动喷淋泵控制电路图

发生火灾时,喷淋系统的喷头自动喷水,设在主立管上的压力传感器(或接在防火分区水平干管上的水流传感器)SP接通,KT3通电,经延时(3～5s)后,中间继电器KI4通电吸合。假若SA置于"1号用2号备"位置,则1号泵的接触器KM1通电吸合,1号泵启动,向喷淋系统供水。如果1号泵故障,因为KM1断电释放,使2号泵控制回路中的KT2通电,经延时吸合,使KM2通电吸合,作为备用的2号泵启动。

根据消防规范的规定,火灾时喷淋泵启动运转1h后,自动停泵,因此,KT4的延时整定时间为1h。KT4通电1h后吸合,KI4断电释放,使正在运行的喷淋泵控制回路断电,水泵停止运转。

液位控制器SL安装在水源水池,当水池无水时,液位控制器SL接通,使KI3通电吸合,其常闭触点将两台水泵的自动控制回路断电,水泵停止运转。该液位控制器可采用浮球式或干簧式,当采用干簧式时,需设有下限扎头,以保证水池无水时可靠停泵。

两台泵自控回路中,与KI4常开触点并联的引出线,接在消防控制模块上,由消防中心集中控制水泵的起停。

6.补压泵控制电路

常常将补压泵设计为两台泵自动轮换交替运转,使两台泵磨损均匀,运行寿命长。控制电路如图4-103所示。

若将选择开关SA置于"自动"位置,当水压降至整定下限时,压力传感器SP的7、9号线接通→KI4通电吸合→因1号泵控制回路⑨与④通、KM1通电吸合→1号泵启动运转。同时,KT1通电,延时吸合,使KI3通电吸合,为下次再需补压时,2号泵的KM2通电作好了准备。

如果水压达到了要求值,压力传感器SP使7、11号线接通→KI5通电吸合→KI4断电释放→KM1断电释放→1号泵停止运转。

当水压又下降使KI4再通电,由于KI3已经吸合,1号泵控制电路KM1不能通电,这时,2号泵控制回路的KM2先通电,故2号泵投入运转。因为KT2也通电,经延时后,其延时打开的常闭触点断开,使轮换用的继电器KI3断电复原。这样,完成了1号、2号泵之间的第一次轮换,下次再需启动时,又该轮到1号泵运转。

如果在1号泵该运转而因故障没有运转时,KM1跳闸,则KM1在2号泵控制回路中的常闭触点闭合,由于KI4已经吸合,就看KI3是否吸合。KI3的吸合取决于1号泵发生故障时已经运行多长时间及KT1的延时是否完成,如果没有完成,需等待其完成,若完成了,则KT1吸合,2号泵的KM2通电吸合,2号泵启动运转,起到备用泵的作用。

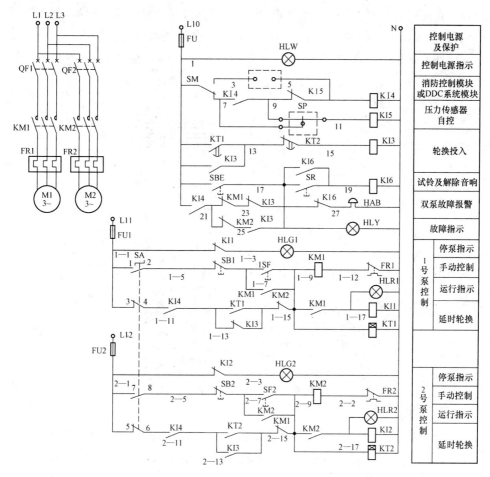

图 4-103　两台补压泵控制电路图

7. 空调机组系统控制电路

(1)空调机组的组成。

图 4-104 为空调机组的安装示意图,按其功能可分为制冷、空气处理和电气控制三部分。

1)制冷部分是空调机组的冷源,主要由压缩机、冷凝器、膨胀阀和蒸发器组成。为了灵活调节室内冷负荷,将蒸发器分为两组管路,利用两个电磁阀 1YV、2YV 控制两条管路的通断。1YV 投入时,蒸发器面积投入 2/3,2YV 投入时,蒸发面积投入 1/3,若两个电磁阀同时投入,则蒸发器的面积百分之百投入。

2)空气处理设备主要由新风采集口、回风口、空气过滤器、电加热器、电加湿器和通风机组组成。空气处理设备主要将新风和回风经过过滤后,通过温度处理(冷却或加热)及湿处理(加湿或去湿),达到空调房柜内所需的温、湿度要求,然后通过通风机送至房间。夏季需要冷空气时,空气经过蒸发器使空气得到冷却;冬季需要暖空气时,经过安装在通风管道中的两组或三组电加热器将空气加热。电加湿器是用电能直接加热水而产生水蒸气,用短管将水蒸气喷入空气中,以改变空气的湿度。

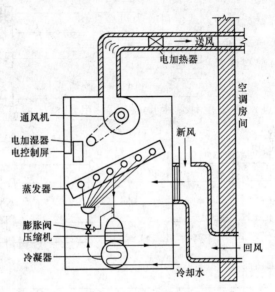

图 4-104　空调机组的安装示意图

3)电气控制部分主要完成温度、湿度自动调节任务,由温、湿度检测元件,控制器、压缩机、吸气压力继电器、开关、接触器等主要元件组成。温度检测元件可以选用电接点水银温度计或热敏电阻,选用水银电接点温度计,可利用水银的导电性能将接点接通,通过温度控制器使其继电器通电或断电,控制空气温度。湿度检测元件是一种特殊水银接点温度计,在其下端有吸水棉纱,利用干燥的空气将湿包水分蒸发而降低温度,只要使两个温度计(干球和湿球)保持一定的温差就可以保持一定的湿度。所以,两支温度计应安装在同一地点,湿球的温度整定值要低于干球温度整定值。

(2)恒温恒湿空调器结构。

恒温恒湿空调器具有制冷、除湿、加热、加湿等功能,可以提供一种人工气候,使室内温度、相对湿度恒定在一定范围内。一般的恒温恒湿空调器可使环境温度保持在 20~25℃,最大偏差为 ±1℃;相对湿度为 50%～60%,最大偏差为 10%,是一种比较完善的空调设备。

1)恒温恒湿空调器由以下五部分构成:

①制冷系统。由蒸发器、冷凝器、压缩机、热力膨胀阀、空气过滤器等构成;

②风路循环。由离心风机、空气过滤器、进出风口构成；

③加湿。由电加湿器、供水装置构成；

④加热。由电加热器构成；

⑤控制。由压力继电器，干、湿球温度控制器构成。

恒温恒湿空调器从冷却方式上可分为风冷式和水冷式两大系列。

2）风冷式（HF 系列）恒温恒湿空调器结构。

风冷式恒温恒湿空调器机组分为室内、室外两部分。室外机组只有风冷式冷凝器，室内机组具有制冷、加热、加湿、通风和控制等部件。温度由温控器进行控制，加湿量由电接点水银温度计和继电器控制，电加热也通过温控器进行开、停控制。

3）水冷式（H 系列）恒温恒湿空调器结构。

水冷式恒温恒湿空调器一般为整体式，产品系列有 H 型、LH 型和 BH 型。

H 型恒温恒湿空调器为国产系列产品，所用主机为半封闭式压缩机，制冷剂为 R12，产品冷量范围为 17 400～116 300W，适用被调恒温恒湿面积为 60～500m²。具有降温、供热、加湿、除湿及通风等多种功能。H 系列恒温恒湿空调器一般为顶部送风，也有带风帽侧送风的，机组可直接放在空调房间，也可在机房内接风管使用。系统中制冷压缩机为半封闭式，具有效率高、噪声小、制冷剂不易泄漏等特点，并且配有能量调节和安全保护装置。

恒温恒湿空调器的温、湿度是由温控器控制压缩机的开停和加热器的通断，湿球温度计、继电器控制电加热器通断。还有一种热泵型的恒温恒湿空调器，该机组分为室内式和室外式两种，室内式直接放在空调房间内，室外式需另接风管。

压缩机可根据负荷大小换挡（快速或慢速）运转。制冷工况时，由电接点湿球温度计通过电子继电器控制供液阀的开、关来改变蒸发的面积，同时由电接点干球温度计通过电子继电器控制压缩机的开停进行调温，用电接点湿球温度计通过电子继电器控制电加湿器工作，进行调湿。

为安全运转，制冷、制热时的四通阀的换向，以及快速、慢速的换挡必须在停机后方可进行，不允许在运转中进行换向和换挡。

在恒温恒湿空调器中，为了节约能源，有的带有回风口，新风口可根据需要采用一次回风送风方式，有效地利用室内的循环空气（约占 85％）和补充新鲜空气（占 15％）。

（3）风机盘管控制电路。

风机盘管是中央空调系统末端向室内送风的装置，由风机和盘管两部分组成。风机把中央送风管道内的空气吹入室内，风速可以调整。盘管是位于风机出口前的一根蛇形弯曲的水管，水管内通入冷（热）水，是调整室温的冷（热）源，在盘管上安装电磁阀控制水流。

风机盘管控制电路如图 4-105 所示,图的上方是风机、风道、水管系统。图中有三只控制电器:TS-101 是温控三速开关,安装在室内墙壁上;TS-102 是箍形温度控制器,安装在主水管上;TV-101 是电动阀,安装在盘管进水口。

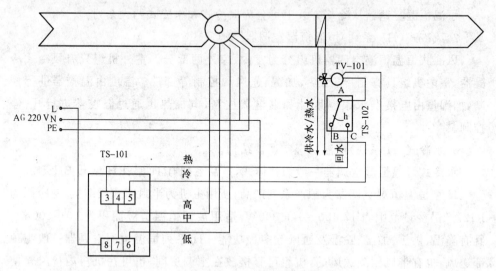

图 4-105　风机盘管控制电路

风机盘管电源由室内照明供电线路提供,零线 N 直接接至风机和电动阀,保护零线 PE 接在风机外壳上,相线 L 接入控制开关 TS-101 的 8 号接点。

TS-101 为温控三速开关,8 号接点与 4 号接点接通时为高速,与 7 号接点接通时为中速,与 6 号接点接通时为低速。当开关拨到"断"的位置时,风机、电动阀电路均切断。TS-101 内的温控器有通断两个动作位置,控制电动阀的动作,使室内温度保持在 10～30℃设定范围内。

夏季冷水温度在 15℃以下时,箍形温度控制器 TS-102 的接点 A 和 B 接通,当室内温度超过温控器的温度上限设定值时,TS-101 的接点 5 和 8 接通,电动阀打开,盘管内流过冷水,系统向室内送冷风。冬季热水温度在 31 ℃以上时,TS-102 的接点 A 和 C 接通,当室内温度低于温控器的温度下限设定值时,TS-101 的接点 3 和 8 接通,电动阀打开,盘管内流过热水,系统向室内送热风。

(4)空气处理机组 DDC 控制电路。

DDC 是直接数字控制器的缩写,是空调系统计算机控制的终端直接控制设备。通过 DDC,可以进行数据采集,了解系统运行情况,也可以发出控制信号,控制系统中设备的运行情况。空调系统图中常用的图形符号见表 4-29。

表 4-29 空调系统常用图形符号

图形符号	说 明	图形符号	说 明
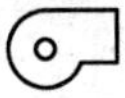 风机	风机	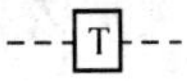 --T--	温度传感器
水泵	水泵 注:左侧为进水,右侧为出水	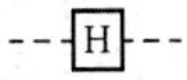 --H--	湿度传感器
 空气过滤器	空气过滤器	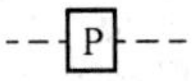 --P--	压力传感器
 空气加热、冷却器	空气加热、冷却器 注:单加热	 •	一般检测点
 空气加热、冷却器	空气加热、冷却器 注:单冷却	 电动二通阀	电动二通阀
 空气加热、冷却器	空气加热、冷却器 注:双功能换热装置	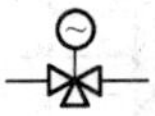 电动三通阀	电动三通阀
 电动调节风阀	电动调节风阀	 电动蝶阀	电动蝶阀
 加湿器	加湿器	 F	水流开关
 冷水机组	冷水机组	 DDC	直接数字控制器
 板式换热器	板式换热器	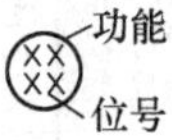 功能 位号	就地安装仪表
 冷却塔	冷却塔	 功能 位号	管道嵌装仪表

空气处理机组送冷热风、加湿控制电路,如图 4-106 所示。

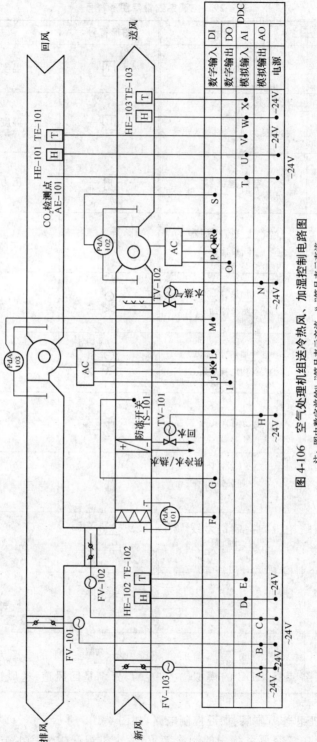

图 4-106　空气处理机组送冷热风、加湿控制电路图

注：图中数字前的"~"符号表示交流，"-"符号表示直流

　　系统有一台送风风机向管道内送风,另有一台回风风机把室内污浊空气抽回回风风道。为了保持风道内空气的温度和湿度,送风风道与回风风道是一个闭合系统,回风经过滤处理后重新进入送风系统,当回风质量变差时,向室外排出部分回风,同时打开新风口,从室外补充新风到送风系统。在送风系统中要用冷热水盘管对空气的温度进行调整,用蒸汽发生器来加湿。

　　图 4-106 的上方是空调系统图,下方是 DDC 控制接线表。DDC 上有四个输入输出接口:两个是数字量接口,数字输入接口 DI 和数字输出接口 DO。另两个是模拟量接口,模拟输入接口 AI 和模拟输出接口 AO。根据传感器和执行器的不同,分别接不同的输入输出接口。DDC 是一台工业用控制计算机,它根据事先编制的控制程序对系统进行检测和控制。

　　从图 4-106 左侧开始看,A、B、C 三点接 DDC 的模拟输出口 AO,这是三台电动调节风阀的控制信号,其中,FV-101 是排风阀、FV-102 是回风阀、FV-103 是新风阀,调整三台风阀的开闭程度,可以控制三路风管中的风量,使系统中的风量保持恒定。三台风阀的工作电源为交流 24V。

　　D、E 点接 DDC 的模拟输入口 AI,D 点是湿度传感器 HE-102 的信号线,检测新风的湿度情况,传感器电源为直流 24V。E 点是温度传感器 TE-102 的信号线,检测新风的温度。

　　F 点接 DDC 的数字输入口 DI,是压差传感器 PdA-101 的信号线,这里有一台空气过滤器,如果过滤器使用时间过长发生堵塞,F 点会出现压差信号,提示系统检修。

　　G 点接 DDC 的数字输入口 DI,是防冻开关 TS-101 的信号线。

　　H 点接 DDC 模拟输出口 AO,是电动调节阀 TV-101 的控制信号线,TV-101 控制冷、热水流量,用来调整风道内空气的温度,TV-101 的电源是交流 24V。

　　I、J、K、L 各点分别接数字输出口 DO 和数字输入口 DI,是回风机控制柜 AC 的控制信号线,对风机的启动、停止进行控制,对风机的工作和故障状态进行监测。与此相同的还有送风机的控制信号线 O、P、Q、R。

　　M、S 两点接 DDC 的数字输入口 DI,分别是两台压差传感器 PdA-103 和 PdA-102 的信号线,分别检测两台风机前后的空气压差。

　　N 点接 DDC 的模拟输出口 AO,是蒸汽发生器的电动调节间 TV-102 的控制信号线,用来控制蒸汽量,调整空气湿度。电动阀电源为交流 24V。

　　T 点接 DDC 的模拟输入口 AI,是二氧化碳浓度传感器 AE-101 的信号线,检测回风道中的 CO_2 浓度,确定新风增加量和排风量。AE-101 的电源为直流 24V。

　　U、V、W、X 各点接 DDC 的模拟输入口 AI,分别是回风道、送风道的湿度、温度传感器信号线,与 D、E 点相同。

　　(5)空调冷水机组控制电路。

　　冷水机组是中央空调系统中的制冷装置,冷水机组产生的冷水被冷水泵泵入冷水系统,为风管内空气降温,机组冷却用的冷却水被冷却水泵泵到屋顶的冷却塔,把热量散入大气,冷却塔中有冷却风扇加速空气流通散热。冷水机组的设备系统,如图 4-107 所示。冷水机组 DDC 控制接线,如图 4-108 所示。

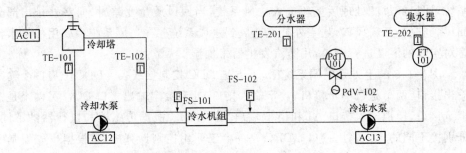

图 4-107　冷水机组的设备系统

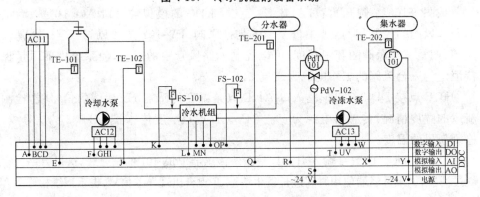

图 4-108　冷水机组 DDC 控制接线

图 4-108 中,A、B、C、D 四点接冷却塔风机控制柜 AC11 的控制信号线,F、G、H、I 四点接冷却水泵控制柜 AC12 的控制信号线,L、M、N、O 四点接冷水机组的控制信号线,T、U、V、W 四点接冷冻水泵控制柜 AC13 的控制信号线。这 16 个点均为数字信号,接 DDC 的数字信号端,用于控制四台设备的启动、停止,并监测四台设备的工作、故障状态。

E、J 两点分别接两只温度传感器 TE-101 和 TE-102 的信号线,接 DDC 的模拟输入口 AI,分别用于检测冷却塔入水口和出水口的水温情况。

K、P 两点分别接水流开关 FS-101、FS-102 的信号线,接 DDC 的数字输入口 DI,用于检测水管内水流情况,如发生断水故障则自动停机。

Q、X 两点分别接另两只温度传感器 TE-201 和 TE-202 的信号线,用于检测冷冻水系统供水和回水的水温情况。

R 点接水压差传感器 PdT-101 的信号线,接 DDC 的模拟输入口 AI,用于检测供水管和回水管间的压力差。

S 点接电动调节阀 PdV-102 的控制线,接 DDC 的模拟输出口 AO。当供水管和回水管压差变化时,开启电动阀,调整压差使之平衡。电动阀电源为交流 24V。

Y 点接水流量传感器 FT-101,接 DDC 的模拟输入口 AI,用于检测冷冻水回水流量。电源为交流 24V。

8. 塔式起重机控制电路

以 F0-23B 型塔式起重机的起升机构电气图为例来进行介绍。

F0-23B 型塔式起重机工作幅度为 2.9～50m,在最大幅度 50m 下的起重量为 10t,自由行走时钓钩最大高度为 61.6m。F0-23B 型塔式起重机的起升机构安装在塔机的平衡臂上,由两台完全相同的绕线式异步电动机拖动,但由于两台减速机的传动比不同,所以使卷筒的速度有高速和低速之分。F0-23B 型塔式起重机的起升机构电气图如图 4-109 所示。

图 4-109 是由图(a)～(g)七个部分组成,由于包含内容较多,为了叙述方便,将全图分为以下几部分论述。

(1)原理图特征。

1)使用区域或称位置号。在主电路或控制电路下面,标有按数字顺序排列的水平格就是区域号或称其为位置号,它将图分为若干个区域。每部分电路占有一定的区域,例如图 4-109(a)中 LMPV 低速电动机主电路占的区域为 100～108,而图 4-109(f)中控制电路占的区域为 142～170 等。

2)每个继电器、接触器线圈所控制的触点所在区域,均标注在该线圈之下垂直线的两侧。例如在第"144"区域有 XLH 接触器的线圈,线圈之下的垂直线左侧有 4 个区域号,它表示 XLH 的常开触点分布在这 4 个区域内,即在 145、151、156、158 区域都有 XLH 的常开触点;而 XLH 线圈垂直线右侧的 144、146、162 表示这三个区域都有 XLH 的常闭触点。有的区域号旁注有箭头的表示此触点是带延时的,即箭头朝上表示通电延时的触点,箭头朝下则是断电延时的触点。还有的线圈下面被两条垂直线分为左、中、右三部分,其中左侧区域号表示在主电路中常开触点,中间部分的区域号是在控制电路的常开触点,右侧则表示常闭触点分布的区域。

3)塔机各配电柜、盘的接线端子用标注在水平点划线上的文字符号加以分区。例如标有 L 的水平点划线上的各数字是指装在塔机平衡臂上的 L 配电柜引出的端子号。如图 4-109(a)中 L 水平线标的 6、7、8 表示 L 配电柜的三个端子,从这里引出的三条线接低速电动机 LMPV 定子绕组的三个线电压端子。

4)主电路中的连接线均使用英文小写字母表示,这样用一条线的连接只要标以相同的文字符号即可,可以省去许多连接线。例如图 4-109 中(a)、(c)、(d)三部分的 a 点是同一条线或同一个点,它们之间是连在一起的等电位点。

5)图 4-109(f)中标有 48V 50Hz 的电源线和所有线圈所接的公共线是从图 4-109(e)中变压器 TS 引出的 0 和 48V 两条线。它为塔机司机在操纵控制电路过程中提供了安全电压。此安全电压在总接触器(图 4-109 中没有画出)吸合后就有。这样使得图 4-109(f)中的 CXL、LRa、LRa2、LRaPV、LGV1 五个继电器、接触器进入吸合状态。

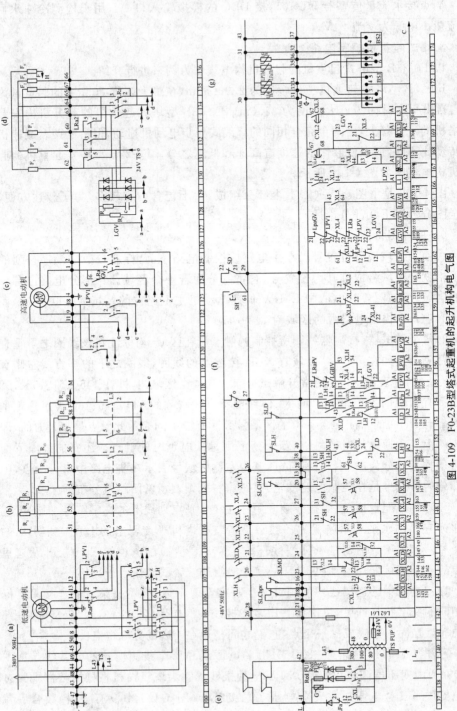

图 4-109 FO-23B型塔式起重机的起升机构电气图

(a)LMPV主电路;(b)转子三相电阻接线图;(c)LMGV主电路;(d)三相镇流器与转子电路接线图;(e)制动器接线图;(f)起升系统控制电路图;(g)电动机和制动器过载保护装置接线图

（2）起升过程。

图 4-109(f)上部的 XLH、XLD、XL2、XL3、XL4 和 XL5 表示起升手柄的挡位，即分别为上升、下降的第 1 至第 5 挡位。

手柄位于上升第 1 至第 5 挡时各接触器、继电器的吸合顺序见表 4-30。

表 4-30　起升时开关顺序表

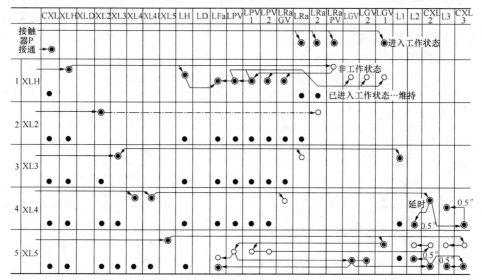

表 4-30 中标有"◉"的电器表示"进入工作状态"；标有"●"的表示"维持工作状态"；"○"则表示"非工作状态"；表中的箭头表示电器之间相互作用的方向，而箭头上画有短道标记时表示延迟作用，例如 A→B 表示接触器 A（或继电器 A）对接触器 B（或继电器 B）的延迟作用。

当手柄位于上升第 1 挡位 XLH 时：

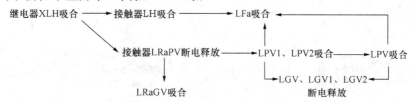

在图 4-109(a)主电路中，上升接触器 LH 和 LPV 接触器的吸合，使 LMPV 低速电动机的定子接入三相交流 380V 电源，LMPV 的转子电路中，由于 LPV1 接触器的吸合，使转子绕组的三个端子接到 e、f、g 三条线上，从图 4-109(b)可知 e、f、g 接在三相对称电阻上，所以 LMPV 电动机转子串入了三段三相对称电阻启动。在图 4-109(c)主电路中，由于接触器 LPV1、LRaGV 的吸合使 LMGV 高速电动机定子的第 1、3 两端子接在 a、b 两条线上，转子的第 9、10、11 三个端子接在 c、e、d 三条线上，从图 4-109(d)可知，由于 LRa、LRa2 早已吸合，使 c、e、d 接于三相桥式整流

器的输入端上。这样 LMGV 电动机转子接于三相桥式整流器输入端,定子两个端子通过 a、b 两条线接于三相桥式整流器的输出端上。LMGV 运转前,整流器是靠变压器 TS 输出的 0～24 V 交流电供电,使 LMGV 定子通入直流电后产生固定磁场。当 LMGV 电动机被 LMPV 电动机带动运转后,转子绕组因切割磁力线而发出三相交流电给整流器。由于电动机 LMGV 定子通入直流电流呈能耗制动状态,而直流电流是 LMGV 自己发电经整流后形成的,所以说此时 LMGV 电动机又称为自激能耗制动状态。

同理,手柄位于上升第 2 至第 5 挡位时,两个电动机的工作状态见表 4-31。

表 4-31　起升各挡位两个电动机的工作状况

挡　位	起升卷扬		起升时	
	PV(低速)电动机		GV(高速)电动机	
	功　能	附　注	功　能	附　注
1	驱动电动机	所有转子电阻均投入使用低速	缓行器	电阻被短接后,得到最大的减速电流
2	驱动电动机	所有转子电阻均投入使用	缓行器	减速减小速度增加
3	驱动电动机	一组电阻被短接	缓行器	最小减速度
4	驱动电动机 (1) (2)	通过转子电阻组的延迟短接,使速度逐步增加,直至达到 PV 额定速度	—	不再减速

续表

	起升卷扬		起 升 时
5	—	电动机被初断电源	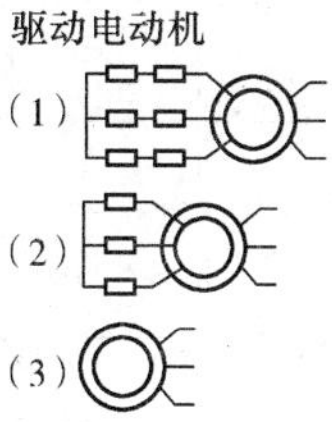 驱动电动机 (1) (2) (3)	最后一组电阻被延迟短接后,电动机获得高速

从表 4-31 可知,上升第 1 至第 4 挡位时,LMPV 电动机驱动起升机构上升,通过改变转子电路中的电阻以调节此电动机的转速;而 LMGV 电动机在前三挡时均为自激能耗制动状态,通过改变转子电路的电阻调节制动电流达到调速的目的,总之,起升共有五个上升速度,前三挡是两电动机的合成速度驱动起升机构;第 4 挡是 LMPV 低速电动机的额定转速;第 5 挡是 LMGV 高速电动机的额定转速。

(3)下降过程。

手柄处于 XLD、XL2、XL3、XL4、XL5 时各接触器、继电器闭合状态见表 4-32。

在下降各挡位时,两个电动机的工作状态见表 4-33。

从表 4-33 可知,下降 1、2、3 挡时,LMPV 电动机为自激能耗制动状态,由于第 1 挡时制动电流最大,重物下降时所受制动力矩也较大,用以获得较慢的下降速度;下降 2、3 挡的速度是靠 LMGV 作驱动,LMPV 作制动时合成的;而下降第 4 挡是 LMPV 电动机的额定速度;下降第 5 挡是 LMGV 电动机的额定速度。

表 4-32　下降时开关顺序

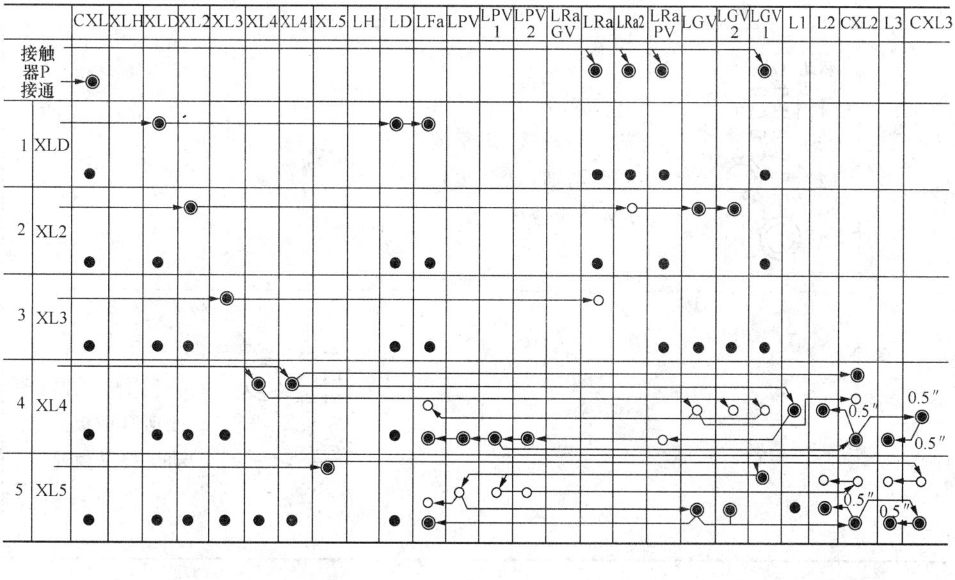

表 4-33 下降各挡位两个电动机的工作

挡位	起升卷扬		下 降 时	
	PV(低速)电动机		GV(高速)电动机	
	功 能	附 注	功 能	附 注
1	缓行器	最大减速度 速度最小	—	电动机断电
2	缓行器	减速减小	驱动电动机	电动机供电,所有转子电阻均投入使用 低速
3	缓行器	最小减速度 速度增加	驱动电动机	所有转子电阻投入使用
4	驱动电动机 (1) (2) (3)	通过转子电阻组的延迟短接,使速度逐步增加,直至达到 PV 额定速度	—	—
5	—	—	驱动电动机 (1) (2) (3)	最后一组电阻被延迟短接后,电动机获得高速

第六节　弱电施工图识读

一、通信网路系统

1. 电话系统

电话通信系统是各类建筑必然配备的主要系统。它大体由 3 个部分组成:电话交换设备,传输系统,用户终端设备。

交换设备主要是指电话交换机,是接通电话用户之间通信线路的专用设备。电话传输系统按传输媒介分为有线传输(明线、电缆、光纤等)和无线传输(短波、微波中继、卫星通信等)。用户终端设备,以前主要指电话机,随着通信技术的迅速发展,现在又增加了许多新设备,如传真机、计算机终端等。

电话信号的传输与电力传输和电视信号传输不同,电力传输和电视信号传输是共同系统,一个电源或一个信号可以分配给多个用户,而电话信号是独立信号,两部电话之间必须有两根导线直接连接,因此有一部电话机就要有两根(一对)电话线。

(1)线路组成。

电话通信线路从进户管线一直到用户出线盒,一般由以下五部分组成:

1)引入(进户)电缆管路,分为地下进户和外墙进户两种方式。

2)交接设备或总配线设备,它是引入电缆进屋后的终端设备,有设置、不设置用户交换机两种情况。如果设置用户交换机,采用总配线箱或总配线架;如果不设置用户交换机,常用交接箱或交接间,交接设备宜装在建筑的一、二层,如有地下室,且较干燥、通风,才可考虑设置在地下室。

3)上升电缆管路,分为上升管路、上升房和竖井三种类型。

4)楼层电缆管路。

5)配线设备,如电缆接头箱、过路箱、分线盒、用户出线盒,是通信线路分支、中间检查、终端用设备。

(2)配线方式。

建筑物的电话线路包括主干电缆(或干线电缆)、分支电缆(或配线电缆)和用户线路三部分,其配线方式应根据建筑物的结构及用户需要,选用技术上先进、经济上合理的方案,做到安全可靠,便于施工和维护管理。

干线电缆的配线方式有单独式、复接式、递减式、交接式和合用式。

1)单独式。

①性质。采用这种配线方式时,各个楼层的电缆采取分别独立的直接供线,因此,各个楼层的电话电缆线之间毫无连接关系。各个楼层所需的电缆对数根据需要来定,可以相同或不相同。

②优点。各楼层的电缆线路互不影响,如果发生故障,涉及范围较小,只有一个楼层;由于各层都是单独供线,发生故障容易判断和检修;扩建或改建较为简单,

不影响其他楼层。

③缺点。单独供线,电缆长度增加,工程造价较高;电缆线路网的灵活性差,各层的线无法充分利用,线路利用率不高。

④适用范围。适用于各楼层需要的电缆线对较多且较为固定不变的场合,如高级宾馆的标准层或办公大楼的办公室等。

2)复接式

①性质。采用这种配线方式时,各个楼层之间的电缆线对部分复接或全部复接,复接的线对根据各层需要来决定。每对线的复接不得超过两次,各个楼层的电话电缆由同一条电缆接出,不是单独供线。

②优点。电缆线路网的灵活性较高,各层的线对因有复接关系,可以适当调度;电缆长度较短,且相对集中,工程造价比较低。

③缺点。各个楼层电缆线对复接后会相互影响,如果发生故障,涉及范围广,对各个楼层都有影响;各个楼层不是单独供线,如果发生故障,不易判断和检修;扩建或改建时,对其他楼层有所影响。

④适用范围。适用于各层需要的电缆线对数量不均匀、变化比较频繁的场合,如大规模的大楼、科技贸易中心或业务变化较多的办公大楼等。

3)递减式。

①性质。采用这种配线时,各个楼层线对互相不复接,各个楼层之间的电缆线对引出使用后,上升电缆逐渐递减。

②优点:各个楼层虽由同一上升电缆引出,但因线对互不复接,故发生故障时容易判断和检修;电缆长度较短,且对数集中,工程造价较低。

③缺点:电缆线路网的灵活性较差,各层的线对无法充分使用,线路利用率不高;扩建或改建较为复杂,会影响其他楼层。

④适用范围。适用于各层所需的电缆线对数量不均匀且无变化的场合,如规模较小的宾馆、办公楼及高级公寓等。

4)交接式。

①性质。这种配线方式将整个高层建筑的电缆线路网分为几个交接配线区域,除离总交接箱或配线架较近的楼层采用单独式供线外,其他各层电缆均分别经过有关交接箱与总交接箱(或配线架)连接。

②优点。各个楼层电缆线路互不影响,如果发生故障,则涉及范围较小,只是相邻楼层;提高了主干电缆芯线的使用率,灵活性较高,线对可调度使用;发生故障容易判断、测试和检修。

③缺点。增加了交接箱和电缆长度,工程造价较高;对施工和维护管理等要求较高。

④适用范围。适用于各层需要线对数量不同且变化较多的场合,例如规模较大、变化较多的办公楼、高级宾馆、科技贸易中心等。

5)合用式。

这种方式是将上述几种不同配线方式混合应用而成,因而适用场合较多,尤其适用于规模较大的公用建筑等。

（3）传输线路及设备。

1）市话电线电缆。电话系统的干线使用电话电缆。室外埋地敷设时使用铠装电缆，架空敷设时用钢丝绳悬挂普通电缆，或使用带自承钢丝绳的电缆，室内使用普通电缆。常用电缆有 HYA 型综合护型塑料绝缘电缆和 HPVV 铜芯全聚氯乙烯电缆，电缆规格标注为 HYA10×2×0.5，其中 HYA 为型号，10 表示电缆内 10 对电话线，2×0.5 表示每对线为两根直径 0.5mm 的导线。电缆的对数从 5～2 400 对，线芯有两种规格，直径为 0.5mm 和 0.4mm。

2）双绞线。用于数字通信传输的双绞线缆，是由绞合在一起的一对、两对或多对的绞线组成，它具有抗外界电磁场的干扰能力，而且也减少了各对导线之间相互的电磁干扰。

双绞线分为屏蔽型（STP）和非屏蔽型（UTP）两类。按其传输的速率分为 3 类、4 类、5 类及超 5 类线。3 类线传输的最高速率为 16MHz；4 类线传输的最高速率为 20MHz；5 类线传输的最高速率为 100MHz；超 5 类线传输的最高速率为 155MHz。不论 3 类、5 类双绞线，都具有 4 对、24 对、48 对，也有 10 对、25 对、50 对、100 对、150 对多对线缆，其芯线截面积均为 0.5mm²。

管内暗敷设使用电话线，常用的是 RVB 型塑料并行软导线或 RVS 型双绞线，规格（mm²）为（2×0.2）～（2×0.5）；要求较高的系统使用 HPW 型并行线，规格（mm²）为 2×0.5，也可以使用 HBV 型绞线，规格（mm²）为 2×0.6。

3）光缆。光缆是数字通信中传输容量最大、传输距离最长的新型传输媒体。它的芯线是在特定环境下由玻璃或塑料制成，采用不同的包层、结构及护套制成光缆。光缆的信号载体不是电子而是光，因此它具有很高的速率，信号传输速度可达每秒数百兆位，所以它具有很大的传输容量。光缆按光纤种类分为多模光缆及单模光缆。单模光缆用于局与局之间、局与用户之间的室外长距离传输，多模光缆用于室内传输。

4）分线箱。电话系统干线电缆与用户连接要使用电话分线箱，也叫电话组线箱或电话交接箱。电话分线箱按要求安装在需要分线的位置，建筑物内的分线箱暗装在楼道中，对高层建筑，安装在电缆竖井中。分线箱的规格为 10 对、20 对、30 对等，按需要的分线数量，选择适当规格的分线箱。

5）用户出线盒。市内用户要安装暗装用户出线盒，出线盒面板规格与前面的开关插座面板规格相同，如 86 开关型、75 型等。面板分为无插座型和有插座型。无插座型出线盒面板只是一个塑料板，中央留直径 1cm 的圆孔，线路电话线与用户电话机线在盒内直接连接，适用于电话机位置较远的用户，用户可以用 RVB 塑料并行软导线做室外内线，连接电话机连接盒。有插座型出线盒面板分为单插座和双插座，面板上为通信设备专用插座，要使用专用插头与之连接，现在电话机都使用这种插头进行线路连接，比如传声器与座机的连接。使用插座型面板时，线路导线直接接在面板背面的接线螺钉上。

2. 共用天线电视系统

共用天线电视系统，简称为 CATV 系统，指共用一组天线接收电视台电视信号,并通过同轴电缆传输、分配给许多电视机用户的系统。它是在一栋建筑物或一个建筑群中,挑选一个最佳的天线安装位置,根据所接收的电视信号的具体情况,选用一组共用的天线。然后将接收到的电视信号进行混合放大,并通过传输和分配网络送至各个用户电视接收机。

(1)系统组成。

共用天线电视系统一般由前端、干线传输系统和用户分配系统 3 个部分组成。前端部分主要包括电视接收天线、频道放大器、频率变换器、自播节目设备、卫星电视接收设备、导频信号发生器、调制器、混合器以及连接线缆等部件。干线传输系统是把前端接收处理、混合后的电视信号,传输给用户分配系统的一系列传输设备。对于单幢大楼或小型 CATV 系统,可以只包括干线部分,主要是干线、干线放大器、均衡器等。用户分配系统是共用天线电视系统的最后部分,主要包括放大器、分配器、分支器、系统输出端以及电缆线路等,如图 4-110 所示。

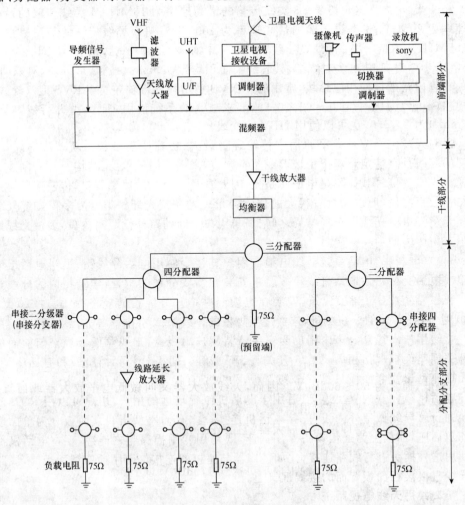

图 4-110　用户分配系统组成

（2）接收天线。

接收天线是接收空间电视信号无线电波的设备，它能接收电磁波能量，增加接收电视信号的距离，可提高接收电视信号的质量。因此，接收天线的类型、架设高度、方位等，对电视信号的质量起着至关重要的作用。

接收天线应具有以下三种性能：

1）良好的方向性。天线的方向性能表征了天线对不同方向来的高频电磁波具有不同程度的接收能力。方向性越强，越有利于电视信号电波的远距离定向接收，抑制干扰的能力越强。

2）高增益。天线的增益又称为天线的高频电视信号感应压或功率增益系数。不同类型的接收天线，其增益不同，表明天线接收到的电视信号高频电磁波转换成高频电视信号电压或功率的效果不一样。增益越高，天线接收微弱，电视信号的能力越强。

3）足够的带宽。天线的带宽又称为天线的通频带，指将天线谐振时输出到馈线的最大信号功率范围。为使一副天线能同时接收几个频道的电视节目，并重显清晰的图像，就应该选用足够带宽的电视天线，以确保接收到的高频电视信号不产生失真。

接收天线的种类很多，按其结构形式可分为：八木天线、环形天线、对数周期天线（单元的长度、排列间隔按对数变化的天线）和抛物面天线等。CATV 系统广泛采用八木天线及其复合天线，卫星电视接收则多使用抛物面天线。

八木天线又称引向天线，它是由有源振子及其前、后放置一定数量的无源振子组成的。所谓振子，是指能产生显著电磁波辐射的直导线。有源振子就是能输出信号的谐振器，不输出信号的振子称为无源振子。八木天线多采用半波折合振子，以获得足够的天线输入阻抗。无源振子（反射器和引向器）是若干孤立的金属杆，装在有源振子（辐射器）后面的（长度较长）叫反射器，装在有源振子前面的（长度较短）叫引向器。

卫星电视接收天线按其馈电方式不同分为两大类：抛物面天线（前馈式）和卡塞格伦天线（后馈式）。

（3）前端设备。

主要包括放大器、混合器、调制器、频道转换器、分配器等元件。前端设备质量的好坏，将影响整个系统的图像质量。

天线放大器主要是用来放大接收天线收到的微弱的电视信号，它的输入电平较低，通常为 $50\sim60\mathrm{dB}\mu\mathrm{V}$。因而，天线放大器又叫做低电平放大器或前置放大器。一般要求噪声系数很低，为 $3\sim6\mathrm{dB}\mu\mathrm{V}$。

频道放大器即单频道放大器，它的作用是将电视接收天线接收来的高低不同的各频道信号的电平调整至大体相同的范围。因此要求频道放大器有较高的增益。频道放大器的最大输出电平可达到 $110\mathrm{dB}\mu\mathrm{V}$ 以上。

调制器、录像机、摄影机等自办节目设备及卫星电视接收设备，通常输出的是视频图像和伴音信号。需要用调制器将它们调制到某一频道的高频载波上，才能进入电视系统进行传输。

　　混合器是将多路电视信号混合为一路信号进行传输的元件。若不用混合器，直接将不同频道的信号用同轴电缆与输出电缆并接，由于系统内部信号的反射，会产生重影，还由于天线回路的相互影响，会导致图像失真，而混合器中的带通滤波电路会消除这些干扰。因此，当共用电视天线系统的前端采用组合天线时，必须将天线接收的信号用混合器混合以后才能进入传输干线。

　　(4)传输干线。

　　传输干线主要包括干线放大器、分配放大器、线路延长放大器、分配器、分支器、传输线缆元件。

　　1)干线放大器。其作用主要是用来补偿信号在干线中传输所产生的电平损耗。并且，干线放大器具有自动设备控制和自动斜率控制的功能，其最高频道增益一般为 $22\sim25dB$。

　　2)分配放大器。一般用于干线的末端，主要用来提高信号电平，满足系统分配、分支部分的需要。它的频带较宽，输出电平高，其增益值为任何一个输出端的输出电平与输入电平之差。

　　3)线路延长放大器。一般安装于支干线上，主要是用来补偿线路分支器的插入损耗和电缆损耗，它只有一个输入端和一个输出端，输出端不再连接分配器。

　　4)分配器。分配器是用来分配电视信号并保持线路匹配的装置，它能将一路输入信号均等地分成几路输出。除此之外，它还起着隔离作用，使分配输出端之间有一定隔离，相互不影响；同时还起着阻抗匹配作用，即各输出线的阻抗也为 75Ω。

　　分配器按输出路数多少可分为二分配器、三分配器、四分配器、六分配器等。按分配器的回路组成可分为集中参数型和分布参数型两种。按使用条件又可分为室内型、室外防水型、馈电型等。在使用中，对剩下不用的分配器输出端必须接终端匹配电阻(75Ω)，以免造成反射，形成重影。

　　5)分支器。

　　分支器是从干线(或支线)上取出一小部分信号传送给电视机的部件，因此它的作用是以较小的插入损耗从传输干线或分配线上分出部分信号经衰减后送至各用户。分支器一般由变压器型定向耦合器和分配器所组成。根据分支器输出端连接的分配器的不同，可分为一分支器、二分支器、四分支器等。分支器的作用就是通过变压器型定向耦合器，从干线上以较小的插入损耗来截取部分信号，然后经过衰减由分配器进行输出。

　　6)传输线缆。即系统中各种设备器件之间的连接线。目前使用的线缆主要有两种，一种是平行馈线，一种是同轴电缆。平行馈线的特性阻抗为 300Ω，由于导线为平行布置，没有屏蔽作用。因此，信号传输过程中损耗较大，并且机械性能较差，在共用天线电视系统中已很少使用了。同轴电缆的特性阻抗有 50Ω、75Ω、100Ω 几种规格。在共用天线电视系统中采用 75Ω 的同轴电缆，它有内、外两部分导体，有良好的屏蔽作用。在内外导体之间通常填充有泡沫塑料或藕状聚乙烯等绝缘材料,最外面是聚乙烯保护层。由于同轴电缆抗干扰能力强,信号衰减少,所以在共用天线系统中被广泛使用。

(5)用户终端。

用户终端指用户接线盒及电视接收机的连接,通常用户接线盒均有两个插孔。一个提供电视信号,一个提供调频广播信号。

3. 广播音响系统

广播音响系统是指现代化智能大厦、机场、车站、综合大厦等公共设施设置的广播系统,各个构成单元以及各种安装件均采用模块化结构,可根据实际使用要求而灵活地进行组合,扩展较为方便。

(1)广播音响系统分类。

1)按用途分类,见表 4-34。

表 4-34　广播音响系统按用途的分类

项　目	内　容
业务性广播	满足以业务及行政管理为目的,以语言为主的广播,如在开会、宣传、公告、调度的时候
服务性广播	满足以娱乐、欣赏为目的,以音乐节目为主的广播,如在宾馆、客房、商场、公共场所等
紧急性广播	满足紧急情况下以疏散指挥、调度、公告为目的,以优先性为首的广播,如在消防、地震、防盗等应急处理的时候

2)按功能分类,见表 4-35。

表 4-35　广播音响系统按功能的分类

项　目	内　容
客房音响	根据宾馆等级,配置相应套数的娱乐节目。节目来自电台接收及自办一般单声道播出。应设置应急强切功能,以应消防急需
背景音响	为公共场所的悦耳音响,营造轻松环境。亦为单声道,且具备应急强切功能。亦称公共音响,有室内、室外之分
多功能厅音响	多功能厅一般多用为会议、宴席、群众歌舞,高档的还能作演唱、放映、直播。不同用途的多功能厅的音响系统档次、功能差异甚远。但均要求音色、音质效果好,且配置灯光,甚至要求彼此联动配合
会议音响	包括扩音、选举、会议发言控制及同声传译等系统,有时还包括有线对讲、大屏幕投影、幻灯、电影、录像配合

续表

项　目	内　容
紧急广播	（1）紧急广播用扬声器的设置要求：民用建筑内的扬声器应设置在走道和公共场所，其数量应保证从本楼层任何部位到最近一个扬声器的步行距离不得超过 15m，每个扬声器的额定功率应不小于 3W。工业建筑内设置的扬声器，在其播放区域内最远点的播放声压级应高于背景噪声 15dB。 （2）紧急广播系统的电源：应采用消防电源，同时应具有直流备用电池。消防联动装置的直流操作电源应采用 24 V。 （3）紧急广播的控制程序：二层及二层以上楼层发生火灾时，应在本层及相邻层进行广播；首层发生火灾时，应在本层、二层及地下各层进行广播；地下某层发生火灾时，应在地下各层及首层进行广播。 （4）紧急广播的优先功能：火灾发生时，应能在消防控制室将火灾疏散层的扬声器强制转入紧急广播状态。消防控制室应能显示紧急广播的楼层，并能实现自动和手动播音两种方式

3）按工作原理分类。

根据音响的需求和具体应用分为单声道、双声道、多声道、环绕声等多类，后几类又属于立体声范畴。

4）按信号处理方式分类。

按信号处理方式分类可分为模拟和数字两类，后者将输入信号转换成数字信号再处理，最后经数/模转换，还原成高保真模拟音频。失真小、噪声低、高分辨率、功能多，具有替代前者优势。

5）按传输方式分类。

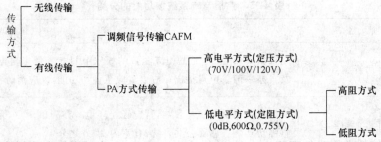

（2）广播音响系统组成。

一个完整的广播音响系统由音源输入设备、前级处理设备、功率放大设备、信号传输线路及终端设备（喇叭、音箱、音柱）5 部分构成。不同应用系统其核心部分亦有区别。

1）背景音乐音源。音源由循环放音卡座、激光唱机、调频调幅接收机等组成。双卡循环放音卡座可选用普通磁带及金属磁带，并具有杜比降噪、两卡循环、自动增益控制、外接定时装置等功能。激光唱机为多碟唱机，可长时间连续播放背景音乐。调频调幅接收机具有存储功能,采用内部微处理器锁相环同步技术防止信号偏差,其接收频带范围符合国家有关规定。

2)前置放大部分。前置放大部分由辅助放大模块、线性放大模块组成。辅助放大模块具有半固定音量控制、输出电平调整、静噪等功能;线性放大模块具有输出电平控制、高低音调整及发光二极管输出电平指示。

3)功率放大部分。功率放大部分是将信号进行功率(电压、电流)放大,其放大功率分级为 5W、15W、25W、50W、100W、150W、500W、1 000W。放大器要有可靠性高、频带宽、失真小等一系列特点,并且能保证系统 24h 满功率的工作。放大器一般可在交流 220V 及直流 24V 两种供电方式下进行正常的工作。

4)放音部分。放音部分采用的是吸顶扬声器和壁挂式扬声器、音箱等。扬声器前面为本白色,前面罩为金属网板。该类扬声器外观大方、频带宽、失真小,与吊顶及环境配合可起到较好的听觉和视觉效果。

(3)典型广播音响系统。

1)单声道扩音系统。单声道扩音系统的功能是将弱音频输入电压放大后送至各用户设备,由前级放大和功率放大两部分构成。小系统二者合一,大系统两者分开。功放多用大功率晶体管,高档的用电子管,俗称电子管胆机。单声道扩音系统主要运用于对音质要求一般的公共广播、背景音乐之类的场合。

2)立体声扩音系统。立体声扩音系统将声源的信号分别用左、右两个声道放大还原,音色效果更为丰满。往往还利用分频放大(有 2 分频、3 分频、4 分频多种),区别处理高、低音(还有更细的区分为高、中、低、超重低音),使频域展开。甚至利用杜比技术控制延时,产生环绕立体声,更有临场感。音色调节的核心设备为调音台,内设的反馈抑制器抑制低频和声频回授的自激振荡,效果器采用负反馈进一步改善音质。有条件的场合,使用 VCD、LD 等声源时,还多以 TV 显示画面图像。

3)卡拉 OK 音响系统。它在上述立体声系统中增加了:

①用户自娱自唱的功能,要求能减弱、消去音源部分的全部唱音;

②选择伴音曲目的点歌功能,被点曲目早期是以 CD/VCD 盘片形式储存调用,现多以数字形式存于计算机硬盘内供调用。

4)宾馆客房音响系统。它与卡拉 OK 音响系统的主要区别在于:

①多套音乐节目供用户选择,并控制音量(多在床头柜控制台);

②紧急广播强切,包括客人关闭音乐节目欣赏的状况。

4. 通信网络系统图识读实例

某学校教学楼建筑面积为 2 930.23m²,地上 4 层为教学楼,檐口高度 15.3m。建筑类别为二类,建筑耐火等级为二级,结构类型为砖混结构。其中弱电通信网络系统设计包括 4 个部分:网络、电话、有线电视、广播的系统图及平面图设计。图纸包括弱电系统图、首层弱电平面图、二层弱电平面图、三层弱电平面图、四层弱电平面图。因一至四层的弱电平面布置基本一致,仅有局部改动,故仅以弱电系统图和首层、二层弱电平面图作为实例进行分析。其中图 4-111 为弱电系统图,图 4-112 为首层弱电平面图,图 4-113 为二层弱电平面图。

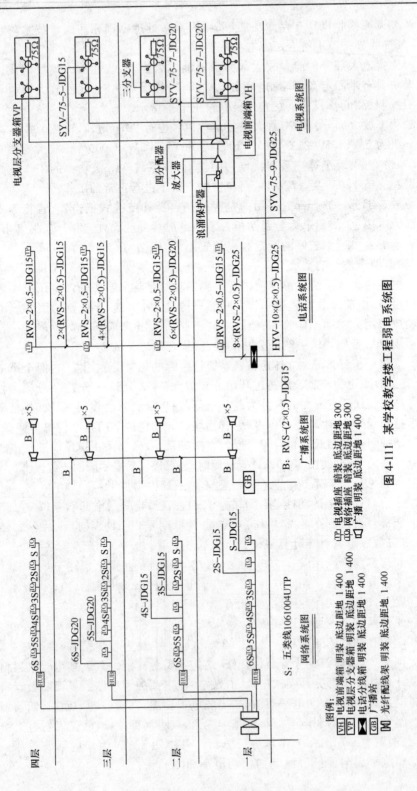

图 4-111　某学校教学楼工程弱电系统图

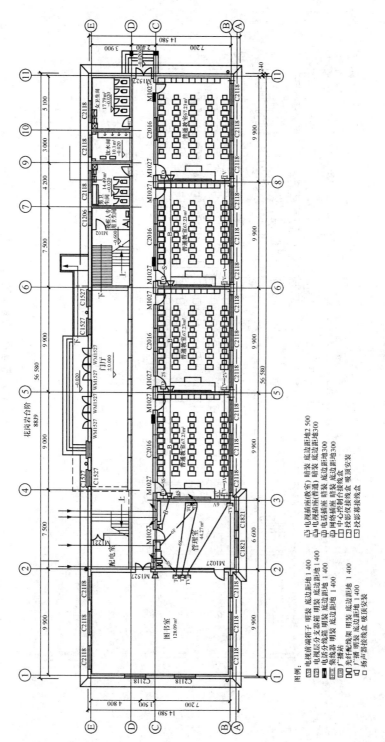

图 4-112 某学校教学楼工程首层弱电平面图

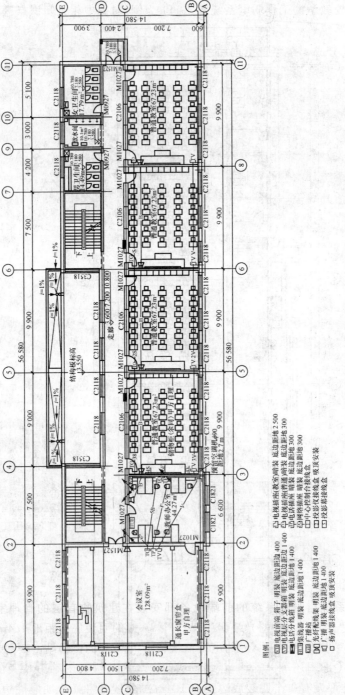

图 4-113 某学校教学楼工程二层弱电平面图

(1)系统图的分析。

以某学校教学楼工程弱电系统图 4-111 为例,对图中相关知识点进行讲解。

1)网络系统。一根光纤由室外穿墙引入建筑物一层的光纤配线架,经过配线后,以放射式分成 4 路穿管引向每层的集线器(HUB),总配线架与楼层集线器一次交接连接。每层的集线器引出 6 对 5 类非屏蔽双绞线(UTP),分别穿不同管径的薄壁紧定钢管(JDG)串接入 6 个网络终端插座(TO)。其中 6 对和 5 对的 5 类非屏蔽双绞线穿管径为 20mm 的 JDG 管,4 对及以下 5 类非屏蔽双绞线穿管径为 15mm 的 JDG 管。每层设有 1 个明装底边距地 1.4m 的集线器,6 个暗装底边距地 0.3m 的网络插座,一至四层共计有 4 个集线器、24 个网络插座。

2)电话系统。由室外穿墙进户引来 10 对 HVY 型电话线缆,接入设在建筑物一层的总电话分线箱,穿管径为 25mm 的薄壁紧定钢管(JDG25)。从分线箱引出 8 对 RVS-2×0.5 型塑料绝缘双绞线,分别穿不同管径的 JDG 管,单独式引向每层的各个用户终端——电话插座(TP)。其中 8 对 RVS 双绞线穿管径为 25mm 的 JDG 管,6 对 RVS 双绞线穿管径为 20mm 的 JDG 管,4 对及以下 RVS 双绞线穿管径为 15mm 的 JDG 管。每层设有 2 个暗装底边距地 0.3m 的电话插座,一至四层共计 8 个电话插座。

3)电视系统。由室外穿墙引来一根 SYV-75-9 型聚乙烯绝缘特性阻抗为 75Ω 的同轴电缆,接入建筑物首层的电视前端箱(VH),穿管径为 25mm 的薄壁紧定钢管(JDG25)。经过放大器放大后,采用分配—分支方式,首先把前端信号用四分配器平均分成 4 路,每一路分别引入电视层分支器箱(VP),再由分支器箱内串接的两个三分支器平均分配到 6 个输出端——电视插座(TV),共有 24 个输出端。系统干线选用 SYV-75-7 型同轴电缆,穿管径为 20mm 的薄壁紧定钢管(JDG20)。分支线选用 SYV-75-5 型同轴电缆,穿管径为 15mm 的薄壁紧定钢管(JDG15)。

4)广播系统。采用单声道扩音系统作为公共广播。由室外穿墙引来一根 RVS-2×0.5 型塑料绝缘双绞线,接入建筑物首层的广播站,穿管径为 15mm 的薄壁紧定钢管(JDG15)。之后分别串联复接到每层的 5 个终端放音音箱上,一至四层总计 24 个音箱。

(2)平面图的分析。

以某学校教学楼工程首层和二层弱电平面图 4-112 和 4-113 为例,对图中相关知识点进行讲解。

1)弱电系统。弱电系统的前端设备都安装在建筑物首层的管理室内,包括:1 个明装底边距地 1.4m 的光纤配线架,1 个 10 对的明装底边距地 1.4m 的电话分线箱,1 个明装底边距地 1.4m 的电视前端箱,1 个明装的广播站。读图 4-113 所示的二层弱电平面图还可以了解,在每一层的 2、3 轴线与 C、D 轴线交叉的相同位置的房间内,还都设有 1 个明装底边距地 1.4m 的集线器和 1 个明装底边距地 1.4m 的电视层分支器箱。

2)网络系统。光纤配线架出线,分 4 路穿 JDG 管沿墙内暗敷由一层分别垂直引上至二、三、四层的集线器。之后，再由每层的集线器引出 6 对 5 类 UTP，穿 JDG 管暗敷于每层顶板内，串接至各个网络插座。

3)电话系统。由接线箱首先引出 8 对 RVS-2×0.5 型双绞线，穿管径 25mm 的 JDG 管，至首层管理室轴线 3 所对应墙线上的电话插座；再从此处引出 6 对 RVS-2×0.5 型双绞线，穿管径 20mm 的 JDG 管，墙内暗敷垂直引上至 2 层；从 2 层相应处引出 4 对 RVS-2×0.5 型双绞线，穿管径 15mm 的 JDG 暗敷垂直引上至 3 层；从 3 层相应处引出两对 RVS-2×0.5 型双绞线，穿管径 15mm 的 JDG 管暗敷垂直引上至 4 层。每层相应引出后，再分别引出 1 对 RVS-2×0.5 型双绞线，穿管径 15mm 的 JDG 管暗敷每层顶板内，接至轴线 2 所对应的墙面上的电话插座上。

4)电视系统。先由电视前端箱引出 4 路 SYV-75-7 型同轴电缆，穿管径 20mm 的 JDG 管沿墙内暗敷由一层分别垂直引上至二、三、四层的电视层分支器箱。再由每层的分支器箱引出 6 根 SYV-75-5 型同轴电缆，穿管径为 15mm 的 JDG 管暗敷于每层顶板内，递减式串接至各个电视插座。

二、安全防范系统

1.闭路电视监控系统

（1）系统功能。

电视监控系统是现代管理、检测和控制的重要手段之一。闭路电视监视系统在人们无法或不可能直接观察的场合，能实时、形象、真实地放映被监视控制对象的画面，人们利用这一特点，及时获取大量信息，极大地提高了防盗报警系统的准确性和可靠度。并且，电视监控系统已成为人们在现代化管理中监视、控制的一种极为有效的观察工具。

现代化的智能建筑中，保安中心是必须设置的。在保安中心可设置多台闭路电视监视器，对出入口、主要通道和重要部位随时进行观察。闭路电视监视系统主要由产生图像的摄像机或成像装置、图像的传输装置、图像控制设备和图像的处理显示与记录设备等几部分组成。该系统是将摄像机公开或隐蔽地安装在监视场所，被摄入的图像及声音（根据需要）信号通过传输电缆传输至控制器上。可人工或自动地选择所需要摄取的画面，并能遥控摄像机上的可变镜头和旋转云台，搜索监视目标，扩大监视范围。图像信号除根据设定要求在监视器上进行单画面及多画面显示外，还能监听现场声音，实时地录制所需要的画面。

电视监控系统具有实时性和高灵敏度，可将非可见光信息转换为可见图像，便于隐蔽和遥控；可监视大范围的空间，与云台配合使用可扩大监视范围；可实时报警联动，定格录像并示警等特点。

值班人员在监控中心通过键盘可方便地实现摄像机调看、录像、宏编辑、调用、报警监视、复核等多种功能。

监控系统还可以通过网络传输设备在局域网或广域网上以 TCP/IP 方式实时上传现场图像。该系统在集成平台上能与其他安防系统包括防盗报警、门禁等系统进行联动，任何报警信息的发出，可以把现场图像切换到指定监视器上显示，并触发报警录像。

（2）系统组成。

1）前端设备。前端设备主要指摄像机及摄像机的辅助设备（红外灯、支架等）。前端设备的选择应该遵循监视尽可能大的范围，实现重点部位在摄像机的监视范围之中的原则。前端摄像机的选配原则，一般考虑以下几方面：

①摄像机的灵敏度。

当前所使用的 CCD 黑白摄像机一般靶面照度为 0.01～0.05lx；彩色 CCD 摄像机的靶面照度为 1～5lx。在选配摄像机时，应根据被防范目标的照度选择不同灵敏度的摄像机。一般来说，被防范目标的最低环境照度应高于摄像机最低照度的 10 倍。由于靶面的照度与镜头的相对孔径有极重要的关系，因此当被防范目标的照度经常变化时，应选用自动光圈镜头，用视频信号的变化量来改变镜头的相对孔径，调节摄像机的入光量，以保证取得理想的图像。

②摄像机的分辨率。

一般地说，作为宏观监控，摄像机的分辨率在 330～450 线就可以了。但是，对被防范目标的识别，不仅取决于摄像机的分辨率，更取决于被监视的视场，也就是说取决于镜头的焦距，即被摄物体在电视光栅中所占的比例。全光栅由 575 行构成，要看清楚一个有灰度层次的物体，最好使该物体能够占有几十行以上。如果被摄物体在光栅中只占一行的高度，那么就只能看见一个点或一条线。

③摄像机的电源。

根据现场环境要求而定，室外宜使用低压。并且所有的摄像机都能在标准电源电压正常变化的情况下工作。但由于我国的电源电压变化比较大，因此要求摄像机有更大的电源电压变化范围。

④摄像机的选择。

摄像机是闭路电视监控系统中必不可少的部分，它负责直接采集图像画面，优质的画面必然需要性能优越的摄像机。考虑到具体安装部位、光照情况、环境因素等的不同，应该选用不同类型的摄像机。

2）传输设备。视频传输同轴电缆、电源线和控制线不与电力线共管及平行安装，若无法避免平行安装时，两条线管应保持一定的间距（具体间距由电力线传送的功率、平行长度决定）；同轴电缆、控制线尽可能采用整根完整电缆，不允许人工连接加长；布线尽量避开配电箱/配电网（高频干扰源）、大功率电动机（谐波干扰源）、荧光灯管、电子启动器、开关电源、电话线等干扰源。

接地线不要垂直弯折，弯曲至少要有 20cm 的半径；地线与其他线材分开；地线朝向大地的方向走线；使用 2.4m 的覆铜接地钉；地线不能与没有连接的金属并行。在现行的选择上应使用质量过硬的线缆，避免传输过程中使得信号受损，影响整个系统工作状态的情况出现。另外，在焊接线缆时，应细致小心，以保证信号一路畅通，确保长时间传输无故障。

3）终端设备。

①矩阵系统。中心控制系统是一个系统的核心,其增容性、扩展性直接关系到整个系统今后的增容、扩容问题。其核心设备矩阵系统应该是一种扩展型系统,易于安装、操作和管理。键盘设计美观、易于操作。监视器下拉菜单显示,用户可在系统中任意键盘设定不确定优先级别的用户,最高级别的用户可编程设置优先级、分区和锁定。系统允许多用户快速查看及控制摄像机,确认报警图像信息。系统可编程配置、预置、顺序切换、巡视、事件报警编程、块切换等。

②录像设备。录像是保安监控的重要部分,是取证的重要手段。即使选用的摄像机系统再先进,如果录像效果不好,那么取证和查看都将失去意义。该系统采用数字信号得到的图像远比模拟信号要清晰得多。硬盘反复读写对信号没有任何损耗,同一幅图像即使回放千万次也不影响图像质量。数字系统检索图像方便快捷,键入检索路径,仅需十分之几秒图像即可自动显示在屏幕上;而模拟系统要靠人工查带,必须眼睛紧盯屏幕,一闪而过的图像很容易被漏掉。本系统的图像记录完全由软件实现,当硬盘被录满之后自动覆盖最早的图像,不会造成图像丢失;而模拟系统需要不断地更换录像带,换带期间的图像必然丢失,如果恰在此时发生意外情况,那么就将造成损失。硬盘的使用寿命在8年以上,而且无需维护;而录像带反复擦写几十次以后图像质量就开始下降,其保存条件如果不适宜(如阳光直射、高温、高湿等),都将影响图像质量。数字系统可以对任一图像进行处理,如放大、打印、转存入光盘等;而模拟系统则没有这些功能。

为防止无关人员擅自进入系统,系统具有密码保护功能,只有有权进入系统的人员才能进入系统设置菜单,进行功能设置。这样保证了系统的安全性。系统密码可以分级,每一级对应的可操作项目是不同的,这样可以有效地区分各级用户的权限范围。系统具有网络接口,可将信号远传。

(3)系统接地和供电。

系统的供电及接地好坏直接影响系统的稳定性和抗干扰能力,总的思路是消除或减弱干扰,切断干扰的传输途径,提高传输途径对干扰的衰减作用,具体措施是:整个系统采用单点接地,接地母线采用铜质线,采用综合接地系统,接地电阻不得大于 1Ω。为了保证整个系统采用单点接地,在工程实施中做到视频信号传输过程中每路信号之间严格隔离、单独供电,信号共地集中在中心机房。由于接地措施的科学合理,有力地保证了系统的抗干扰性能。

(4)系统屏蔽。

视频传输同轴电缆、摄像机的电源线和控制线均穿金属管敷设,且金属管需要良好地接地。电源线与视频同轴电缆、控制线不共管。报警系统总线采用非屏蔽双绞线,电源、信号可共管。

(5)系统抗干扰。

由于建筑物内的电气环境比较复杂,容易形成各种干扰源,如果施工过程中未采取恰当的防范措施,各种干扰就会通过传输线缆进入综合安防系统,造成视频图像质量下降、系统控制失灵、运行不稳定等现象。因此研究安防系统干扰源的性质、了解其对安防系统的影响方式,以便采取措施解决干扰问题对提高综合安防系统工程质量,确保系统的稳定运行非常有益。

(6)安全方法系统图识读。

以某公司科研和生产制造区的监控系统图 4-114 为例,对图中相关知识点进行讲解。该系统采用数字监控方式。

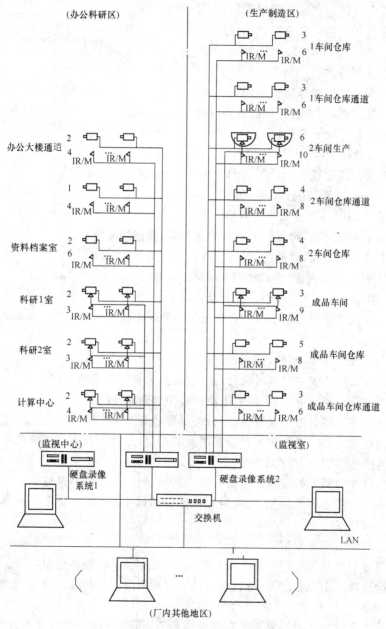

图 4-114　某公司科研和生产制造区的监控系统图

1)监控点设置。共计摄像 42 个点；双鉴探测 85 个点。

2)系统设备设置。

①2.5/7.6cm 彩色 CCD 摄像机，DC398P，36 台。

②6 倍三可变镜头，SSL06，9 个。

③8mm 自动光圈镜头，SSE0812，27 个。

④彩色一体化高速球形摄像机，AD76PCL，6 台。

⑤云台解码器，DR-AD230，6 台。

⑥报警模块，SR092，3 块。

⑦半球型防护罩，YA-20cm，27 个。

⑧内置云台半球形防护罩，YA-5509，9 个。

⑨三技术微波/被动红外探测器，DS-720，85 个。

⑩显示器，53cm，2 台。

⑪16 路数字硬盘录像机，MPEG-4，3 台。

3)系统软件配置为 MPEG-4 数字监控系统，其系统功能如下：

①Windows XP 运行环境，全中文菜单。

②采用 MPEG-4 压缩编码算法。

③图像清晰度高，对每幅图像可独立调节，并能快速复制。

④多路视频输入，显示、记录的速率均为每路 2 帧/s。

⑤可单画面、4 画面、全画面、16 画面图像显示。

⑥多路音频输入，与视频同步记录及回放。

⑦录像回放速率每路 25 帧/s，声音与图像同步播放，实现回放图像动态抓拍、静止、放大。

⑧人工智能操作(监控、记录、回放、控制、备份同时进行)。

⑨通过输出总线可完成对云台、摄像机、镜头和防护罩的控制。

⑩实时监控图像可单幅抓拍，也可所有图像同时抓拍。

⑪具备视频移动检测报警、视频丢失报警功能。

⑫通过输入总线接入多种报警探测器的报警，并能实现相关摄像机联动。

⑬电子地图管理，直观清晰。

⑭支持多种型号的高速球形摄像机、云台控制器及报警解码器。

⑮强大的网络传输功能，支持局域网图像传输方式，可实现多个网络副控，多点图像远程监控。

⑯支持电话线路传输。

⑰可分别设置每个摄像机存储位置、空间大小及录像资料保留时间。

⑱全自动操作，系统可对每台摄像机制定每周内所有时段的录像计划，并按计划进行录像。

⑲系统可对每个报警探头制定每周内所有时段的布防计划，并按计划进行报警探头布防。

⑳系统可对每台摄像机制定每周内所有时段的移动侦测计划,并按计划进行移动侦测布防。

㉑所有操作动作均记录在值班操作日志里,便于系统维护和检查工作。

㉒交接班、值班情况及值班操作过程全部由计算机直接进行管理,方便查询。

㉓资料备份可直接在界面操作,转存于移动硬盘或光盘等存储设备,保证主要资料不被破坏。

4)系统的运作配合。

①3台16路输入的MPEG-4数字录像机(16路硬盘录像机),完成对42台摄像机的监控,实现85个双鉴探测器与电视监控系统的联动。

②3台16路硬盘录像机共带48路报警输入接口,每台硬盘录像机通过RS-485接口各连接1块16路报警模块扩展接口。

③前端摄像机送来的图像信号经数字压缩后,再控制、存储或重放。数字监控通过计算机完成对图像信号选择、切换、多画面处理、实时显示和记录等功能,完成现场报警信号与监控系统的联动。

④两台16路输入的数字录像机设在一个监控室,另一台设在另一个监控室,通过交换机与厂区局域网相连,厂区局域网中的任意一台计算机,经授权就能调看系统中的图像。

2. 出入口控制系统

(1)系统概述。出入口控制系统,是在建筑物内的主要管理区,如大楼出入口、电梯厅、主要设备机房等重要部位的通道口安装门磁开关、电控锁或读卡机等控制装置,由中心控制室监控。系统采用计算机多重任务的处理,能够对各通道口的位置、通行对象及通行时间等实时进行控制或设定程序控制。

(2)系统功能。每个用户持有一个独立的卡或密码,这些卡和密码的特点是它们可以随时从系统中取消。可以用程序预先设置任何一个人进入的优先权,一部分人可以进入某个部门的一些门,而另一些人只可以进入另一组门。

系统对楼内重要部门的门或通道进行设防,以保证只有房间主人才可以进出本房间,同时通过门控器来控制门的开关。对于任何非法进入的企图,系统可以及时报警,要求保安人员及时处理。系统所有的活动都可以用打印机或计算机记录下来,为管理人员提供系统所有运转的详细记载,以备事后分析。

计算机根据每人的刷卡,可详细记录职工何时来,何时走,下班后是否还有人没走。这样,保安人员可根据楼内人员情况,安排巡逻方案。职员上、下班时刷卡,计算机可根据每人的出勤情况,按要求的格式打印考勤报表。

系统可根据要求随时对新的区域实行出入管理控制,扩展非常方便。由于该子系统和设备控制系统在同一网络上,相关资源可以共享,可以根据进出的要求起停相应设备。

(3)系统组成。出入口控制系统的组成有以下五项内容:

1)电控锁。包括电磁锁和电阴锁,用于控制被控通道的开闭。

2)检测器。检测进出人员身份的设备,可根据实际情况选择相应的检测方式,常用的有非接触式感应卡检测、指纹识别、生物识别等方式。

3)门磁开关。用以检测门的开关状态。

4)出门请求按钮。用于退出受控区域或允许外来人员进入该区域的控制器件。

5)现场控制器。用于检测读卡器传输的人员信息,通过判断,对于已授权人员将输出控制信号给门锁放行;对于非法刷卡或强行闯入情况控制声光报警器报警。现场控制器通常分为单门和多门控制器。

3. 防盗报警系统

(1)系统概述。防盗报警系统,是采用红外、微波等技术的信号探测器,在一些无人值守的部位,根据不同部位的重要程度和风险等级要求以及现场条件进行布防。高灵敏度的探测器获得侵入物的信号后传送到中控室,使值班人员能及时获得发生事故的信息,是大楼安防的重要技术措施。

一个有效的电子防盗报警系统是由各种类型的探测器、区域控制器、报警控制中心和报警验证等几部分组成。整个系统分为三个层次。最底层是探测和执行设备,它们负责探测人员的非法入侵,有异常时向区域控制器发送信息;区域控制器负责下层设备的管理,同时向控制中心传送自己所负责区域内的报警情况。一个区域控制器和一些探测器等设备就可以组成一个简单的报警系统。

(2)系统功能。防盗报警系统能执行多种功能,主要包括以下基本功能:

1)报警监视。防盗报警系统能够进行报警监视。彩色图形应用程序允许用户根据自身要求创建或接收用户的彩色图形,彩色图形表示设备的分布,同时可以通过点击图标进入这些图形。报警信号具有优先权定义。状态窗口可以提供特殊报警的有关信息,如数据、时间和位置,防盗报警系统可以对各类报警发出专用的紧急指令。作为最基本的应用要求,系统输出信号能控制如上锁、开锁、脉冲点控制或者是点群控制。持卡人查询功能可以快速在数据库中搜索查询并显示相关图像。运行记录能有效地记录重要的日常事务。浏览功能可以让操作者定位或查询指定的持卡人或读卡器。同时系统能提供图像对照功能,以便与 CATV 界面联合使用。

2)系统管理。系统管理任务包括定义工作站和操作者授权机构、允许进出入区域、日程表安排、报告生成、图形显示等。上述功能可以在网络上的所有工作站上执行。系统文档服务器提供的磁带备份功能和远程诊断功能,在服务器同时提供相应的硬件设备。

被动式双鉴报警探测器按时间进行设防后,对各出入口进行严密监视,被应用于奥运射击馆的各主要出入口。

探测器获得侵入物的信号后以有线或无线的方式传送到中心控制室,同时报警信号以声或光的形式在建筑平面图上显示,使值班人员及时形象地获得发生事故的信息。由于报警系统采用了探测器双重检测的设置及计算机信息重复确认处理,实现了报警信号的及时、可靠和准确无误,它是智能建筑安全防范的重要技术措施。防盗报警系统记录所有报警信号,防盗报警工作站将报警信号通过打印机打印,并发出声响信号,同时在监视器模拟图上根据报警的实际位置显示报警点。到达预定时间后,监视器模拟图上仍显示报警点。保安中心经密码授权人员可以通过复位结束报警过程。同时操作将被记录。

(3)防盗报警系统图识读。

以某大厦防盗报警系统图 4-115 为例,对图中相关知识点进行讲解。

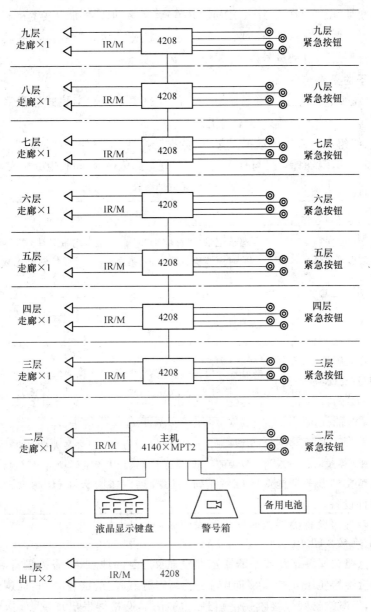

图 4-115　某大厦防盗报警系统图

1)信号输入点共 52 点。

①IR/M 探测器为被动红外/微波双鉴式探测器,共 20 点:一层两个出入口(内侧左右各一个),两个出入口共 4 个;二至九层走廊两头各装一个,共 16 个。

②紧急按钮 2~9 层每层 4 个,共 32 个。

2)扩展器"4208",为 8 地址(仅用 4/6 区),每层一个。

3)配线为总线制,施工中敷线注意隐蔽。

4)主机 4140×MPT2 为 ADEMCO(美)大型多功能主机。该主机有 9 个基本接线防区,总线式结构,扩充防区十分方便,可扩充多达 87 个防区,并具有多重密码、布防时间设定、自动拨号以及"黑匣子"记录功能。

4. 电子巡更系统

(1)系统概述。电子巡更系统分为在线式巡更系统和离线式巡更系统。现在的建筑工程多设计为离线式电子巡更系统。

(2)系统组成。系统由数据采集器、数据转换器、信息钮、软件管理系统 4 部分组成,见表 4-36,附加计算机与打印机即可实现全部传输、打印和生成报表等要求。

表 4-36　系统的组成

项　目	内　容
巡检器(数据采集器)	储存巡检记录(可存储 4 096 条数据),内带时钟,体积小,携带方便。巡检时由巡检员携带,采集完毕后,通过传输器把数据导入计算机
传输器(数据转换器)	由电源、电缆线、通信座三部分构成一套数据下载器,主要是将采集器中的数据传输到计算机中
信息钮是巡检地点(或巡逻人员)代码	安装在需要巡检的地方,耐受各种环境的变化,安全防水,不需要电池,外形有多种,放置在必须巡检的地点或设备上
软件管理系统	可进行单机(网络、远程)传输,并将有关数据进行处理,对巡检数据进行管理并提供详尽的巡检报告。管理人员通过计算机来读取信息棒中的信息,便可了解巡检人员的活动情况,包括经过巡检地点的日期和时间等信息,通过查询分析和统计,可达到对保安监督和考核的目的

(3)系统安装使用。

1)信息钮的安装。在各个需要重点检查及巡逻的地点,将信息钮固定好。

2)巡检器的使用方法。保安携带巡检器,按照规定的巡逻时间,巡逻到每一个重要地点,用巡检器轻轻接收一下信息钮的代码,巡检器发出蜂鸣声,指示灯连续闪动 3 次并自动记录该地点的名称和到达该地点的时间。

3)数据处理。保安巡逻结束后(或定期)将巡检器交给微机管理员,管理员使用巡检软件对巡检数据进行接收处理,生成汇总报表。

5. 对讲系统

(1)系统概述。对讲系统主要依据用户的需求和建筑物的整体,满足用户现有需求的前提下,在技术上适度超前,保证能将建筑物建成先进的、现代化的智能建筑。对讲系统是指对来访的人员与用户提供对话和可视,以及在紧急情况下提供安全保障的安全防范系统,主要分为单向对讲型和可视对讲型。

(2)对讲系统识读。

以某建筑小区为例进行讲解。

1)户型结构说明。小区共 3 个塔楼;其中 1 栋 40 层,2 栋 10 层;共 500 户。

2)系统设计说明。

①楼宇对讲系统采用彩色可视标准和联网管理方式。

②在控制室设有 1 台对讲管理中心机。

③在每单元首层入口处设 1 台带门禁数码可视对讲主机。

④每个住户室内设 1 台嵌入式安保型彩色可视对讲分机。

⑤每个住户门口安装一个二次确认机。

3)系统功能描述。

①每层设有总线保护器,户户隔离,一个住户分机故障不影响其他住户。

②每栋楼用一个联网中继器实现整个小区联网。

③系统采用音频、视频分开供电。

④住户室内安装报警设备,可通过密码实施布防。

⑤系统配备有后备电源,遇到停电时后备电源自动开始工作,从而确保系统的24h 正常运行。

4)管理中心。

①可以进行三方通话:住户、访客、管理中心。

②可呼叫小区内任意住户。

③能循环储存 16 组报警地址信息,并随时打印报警记录数据,可遥控打开小区入口处的电控锁。

④管理软件控制。

5)彩色编码可视门禁主机。

①键盘指示灯夜间使用更方便;

②可用非接触 IC 卡开锁;

③高亮度 LED 显示并有英文操作提示;

④可呼叫管理中心并与其通话;

⑤嵌入式安保型彩色编码室内分机;

⑥嵌入式外壳,外形新颖、豪华;

⑦待机时,任何时间按监视键都可监视门口情况;

⑧分机可带 4～8 个防区(烟感、煤气、红外、门磁、紧急等);

⑨紧急情况下,按呼叫键即可呼叫到管理中心。

三、综合布线系统

1. 综合布线子系统

(1)工作区。

1)工作区适配器的选用宜符合下列规定:

①设备的连接插座应与连接电缆的插头匹配,不同的插座与插头之间应加装适配器;

②在连接使用信号的数模转换、光电转换、数据传输速率转换等相应的装置时,采用适配器;

③对于网络规程的兼容,采用协议转换适配器;

④各种不同的终端设备或适配器均安装在工作区的适当位置,并应考虑现场的电源与接地。

2)每个工作区的服务面积,应按不同的应用功能确定。

(2)配线子系统。

1)根据工程提出的近期和远期终端设备的设置要求、用户性质、网络构成及实际需要确定建筑物各层需要安装信息插座模块的数量及其位置,配线应留有扩展余地。

2)配线子系统缆线应采用非屏蔽或屏蔽 4 对对绞电缆,在需要时也可采用室内多模或单模光缆。

3)电信间 FD 与电话交换配线及计算机网络设备之间的连接方式应符合以下要求:

①电话交换配线的连接方式如图 4-116 所示。

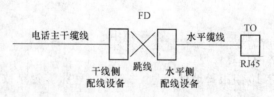

图 4-116　电话系统连接方式

②计算机网络设备连接方式。首先经跳线连接如图 4-117 所示;其次经设备缆线连接方式如图 4-118 所示。

图 4-117　数据系统连接方式(经跳线连接)

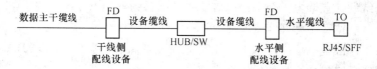

图 4-118 数据系统连接方式(经设备缆线连接)

4)每一个工作区信息插座模块(电、光)数量不宜少于 2 个,并满足各种业务的需求。

5)底盒数量应以插座盒面板设置的开口数确定,每一个底盒支持安装的信息点数量不宜大于 2 个。

6)光纤信息插座模块安装的底盒大小应充分考虑到水平光缆(2 芯或 4 芯)终接处的光缆盘留空间和满足光缆对弯曲半径的要求。

7)工作区的信息插座模块应支持不同的终端设备接入,每一个 8 位模块通用插座应连接 1 根 4 对对绞电缆;对每一个双工或 2 个单工光纤连接器件及适配器连接 1 根 2 芯光缆。

8)从电信间至每一个工作区水平光缆宜按 2 芯光缆配置。光纤至工作区域满足用户群或大客户使用时,光纤芯数至少应有 2 芯备份,按 4 芯水平光缆配置。

9)连接至电信间的每一根水平电缆/光缆应终接于相应的配线模块,配线模块与缆线容量相适应。

10)电信间 FD 主干侧各类配线模块应按电话交换机、计算机网络的构成及主干电缆/光缆的所需容量要求及模块类型和规格的选用进行配置。

11)电信间 FD 采用的设备缆线和各类跳线宜按计算机网络设备的使用端口容量和电话交换机的实装容量、业务的实际需求或信息点总数的比例进行配置,比例范围为 25%~50%。

(3)干线子系统。

1)干线子系统所需要的电缆总对数和光纤总芯数,应满足工程的实际需求,并留有适当的备份容量。主干缆线宜设置电缆与光缆,并互相作为备份路由。

2)干线子系统主干缆线应选择较短的安全的路由。主干电缆宜采用点对点终接,也可采用分支递减终接。

3)如果电话交换机和计算机主机设置在建筑物内不同的设备间,宜采用不同的主干缆线来分别满足语音和数据的需要。

4)在同一层若干电信间之间宜设置干线路由。

5)主干电缆和光缆所需的容量要求及配置应符合以下规定:

①对语音业务,大对数主干电缆的对数应按每一个电话 8 位模块通用插座配置 1 对线,并在总需求线对的基础上至少预留约 10%的备用线对。

②对于数据业务应以集线器(HUB)或交换机(SW)群(按 4 个 HUB 或 SW 组成 1 群);或以每个 HUB 或 SW 设备设置 1 个主干端口配置。每 1 群网络设备或

每 4 个网络设备宜考虑 1 个备份端口。主干端口为电端 IC1 时,应按 4 对线容量,为光端口时则按 2 芯光纤容量配置。

③当工作区至电信间的水平光缆延伸至设备间的光配线设备(BD/CD)时,主干光缆的容量应包括所延伸的水平光缆光纤的容量在内。

(4)建筑群子系统。

1)CD 宜安装在进线间或设备间,并可与入口设施或 BD 合用场地。

2)CD 配线设备内、外侧的容量应与建筑物内连接 BD 配线设备的建筑群主干缆线容量及建筑物外部引入的建筑群主干缆线容量相一致。

(5)设备间。

1)在设备间内安装的 BD 配线设备干线侧容量应与主干缆线的容量相一致。设备侧的容量应与设备端口容量相一致或与干线侧配线设备容量相同。

2)BD 配线设备与电话交换机及计算机网络设备的连接方式亦应符合相关规定。

(6)进线间。

1)建筑群主干电缆和光缆、公用网和专用网电缆、光缆及天线馈线等室外缆线进入建筑物时,应在进线间成端转换成室内电缆、光缆,并在缆线的终端处,可由多家电信业务经营者设置入口设施,入口设施中的配线设备应按引入的电、光缆容量配置。

2)电信业务经营者在进线间设置安装的入口配线设备应与 BD 或 CD 之间敷设相应的连接电缆、光缆,实现路由互通。缆线类型与容量应与配线设备相一致。部接入业务及多家电信业务经营者缆线接入的需求,并应留有 2~4 孔的余量。

(7)管理。

1)对设备间、电信间、进线间和工作区的配线设备、缆线、信息点等设施应按一定的模式进行标识和记录,并宜符合下列规定:

①综合布线系统工程宜采用计算机进行文档记录与保存,简单且规模较小的综合布线系统工程可按图纸资料等纸质文档进行管理,并做到记录准确、更新及时、便于查阅;文档资料应实现汉化;

②综合布线的每一电缆、光缆、配线设备、端接点、接地装置、敷设管线等组成部分均应给定唯一的标识符,并设置标签。标识符应采用相同数量的字母和数字等标明;

③电缆和光缆的两端均应标明相同的标识符;

④设备间、电信间、进线间的配线设备宜采用统一的色标区别各类业务与用途的配线区。

2)所有标签应保持清晰、完整,并满足使用环境要求。

3)对于规模较大的布线系统工程,为提高布线工程维护水平与网络安全,宜采用电子配线设备对信息点或配线设备进行管理,以显示与记录配线设备的连接、使用及变更状况。

4)综合布线系统相关设施的工作状态信息应包括:设备和缆线的用途、使用部门、组成局域网的拓扑结构、传输信息速率、终端设备配置状况、占用器件编号、色标、链路与信道的功能和各项主要指标参数及完好状况、故障记录等,还应包括设备位置和缆线走向等内容。

2. 综合布线系统识图基础

(1)看图的说明。通过阅读图纸说明,了解工程概况、设计需求和设计依据。

(2)读综合布线系统图。通过阅读综合布线系统图,首先了解该工程的总体方案,主要包括:通信网络总体结构、各个布线子系统的组成、系统工作的主要技术指标、通信设备器材和布线部件的选型和配置等。而后,了解系统的传输介质(双绞线、同轴电缆、光纤)规格、型号、数量及敷设方式;介质的连接设备,如信息插座、适配器等的规格、型号、参数、总体数量及连接关系;了解各种交接部件的功能、型号、数量、规格等;了解系统的传输电子设备和电气保护设备的规格、型号、数量及敷设位置。掌握该工程的综合布线系统的总体配线情况和组成概况。

(3)读综合布线平面图。通过仔细反复阅读各综合布线平面图,进一步明确综合布线各子系统中各种缆线和设备的规格、容量、结构、路由、具体安装位置和长度以及连接方式(如互连接的工作站间的关系;布线系统的各种设备间要拥有的空间及具体布置方案;计算机终端以及电话线的插座数量和型号)等,此外,还有缆线的敷设方法和保护措施以及其他要求。

3. 综合布线系统图分析实例

某办公为主的现代化智能建筑总建筑面积超过 20 万 m^2,由 A、B、C、D 四座组成,地上二十二层,地下四层。根据用户要求,该大厦的布线系统是一个模块化、高度灵活的智能型布线网络,通过每个房间的信息点,将电话、计算机、服务器、网络设备以及各种楼宇控制与管理设备连接为一个整体,高速传送语音、数据、图像,为用户提供各种综合性的服务。

系统采用星形布设方式,分为六类布线和光纤布线,分别采用单独的干线线槽及管理机柜。六类布线系统作为大厦的内网,采用六类非屏蔽双绞线缆,可以提供语音、IP 电话、专网数据通信用。光纤布线作为大厦的外网建设,是升级大楼整体网络要用的物理路由,整体预留到桌面。

语音垂直主干从一层电话机房分别经首层 A、B 座和地下二层 C、D 座四个弱电间引至各层弱电间,有若干条三类 25 对大对数电缆。从计算机房经首层 A、B 座和地下二层 C、D 座四个弱电间引至各层弱电间,由若干条 12 芯室内单模光纤组成大厦计算机网络主干和由若干条 24 芯室内单模光纤组成大厦视频会议系统主干。水平配线采用非屏蔽六类 4 对双绞线。

话音主干配线架采用标准通用接口的电缆配线架;数据主干和水平配线架采用 RJ-45 接口标准的六类 UTP 模块化配线盘;连接设备采用插接式交接硬件;交

叉连接线及设备连接线要都是六类特性。工作区采用统一的标准 RJ-45 六类模块化信息插座,按照使用要求分别采用墙面暗装及网络地板下敷设的方式。

(1)系统设备配置。

综合布线系统选用 NORDX/CDT 品牌产品,设备配置见表 4-37。

表 4-37　设备配置

类　别	序　号	产品名称	型号和规格	数　量	制造商名称
信号 插座类	1.1.1	六类信息模块	AX101065	2 778	加拿大 NORDX/CDT
	1.1.2	双空孔信息面板	A0410455	1 343	加拿大 NORDX/CDT
	1.1.3	单空孔信息面板	A0410460	92	加拿大 NORDX/CDT
	1.1.4	防尘盖	A0410451	2 778	加拿大 NORDX/CDT
线缆类	1.1.5	六类 4 对水平双绞线	24566945	495	加拿大 NORDX/CDT
	1.1.6	三类 25 对大对数电缆(305m)	24501858	33	加拿大 NORDX/CDT
	1.1.7	三类 25 对大对数电缆(1 000m)	24501858	4	加拿大 NORDX/CDT
	1.1.8	6 芯垂直数据室内多模光纤	M9A038	17 000	加拿大 NORDX/CDT
配线 架类	1.1.9	BIX1A 配线条	A0393146	160	加拿大 NORDX/CDT
	1.1.10	50 对安装架	A0284798	60	加拿大 NORDX/CDT
	1.1.11	300 对安装架	A0340836	7	加拿大 NORDX/CDT
	1.1.12	六类 GigaFlex24 口块接式配线架	AX101611	130	加拿大 NORDX/CDT
光纤 端接类	1.1.13	12/24SC 口光纤端接箱	AX100042	52	加拿大 NORDX/CDT
	1.1.14	24/48SC 口光纤端接箱	AX100069	7	加拿大 NORDX/CDT
	1.1.15	6 口 SC 光纤耦合器片	AX100093	56	加拿大 NORDX/CDT
	1.1.16	12 口 SC 光纤耦合器片	AX100085	26	加拿大 NORDX/CDT
	1.1.17	空白挡板	AX100067	50	加拿大 NORDX/CDT
	1.1.18	SC 光纤接头	AX101077	648	加拿大 NORDX/CDT

类　别	序　号	产品名称	型号和规格	数　量	制造商名称
配件类	1.1.19	BIX 标识胶条	A0270169	100	加拿大 NORDX/CDT
	1.1.20	线缆管理器	A0644489	189	加拿大 NORDX/CDT
跳线类	1.1.21	SC—SC 双工光纤跳线(2m)	AX200084	216	加拿大 NORDX/CDT
	1.1.22	六类 RJ45 数据跳线(2m)	AX310030	655	加拿大 NORDX/CDT
	1.1.23	超五类跳线(3m)	23498107	328	加拿大 NORDX/CDT

（2）系统构成分析。

1）工作区子系统。工作区子系统是由适配器及连接于办公区设备与适配器之间的各类跳线组成。每一出口都可以连接计算机、电话机、打印机、传真机、数字摄像机等办公设备。在工作区中，电话网和局域网设计成双口信息点，模块采用六类非屏蔽信息模块，全部采用标准 RJ-45 接口，信息插座采用暗设式，面积为 86×86 标准，插座为 45°斜面，既美观又起到防尘作用。

大厦办公区域按照大开间区，每 $6m^2$ 设置一个 DVF（D：六类数据出口；V：六类语音出口；F：光纤到桌面出口）的原则布设，小开间按照每 $10m^2$ 设置一个 DVF 布设，设计中大开间按照均布的原则布设，具体引到办公桌面的出口位置随装修确定；大、小会议室各布设至少两个 DVF，并设置无线接入点；每间领导办公室内设置五个 DVF 及无线接入点，休息室及卫厕内设置语音并机电话；秘书间设置 2 个 DVF；地下设备机房及其控制室内，设置 DV 双出口。另外，在餐厅、活动场所及服务间内设置 1～2 个六类语音出口。如图 4-119 水平平面布置图（局部）所示。

信息插座配有明显的、可方便更换的、永久的标识，以区分电信插座的实际用途。这样的标识为电话、电脑图标，既可防止电脑插头误插入电话插座后由于电话振铃信号烧毁电脑的恶性事件的发生，而且也不影响系统的方便互换。信息插座模块与水平电缆的端接安装采用免拆卸面板安装，以确保布线系统维护与修理的方便和及时。

工作区的墙面暗装信息出口，面板的下沿距地面 300mm；大开间办公区依据家具装修位置，信息出口做到每个员工的桌面。每一信息出口的附近要安装相应强电插座，信息出口与强电插座的距离不能小于 200mm。施工中要为信息点的安装预留 86 系列金属安装盒。

2）配线子系统。

配线子系统由配线间到工作区和区域连接跳架间的线缆组成。

水平线缆的最大长度不能超过 90m。

配线子系统中线缆用量的计算过程如下：

每箱可布线缆数＝每箱长度/水平线缆平均长度

线缆箱数＝信息点数/每箱可布线缆数

A、B、C、D 四座大厦分别有布线系统专用的网络配线间，进行楼层布线配线管理。

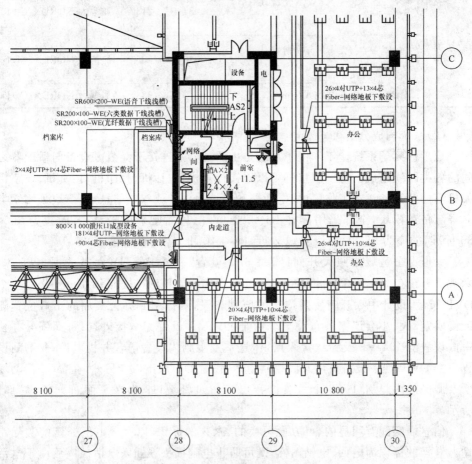

图 4-119　水平平面布置图(局部)

六类布线系统水平采用六类非屏蔽线缆，光纤布线系统水平采用 4 芯室内多模光纤。六类布线系统与光纤布线系统，在四层(包括四层)以下，水平配线共用金属线槽。四层以上水平配线敷设在网络地板下，所需水平线槽由网络地板产品提供。

水平线缆的敷设采用线槽加水平支管的方式，即在走廊的吊顶内安装带盖板和分隔的金属线槽，线槽的一端在各层的配电间，另一端在最远的信息点附近。水平支管采用 25mm 和 20mm 的金属管，每一根金属管内最多可穿 4 根或 3 根 4 对双绞线缆,所有金属管槽均要做好接地处理。综合布线的线缆使用单独的线槽,不能同其他强电线缆、有线电视线缆共用同一管槽。线缆在敷设时要保持双绞线的弯曲半径不小于线缆直径的 10 倍。

3)干线子系统。

垂直干线子系统主要用于实现主机房与各管理子系统间的连接。在主干部分中,数据主干采用 12 芯室内单模光纤,语音主干采用三类 25 对语音主干电缆与程控交换机房连接。数据主干一般由计算机房引至各层弱电间的一条 12 芯室内单模光纤作为数据主干线缆。光纤布线系统水平数据主干采用 12 芯室内单模光纤。

垂直主干线缆直接铺设于弱电竖井内,为减少电磁干扰,防止线缆松散,主干线槽采用带盖板的、有横挡可绑缚电缆的金属线槽。线槽的填充率控制在 50% 以内,以便将来少量扩容时使用。

4)设备间子系统。

从本大厦的整体结构看,只有地面一层高 6m,其高度可满足主机房、通信设备室、控制室对层高的要求,该层南段可供网络中心(或数据中心)使用的面积约 1 500m²。这样实际主机房可用面积约 820m²,可放置 19in(1in=0.025 4m)标准机柜 250 个。

该大厦网络中心只设一处,集中管理,特需 1 和特需 2 的数据中心则分别设置,即大厦网络中心机房设在一层南部,特需 1 的数据中心和网络中心建在一处,特需 2 的数据中心建在裙楼 4 层的 A、B 座,各自包括的内容有:一层南部的机房需电源 350kW 双路互投,其中有电源室(内含电池间)、通信交换机室非电话机房、网络核心交换机室、数据中心室、监控室、更衣室、灭火钢瓶室等,面积约 1 500m² 左右。裙楼 4 层 A、B 座机房需电源 250kW 双路互投,其中有电源室(内含电池间)、数据中心室、控制室(对机房设备操作之用)、更衣室、灭火钢瓶室等,面积约 1 000m² 左右。

5)管理区子系统。

在管理子系统中,语音点采用六类特性的线缆配线架绞接,数据点的端接采用 24□RJ-45 配线架,可以方便地通过跳线对语音、数据进行转换。依据平面图的房间使用性质规划,网络中心即综合布线系统的管理间,负责管理相关楼层区域的信息点。

六类布线系统与光纤布线系统在楼层网络配线间内分机柜单独管理。每个管理间根据信息点数的不同配置数量不等的 24□RJ-45 配线架,进行线缆管理。

数据主干的管理亦采用 RJ-45 配线架,每个管理间配置若干配线架,用以管理从设备间引来的线缆,语音部分采用 IDC 语音模块,根据语音点的多少,配置不同数量的语音主干用模块。对于跳线的管理,我们采用 1HU 跳线导线架,在充分利用机柜空间的同时,方便、美观地对跳线进行管理。充分利用各层配电间的有利条件,安装 1.8m 高的标准机柜和壁挂式机箱,用来安装综合布线的线缆管理器,网络设备。机柜需做接地处理。

参 考 文 献

[1] 中华人民共和国住房和城乡建设部. 房屋建筑制图统一标准(GB/T 50001—2010)[S]. 北京: 中国计划出版社, 2011.

[2] 汤万龙. 建筑给水排水系统安装[M]. 北京: 机械工业出版社, 2008.

[3] 赵宏家. 电气工程识图与施工工艺[M]. 重庆: 重庆大学出版社, 2003.

[4] 中华人民共和国住房和城乡建设部. 建筑给水排水制图标准(GB/T 50106—2010)[S]. 北京: 中国建筑工业出版社, 2010.

[5] 中华人民共和国住房和城乡建设部. 暖通空调制图标准(GB/T 50114—2010)[S]. 北京: 中国建筑工业出版社, 2011.

[6] 姜湘山. 怎样看懂建筑设备图[M]. 北京: 机械工业出版社, 2008.

[7] 孙勇、苗蕾. 建筑构造与识图[M]. 北京: 化学工业出版社, 2005.

[8] 褚振文. 建筑识图入门[M]. 北京: 化学工业出版社, 2012.

[9] 秦树和. 管道工程识图与施工工艺[M]. 重庆: 重庆大学出版社, 2002.

[10] 张辉、邢同春、吴俊奇. 建筑安装工程施工图集 4 给水 排水 卫生 煤气工程[M]. 北京: 中国建筑工业出版社, 2007.